战略性新兴领域“十四五”高等教育系列教材

仿生设计学

主　编　田丽梅
副主编　靳会超　邴　薇　王养俊　李子源
参　编　田　伟　徐浩然　窦海旭　王建福

机 械 工 业 出 版 社

本书是结合了新工科复合型高技术人才知识学习和能力培养的教学要求，并融入了编者二十余载对仿生设计相关教学和科研工作的经验而编写的。

本书按照仿生设计的流程进行构架，共7章，包括仿生设计学基本概述、典型仿生模本选取原则、生物信息及其获取技术、仿生信息处理方法、仿生样件设计及其制备方法和技术、仿生设计样件评价及优化和仿生材料设计典例及应用，详细介绍了自然界典型生物功能与其形态、结构、行为等生物信息的关系，生物信息精确的获取方法及获取技术，生物信息仿生处理方法，以及仿生设计载体-样件的制备技术及方法等仿生设计必备的相关知识。

本书各章均设课后习题，通过学习目标、任务提出、知识准备、任务分析、任务实施、拓展阅读和知识测评等环节的教学设计，推动仿生产品的开发和应用等领域的知识学习及能力培养。

本书内容丰富，结构清晰，形式新颖，术语规范，可作为高等院校仿生科学与工程、材料设计、机械工程、工业工程等专业的教材和教学参考书，也可作为制造业工程技术人员的参考书。

图书在版编目（CIP）数据

仿生设计学 / 田丽梅主编. -- 北京 : 机械工业出版社，2024. 11. --（战略性新兴领域“十四五”高等教育系列教材）. -- ISBN 978-7-111-77663-5

Ⅰ. TB47

中国国家版本馆 CIP 数据核字第 2024T7C280 号

机械工业出版社（北京市百万庄大街22号　邮政编码100037）
策划编辑：赵亚敏　　责任编辑：赵亚敏　王勇哲
责任校对：张昕妍　张　薇　　封面设计：张　静
责任印制：李　昂
北京捷迅佳彩印刷有限公司印刷
2024年12月第1版第1次印刷
184mm×260mm · 13印张 · 318千字
标准书号：ISBN 978-7-111-77663-5
定价：55.00元

电话服务
客服电话：010-88361066
010-88379833
010-68326294

网络服务
机　工　官　网：www.cmpbook.com
机　工　官　博：weibo.com/cmp1952
金　　书　　网：www.golden-book.com
机工教育服务网：www.cmpedu.com

前　言

仿生设计学作为一门新兴的交叉学科，致力于研究自然界生物体的形态、结构、功能等特征，并将其应用于人工系统的设计中。仿生设计学融合了生物学、材料学、工程学、物理学等多个学科领域的独特分支，通过模拟生物体的优异性能和自然规律，创造出更加高效、环保、节能的产品。仿生设计与可持续发展密切相关，通过模拟生物体的理化性能及结构设计，可以促进资源的循环利用和减少环境污染。同时，仿生设计还可以借鉴生物体的自适应和自修复能力，提高人工系统的稳定性和可靠性，降低维护和更换的频率与成本。随着科技的进步和人们对环境保护的重视，仿生设计学将呈现出更加广阔的发展前景。未来的仿生设计将更加注重与自然环境的和谐共生，推动绿色设计和循环经济的发展。同时，随着人工智能、大数据等先进技术的应用，仿生设计将更加智能化和精准化，为人类社会带来更多的创新和惊喜。

本书共7章：第1章主要是对仿生设计学的内涵、起源与发展、研究内容及特点、仿生设计流程等方面进行了详细的介绍；第2~6章则遵循仿生设计流程及步骤，从生物原型的选取、生物信息及其获取方法及技术、仿生信息处理方法、仿生样件设计及制备技术、仿生设计评价及优化等核心内容，详细介绍了自然界典型生物功能与其形态、结构、行为等生物信息的关系、生物信息精确的获取方法及获取技术、生物信息仿生处理方法，以及仿生设计载体-样件的制备技术及方法，使得仿生科学与工程专业及从事仿生设计的学生、科研人员，通过上述章节的学习，能够实现完整的样件的仿生设计及优化；第7章主要介绍了国内外先进的及成功的仿生材料设计实例，来加强读者对仿生设计学及仿生设计的认知与学习。为方便“教”和“学”，本书配套制作了习题答案及课外扩展内容（扫描二维码可直接查看）等数字资源包。

本书由吉林大学田丽梅任主编，吉林大学靳会超、吉林大学邴薇、吉林农业大学王养俊、吉林大学李子源任副主编，吉林大学田伟、徐浩然、窦海旭、王建福参与编写。田丽梅负责本书的统筹及第4章5~7节、第5章4和5节、第7章6~9节的编写，王养俊负责第1章和第4章1~4节的编写，邴薇负责第2章的编写，李子源负责第3章和第5章1~3节的编写，靳会超负责第6章和第7章1~5节的编写。田伟、徐浩然、窦海旭、王建福分别负责第6章、第4章、第3章、第2章资料的收集、整理、绘图等工作。全书由田丽梅统稿和最终审定。

本书是编者及团队在二十余年仿生科研实践与教学经验的基础之上总结、凝练而成的，特别感谢任露泉院士对本书在体例结构方面给予的指导。

编者在本书编写过程中，参考了国内外的有关文献与资料，在此向所有原作者和译者表示感谢。同时，编者向关心与支持本书的有关部门、有关学者、专家和同事表示衷心的感谢。

由于仿生设计学的理论与方法还在不断地发展和完善过程中，且编者水平有限，本书的内容难免存在不足与欠妥之处，敬请广大读者批评指正。

编　者

目录

第1章 仿生设计学基本概述

从古至今，自然界就是人类各种技术革新和重大发明的创新源泉。在漫长的进化过程中，为了求得生存与发展，自然界中的各类物种，逐渐优化出各种适应环境的独特功能。这些功能吸引着人们观察、辨识、分析、模仿、设计和应用，这种不断模仿、创新、优化的过程，催生了新的设计理念与设计方法——仿生设计学。仿生设计学是仿生科学与工程应用研究的一个分支，其研究领域广泛，研究方法多样，特别是在自然科学领域，形成了特有的设计内容、方法及步骤。那么与传统的设计学相比，仿生设计学具有哪些独特的内容、方法与步骤呢？本章将逐一予以解答。

1.1 仿生设计学内涵

1.1.1 仿生学及仿生设计学关系

自20世纪50年代以来，人们已经深刻地认识到学习和模拟生物是开辟新技术的重要创新途径之一，许多工程技术人员和科研人员主动地从生物界寻求新的设计灵感和方法，于是，生命科学和工程技术科学结合在一起，互相渗透孕育出一门新的科学——仿生学。

仿生学（Bionics）这一概念，最早由美国科学家J. E. Steele在1960年美国第一届仿生学术会议上提出，并将其定义为模仿生物原理来建造技术系统，或者是人造技术系统使其具有类似于生物特征的科学，随后国内外众多学者对其进行了多次定义，其中我国仿生学家任露泉院士在2016年《仿生学导论》这一论著中强调了仿生学不再是传统的单一模拟生物的仿生，而是将生活、生境和生物模本加以结合的，多元仿生或耦合仿生。它的主旨是学习自然界生物信息所表现的各种各样的能力，研究它们的机理，与现代科技相结合，作为进行技术革新的一条途径以改善现有的或创造新型的工艺过程、仪器设备、机械系统、产品部件、建筑结构等。

仿生设计学是从仿生学中衍化出来的，它具有现代仿生学的各类特点，是以自然界万事万物的“形”“色”“音”“功能”“结构”等信息为研究对象，有选择地在设计过程中应用这些特征原理进行的设计，同时结合仿生学的研究成果，为设计提供新的思想、新的原理、新的方法和新的途径。仿生学与仿生设计学二者之间的关系体现在以下两方面：

（1）仿生设计学是仿生学的重要分支，是仿生学的延续和发展　仿生学的研究领域非常宽泛，包括生物仿生、化学仿生、医学仿生、机械仿生、信息仿生、工程仿生、农业仿生等。研究上述各领域生活、生境和生物模本的功能原理并使其服务于人类社会先进技术的模仿理论、方法、手段及过程称为仿生设计学。因此仿生设计学是仿生学的重要分支，是仿生学的延续和发展。

（2）仿生设计学是仿生学思想的体现与实践　仿生设计学的研究内容及设计流程将仿生学新思想、新原理、新方法具化到具体的研究理论、研究手段、研究方法上，是仿生学思想得以实现的必要途径及具体实践过程。

1.1.2　仿生设计学内涵

仿生设计学作为人类社会生产活动与自然界的契合点，使人类社会与自然达到了高度的统一，正逐渐成为设计发展过程中的新亮点。仿生设计学（Bionics Design），亦可称为设计仿生学（Design Bionics），是指研究主体针对自然界生活、生境、生物系统的特殊功能、原理及机制，通过收集、整理、辨识、分析、学习、模仿等手段，提炼并构思设计出具有类似于生活、生境、生物系统某些功能的一种新设计思维方法的学科，更是研究自然界系统特殊原理的实现理论、方法、手段及实践过程的学科。其内涵主要体现在：

（1）创新性　以自然界万事万物特殊功能及属性为设计灵感及设计源泉，结合现有的先进技术手段，为设计提供新的思想、新的原理、新的方法和新的途径。

（2）服务性　将自然界中广泛存在利于生物、环境的各种功能、属性，通过设计理论、设计方法、设计手段得以实现，服务于人类社会绿色、高效、创新发展需求。

（3）和谐性　师法自然界中进化的先进属性，调控人类社会生产活动与自然界达成契合，使人类社会与自然达到了高度的统一，正逐渐成为设计发展过程中的新亮点。

1.2　仿生设计学起源与发展

1.2.1　仿生设计学起源

自然界中的万事万物在进化过程中所展现的多样性、功能性、适应性及合理性，无不一一吸引着人类去借鉴、学习、分析和模仿。人类在远古时代，就已经学会从自然生态环境系统中得到启迪，模仿动植物的习性和特征，创造出狩猎和生活的工具——扁韧的木棒、打磨锋利的石器、锯齿状的贝器等，如图 1-1 所示。这些工具和生活方式的创造与选择都不是人类凭空想象出来的，而是对自然中存在物质的直接模拟，是人类初级创造阶段，也可以说是仿生设计的起源和雏形。它们虽然是粗糙的、直观的、表面的，但却是今天仿生设计学得以发展的基础。

随着物质生活的提高、生存环境的改善，人类的思想随之进一步发生改变，对周边自然

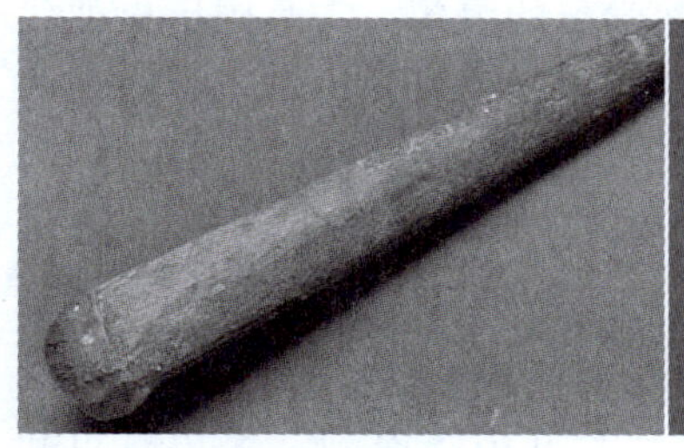

a) 扁韧的木棒

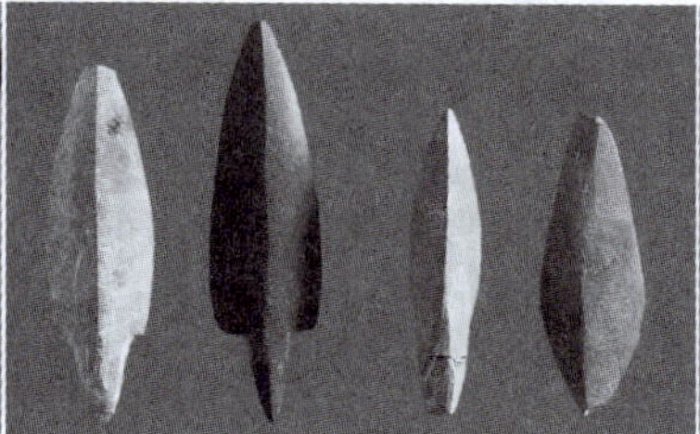

b) 打磨锋利的石器

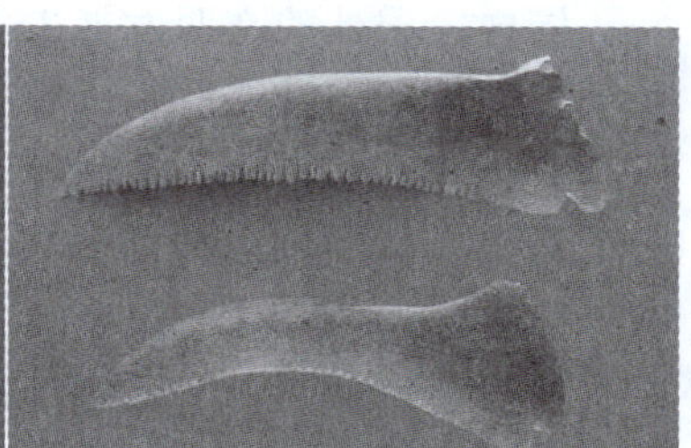

c) 锯齿状的贝器

图 1-1　远古时代人类狩猎、生活工具

万物形态、结构和功能的认识也在逐步加深，模仿从初始最直观的方式开始逐渐转变为深入思索和模仿学习，并将可利用的功能原理应用到人类生活中。

在我国历史中，早有人类模仿生物发明创造的记载。其中三皇五帝时期，最早的仿生学家“有巢氏”，为了避免禽兽和风雨的袭击，开始学习、模仿鸟类在树木上筑巢，将人类居住的房屋建造在高大的树干上，并用枝叶、枯草遮挡紧实，形成“巢居”，从此过上不用担心猛兽袭击的日子。根据近代考古研究发现，早在夏朝时期，就有人类模仿植物边缘齿状发明锯子。而社会经济快速发展的商朝，人类有意识地将自然界中的鸟、兽的形态与青铜器铸造技术相结合，使青铜器艺术得以快速发展。西周时期的“偃师造人”，记载了最早仿生机器人的出现。春秋战国时期，鲁国人墨翟“作木鸢，费时三年，一日而拜”，这款木鸢被认为是我国最早出现的风筝，如图 1-2a 所示，此后风筝逐渐被应用于传递军事情报。西汉时期，“见飞蓬转，而知为车”，《淮南子》记载“飞蓬”是一种草，叶散生，遭大风辄被拔起，旋转如轮状，我们的祖先因此受到启发而发明并设计了车轮和木车，如图 1-2b 所示；“观落叶浮，因以为舟”，《世本》记载中，因见到落叶浮在水面上，联想到让木头浮在水上以载人，发明并设计了船只，如图 1-2c 所示。上述是我国历史上关于车和船仿生设计的最早记载，这一时期，还有人用鸟的羽毛做成翅膀，从高台上飞下来，企图模仿鸟的飞行；据《杜阳杂编》记载，唐朝的韩志和“善雕木作鸾、鹤、鸦、鹊之状，饮啄动静，与真无异，以关戾置于腹内，发之则凌云奋飞，可高达三丈至一二百步外，方始却下”；明代发明的一种火箭武器“神火飞鸦”，也进一步反映了人们向鸟类学习的愿望；而在近代文明史上，除了各类仿生物外形、结构设计的产品外，仿木釉、仿玉釉、仿竹釉、仿石釉、仿古铜釉和仿宝石釉等仿生釉质材料的研发设计，使仿生瓷器技术得到快速发展。以上这些记载，是我国劳动人民早期的仿生设计活动的缩影，这些模仿生物发明、设计、创造的活动，对于促进我国光辉灿烂的文明的发展，起到了极其重要的作用。

a) 古代木鸢雏形

b) 汉代木牛车

c) 东汉出土陶船

图 1-2　我国早期仿生设计案例

同样，国外的文明发展史上，也很早就反映出人类向自然学习的渴望。与我国历史朝代夏朝同一时期的古埃及，也曾有锯子发明的相关记载。在包含了丰富生产知识的古希腊神话中，有记载曾有人用羽毛和蜡做成翅膀，逃出迷宫。而真正出于理性并凭借机械技术基础，仿造鸟翼飞行器设计则首推文艺复兴时期的巨匠莱奥纳多·达·芬奇，他在如图 1-3a 所示的《论鸟类飞行的手稿》中，通过插图的形式，描绘了大量的飞行基本原理及技术，虽然没有直接证据证明达·芬奇进行过飞行实验，但达·芬奇对人类飞行的理性探索，却启迪了后人。1800 年左右，英国科学家、空气动力学的创始人之一——乔治·凯利，模仿鳟鱼和山鹬的纺锤形，找到了阻力小的流线型结构，随后通过模仿鸟翅设计出一种机翼曲线结构，研发出人工动力滑翔机，如图 1-3b 所示，这对航空技术的诞生起了极大的促进作用。同一时期，德国人亥姆霍兹在研究飞行动物的过程中，发现飞行动物的体重与其身体体长的立方成正比，通过对鸟类飞行器官的详细研究和认真的模仿，总结出鸟类飞行结构的原理。在 19 世纪后期，德国工程师奥托·李林塔尔通过观察鸟类飞行特点，累积相关数据、积极总结经验，提出"曲面机翼比平面机翼升力大"的观点，设计制造出第一架能够载人飞行的滑翔机，如图 1-3c 所示，实现了人类像鸟一样飞翔的梦想。

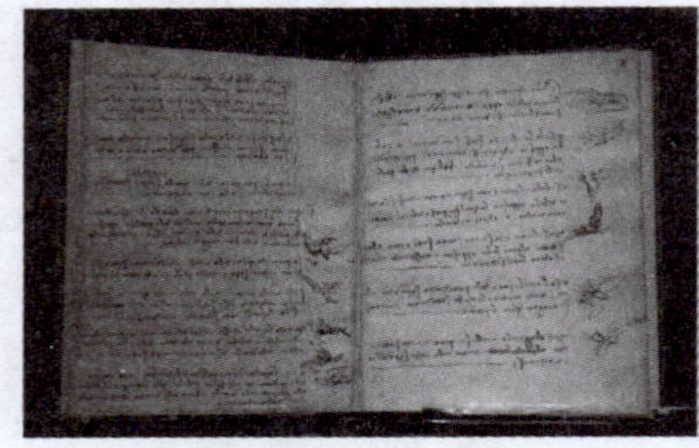

a)《论鸟类飞行的手稿》

b) 早期人工动力滑翔机

c) 早期滑翔机留影

图 1-3 国外早期仿生设计案例

以上这些仿生设计案例和历史记载，验证了人类通过对自然界的模仿和探索，促进了科学与技术的进步，也进一步说明了自然界就是人类各种技术革新和重大发明的创新源泉。

1.2.2 仿生设计学发展

进入 20 世纪，人类追求社会快速发展的需求日益强烈，环境破坏、生态失衡、能源枯竭现象不断出现，人类逐渐意识到了与自然和谐共生的重要性。因此，模仿生物的生存模式，重新设计人类科学技术，成为促进社会发展的迫切需要。1960 年秋，美国俄亥俄州召开了第一届仿生学讨论会，会议的主题为"分析生物系统所得到的概念能够用到人工制造的信息加工系统的设计上去吗?"，这使得仿生设计在近年来得到快速发展的同时也备受科研人员的重视。此后，一大批仿生设计产品或技术在机械设计、材料研究、能源动力、航空航天、海洋船舶、农业装备等领域应运而生。

在机械设计领域，仿生设计学深刻融入了机械设计、制造、结构学及运动等学科。例如，为降低轴承的摩擦，模仿树蛙、猪笼草等生物表面的织构对连续润滑水膜的铺展和输运机制，设计了轴承摩擦副界面，大大降低轴承摩擦副界面的摩擦系数，获得优异水膜承载能力与减摩性能。

在材料研究领域，仿生材料的研究内容包括生物材料的成分和微结构、形成机理、结构和过程的相互关系研究，生物材料的物理和化学分析研究，生物体实现多功能的集成与关联研究等。当前仿生材料研究的范围有：

1）仿生工程材料，如将类蜂窝状六角形结构设计到材料板型中获得具有仿生蜂窝结构的板材，不仅使其具有优异的力学性能，还可大幅降低材料重量，成为轻质高强仿生材料设计的典例；又如模仿贝壳珍珠层碳酸钙薄片为“砖”、有机质为“泥”组成的多层次、多尺度、多级交错的“砖泥”结构，设计出具有韧性好、强度高的仿贝壳材料及贝壳粉基建筑材料等。

2）仿生医用材料，如蚕丝蛋白因具有优良的细胞相容性、生物安全性、生物降解性等生物学特性，被广泛用于人造皮肤、人造骨骼、人造血管、人造肌腱与韧带等医用仿生材料的研制与开发；又如研究通过支架材料和种子细胞的复合生长，来修复组织缺损甚至实现整个器官的移植。

3）仿生智能材料，如受荷叶表面微观结构与表面植物蜡的协同清洁作用是引起自清洁性的关键、水稻叶片表面微观结构的定向排列影响水滴的运动趋势，以及水龟的稳定水上运动特性源于它腿部特殊的微/纳米结构和油脂的协同效应等共同启发，仿生设计制备出可控超疏水/超亲水可逆“开关”，即利用热响应性高分子和阵列氧化锌纳米结构分别实现了温度和紫外光控制下超亲水和超疏水之间的可逆转换；又如受蝉翼的柱状超疏水高分子阵列薄膜启发，将超疏水与超亲油这两个特殊的浸润性质相结合，仿生设计制备出超亲油和超疏水兼具的仿生智能网膜，实现油水分离这一功能；此外还受水通道和离子通道在细胞的基本分子生物学过程中发挥着重要作用的启发，仿生设计出新型仿生智能纳米通道系统，实现了对能源的高效转换、存储和利用；此外，近年来对于如何实现材料本身具有智能功能，如自诊断、自适应和自修复等能力，特别是在高分子材料的仿生自修复机理方面，也已有可喜的研究成果。仿生思想为现代材料科学的发展提供了无限创新空间和可能。经过亿万年进化形成的生物体往往已形成最优化的结构，以其为参照，在不同层次和水平上，从微观到宏观，围绕材料的设计、合成方法、加工技术到材料的应用，仿生技术的采用可以大大节省能源和资源，有利于实现材料体系的自愈合化、智能化、环境友好化和高效化，为材料的制备和应用带来革命性的进步，极大地改变人类社会的面貌。当然，迄今为止，仿生智能材料未开拓的领域还非常多，但我们有理由相信，这些问题的研究将极大地促进仿生智能材料的开发和应用。

在能源动力领域，仿生设计用来提升动力系统效率、强化能源传递过程、优化能源器件性能与可靠性等。例如，在柴油进气歧管引入非光滑管道，利用非光滑结构减黏降阻原理调节流量系数与涡流比，提升进气效率，实现发动机节能减排；又如模仿犬舌微尺度结构散热功能及液膜蒸发传热的特性，设计了液膜蒸发传热材料，提高传热系数；针对高相变焓和高熔点的熔盐类储热材料易泄漏导致热导率低的问题，模仿丝瓜利用多孔瓜络支撑果肉，致密外皮防止水分流失的原理，将仿丝瓜瓜络及致密外皮结构与多孔陶瓷封装熔盐相结合，设计了具有防泄漏功能的复合相变材料，其热导率与同类材料相比提升了5倍以上，且冷热循环500次以上没有显著泄漏。

在航空航天领域，仿生设计为航空器气动减阻、航天器附件功能优化等难题提供了解决方案。例如，在机翼设计方面，模仿我国库姆塔格沙漠特有的舌状分形沙垄结构减阻原理，设计出仿沙垄舌形多层分形减阻微纳结构机翼，有效增加减阻风向摄动角度，提高机翼的减阻率，突破半个世纪以来小肋气动减阻技术壁垒的性能极限；又如，为了解决“飞天”航天服在安全与灵活性匹配方面的矛盾问题，模仿龙虾体表鳞片与组织层叠结构刚柔耦合原理，设计出与气密轴承结合的类似虾尾鳞片的层叠结构，如图 1-4a 所示，实现航天服严格保证气密性的同时，关节活动保持自如；此外，还通过模仿蝴蝶鳞片巧妙调节体温的作用原理，设计出一种高效率的调控温度装置，如图 1-4b 所示，使卫星部分表面具有类似调温功能，避免卫星因温度过高而造成严重损坏。

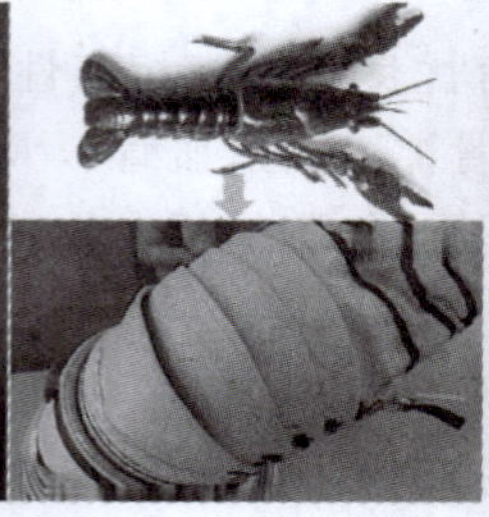

a) 飞天航天服

b) 卫星调控温度

图 1-4　航空航天领域仿生设计案例

在海洋船舶领域，水生生物为船舶减阻、防污、推进等功能提升贡献巨大。例如，模仿海豚等温血海洋生物，利用其表皮弹性、体表温度对液体介质主动控制机制，设计出弹性与导热性能兼备的仿生功能表面，实现边界表面主动控制流体减阻功能；在潜航器推进设计中，从乌贼喷射推进的游动方式中受到启发，设计出一种仿乌贼喷射推进的软电磁机器鱼，能够在动态电磁力的作用下改变内部腔体体积而实现循环反复的喷射推进，实现 0.62 倍身长/s 的游动速度。

在农业装备领域，仿生设计在农业装备驱动行走及耕种部件两大系统均有实质体现。驱动行走系统，以足类动物步行原理为依据，提出了半步行概念和理论，设计出仿生水田行走车轮，有效提高水田机械行走效率。耕种部件系统，其中在地面机械方面，以土壤动物脱附规律为依据，提出仿生脱附减阻理论，设计出地面机械减阻部件，有效提高工作效率；在播种部件方面，模仿手指夹取原理，设计出高精度仿生指夹式排种器；在收获机械方面，以黄牛舌部乳突结构的界面接触力学特性为仿生依据，提出了仿生脱粒机理，设计了仿生弓齿脱粒器。

目前，仿生设计学在对生物体几何尺寸及其外形模仿的同时，还通过研究生物系统的结构、功能、能量转换、信息传递等各种优异特征，将其运用到技术系统中，改善了已有的工程设备，并创造出新的工艺、自动化装置、特种技术元件等技术系统。仿生设计学为创造新的科学技术装备、产品和新工艺提供了原理、设计思想及规划蓝图，亦为现代设计的发展提供了新的方向，并充当了人类社会与自然界沟通信息的“纽带”。

未来，随着我们对人脑思维原理的探索，利用仿生设计结合信息技术，可以开发出具有人脑思维功能的智能计算机或是仿人机器人；随着对动植物及微生物生命寿命基因的深入研究，利用仿生设计结合生命科学，可以为延长人类的寿命、治疗疾病提供一个崭新的医学发展途径；随着对生境系统的循环深挖，利用仿生设计结合建筑学、生态学、环境学，可以使人类从“城市”这个人造物理环境中重新回归“自然”。

总而言之，仿生设计学不仅为现代科学的发展提供了无限创新空间和可能，也为人类在进行技术革新道路上提供着无限可能的新原理、新方法和新途径。

1.3 仿生设计学研究内容及特点

1.3.1 仿生设计学研究内容

传统“设计”是把各种先进技术成果转化为生产力的一种手段和方法，它的研究主要包括认识需求、目标界定、问题求解、分析优化、评价决策、表达实现等过程内容。而针对自然科学领域，仿生设计学的研究内容除了包含传统设计学的研究内容外，还需在进行仿生目标产品设计之前，对目标模本生物开展具体而详实的研究工作。因此仿生设计学的具体研究内容有以下四个方面。

1. 仿生设计需求分析研究

仿生设计学是实现和具化某些仿生学思想、原理和方法的实践活动，其过程与传统设计学一样带有一定目的性。但因其研究目标产品/技术的设计需求将会对目标仿生模本生物的选取起到决定性作用，是仿生设计成功实现的关键。因此这里需要强调仿生设计的需求研究及分析主要包括以下几点：

1）为实现某些产品/设计的功能，需从实现功能目的出发，与传统设计相比，仿生设计在其中有何作用体现。此外仿生设计过程中还需明确设计为单一还是多元功能需求，如减阻、降噪、防污、防腐、抗菌、耐磨、脱附、抗黏、高强、高韧和耐高温等单一或多元功能。

2）与传统设计一样，仿生设计也需考虑产品/设计最终能否带来经济效益，实现仿生设计潜力价值，在某些情况下，仿生设计需求分析内容中还包含经济性研究。对于某些特殊情况，仿生设计时还需提前将最终产品/样件的寿命、可靠性等硬性要求加以考虑和分析。

3）针对当前环境破坏、生态失衡、能源枯竭等现状条件，仿生设计还需考虑环境绿色友好性，不能只为了实现某些产品/设计需求，而造成潜在危害和破坏。

2. 目标模本生物信息研究

（1）目标模本生物生存环境、生活习性的研究　通过自然环境观察试验、室内生境环境试验等，对目标模本生物的生活习性、生存环境进行定量及定性的测试，为目标产品功能设计需求提供第一手资料。

（2）目标模本生物信息获取技术研究　如何从复杂的目标模本生物信息中获取到准确的信息，是进行仿生设计不可缺少的中间环节。因此，需在对目标模本生物形态、结构、组分、运动及动力、感知等信息的捕捉、成像、分析、测试等技术方面开展研究工作，从而实现目标模本生物的信息的准确获取，这对于仿生设计有用仿生关键信息的确认至关重要。

（3）目标模本生物功能试验研究　通过活体观察、检测，以及死体解剖和宏、微观检测等试验，研究目标模本生物的结构、表面形态、组分（成分）等因素与功能之间的映射关系、主次关联，并分析上述因素功能形成机制。明确目标模本生物的功能形成要素、主次因素及形成机制，为目标产品的仿生设计提供仿生要素。

(4) 仿生信息处理技术研究　对获得的生物信息、生物功能形成要素、主次因素及形成机制，根据实际需要，形成有利于目标产品设计的仿生元素，需要对上述信息进行简化、替代、拓扑、建模等方法的研究，以保证仿生信息获取的准确性，为仿生设计的成功奠定基础。

3. 仿生设计样件制备研究

仿生设计样件的加工制备方法，一般情况下与传统设计制备方法一样，但针对某些仿生生物样件的制备，需要引入目标生物模本结构，采用生物模板法或遗态法实现目标样件的制备。

4. 仿生设计样件的目标评价研究

仿生设计样件功能是否实现目标需求，还需对样件进行功能验证、测试与分析，从而评价仿生设计目标是否达成。当前仿生设计样件的目标评价可从以下两方面进行考虑：

1）仿生设计样件与通类设计样件相比，其功能效率能否有效提高，经济效应能否有所增加，生产工艺能否有所改善，以及生产制造是否环保可靠。

2）各仿生信息因素在仿生设计样件功能实现上的水平体现及综合占比分析研究，这对仿生设计样件在实际生产应用中起到重要作用。

1.3.2 仿生设计学的特点

仿生设计学是在仿生学、设计学、机械学等多学科理论基础知识上发展起来的，是从一个独特的视角探索自然界万事万物的形、色、音、功能、结构等，利用创新的理念与方法为人类的科技技术的发明、创造提供了另一种设计理论及方法，进而实现科学技术的改革和创新。它是在传统设计领域内合理灵活地将仿生学加以融合和运用。因此仿生设计最大的特点是在传统设计的基础上引入了仿生设计，所以仿生设计在具有传统设计特点的同时还兼具独有的仿生优势。

具体来说，仿生设计学具有如下特点：

(1) 合理科学性　仿生设计学不仅是仿生学的分支，同样也是现代设计学的一个分支、一个补充。与其他设计学科相同，仿生设计学亦具有它们的共同特性——合理性。鉴于仿生设计学是以一定的设计原理为基础的，并以一定的仿生学理论和研究成果为依据，因此仿生设计学具有很严谨的科学性。

(2) 价值性　仿生设计学为人类技术进步服务，为消费者服务，同时优秀的仿生设计产品/技术可以在为人类生活提供服务的同时，还可以促进科技进步，助力社会建设，因此具有一定的价值性。

(3) 无限可逆性　以仿生设计学为理论依据的仿生设计作品都可以在自然界中找到设计原型，该作品在设计、投产、销售过程中所遇到的各种问题又可以促进仿生设计学的研究与发展。仿生学的研究对象是无限的，仿生设计学的研究对象亦是无限的；同理，仿生设计的原型也是无限的，只要潜心研究大自然，人类永远不会有江郎才尽的那一天。

(4) 学科知识的综合性　要熟悉和运用仿生设计学，必须具备一定的数学、生物学、电子学、物理学、信息学、人机学、心理学、材料学、机械学、动力学、工程学、经济学等相关学科的基本知识。

（5）学科的交叉性　要深入研究和了解仿生设计学，必须在设计学的基础上，了解生物学、社会科学的基础知识，还要对当前仿生学的研究成果有清晰的认识。它是产生于几个学科交叉点上的一种新型交叉学科。

仿生设计的独特优势体现在：

（1）依托仿生学研究成果，为设计提供科学技术支持　仿生设计学对生物系统结构与机理的研究成果为设计新原理得以构想、实施和展示提供有力支撑。仿生设计学对各项设计的意义在于透过自然现象探究自然系统背后的机理，为相关设计的新构想打开一片广阔的领域，最终达到设计创新的目的。

（2）赋予设计成品更多的生物优异功能　仿生设计是把自然界生物所具有的与设计需求相适应的优异功能转化成生产力的重要手段。通过仿生设计，将生产出能量消耗最低、效率最高、适应性最强、寿命最长的产品。

（3）体现设计的自然亲和力和环境保护特性　在设计中，仿生对象的自然属性使得设计也必然或多或少地映射出与大自然的联系，即在仿生设计中蕴含着某些自然属性，而这些自然属性都具有天然环境友好特性，从而使设计出的产品更具自然亲和力和环境保护特性。

1.4　仿生设计流程

在进行仿生设计之前，首先应根据通过调研所获得的资料，对仿生设计的目标产品开展应用场景、使用工况、功能结构等多方面调研、分析，确定该产品/样件是否适合采用仿生设计。在此基础上，通过对典型生物模本具备的功能及与其功能密切联系的相关生物信息进行研究，通过相似性原理，确定契合仿生设计需求的仿生信息，最后通过试验验证，对制备出的目标样件/产品的功能进行验证，通过性能试验验证，确定是否达到仿生设计目的。对于没有达到的仿生设计目的需求的样件，重复仿生信息处理、样件制备及性能验证试验环节，直到满足仿生设计目的，最后合理有效地将仿生设计与实际的生产相结合，并投入工程实践中应用。在此分析研究过程中，涉及几个主要仿生设计要素：仿生设计需求、仿生模本生物、仿生模型建立和仿生设计样件（见表1-1），它们之间的关系如图1-5所示。

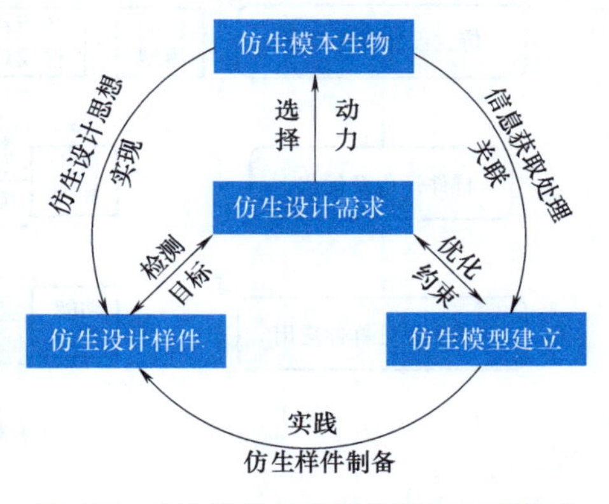

图1-5　仿生设计要素间的相互作用关系

表1-1　仿生设计要素

名称	说明
仿生设计需求	通过模仿生物模本的结构和功能，设计、开发新产品或改善现有技术/产品的需求，也可指达到某种效果的情感需求等
仿生模本生物	指根据仿生设计目标需求选定的生物原型，它是目标样件的模仿对象

（续）

名称	说明
仿生模型建立	对选定模本生物的各类生物信息进行信息整理、辨识筛选、原理分析等，基于相似性理论建立仿生模型
仿生设计样件	仿生设计目标样件不仅指实体的样件也可指虚拟的技术，本书主要侧重于实体的样件，它是通过传统加工和先进技术共同完成的，是前期的理论、方法、手段实现的载体

仿生设计就是围绕以上各仿生设计要素展开的相关设计，其具体流程如图 1-6 所示。

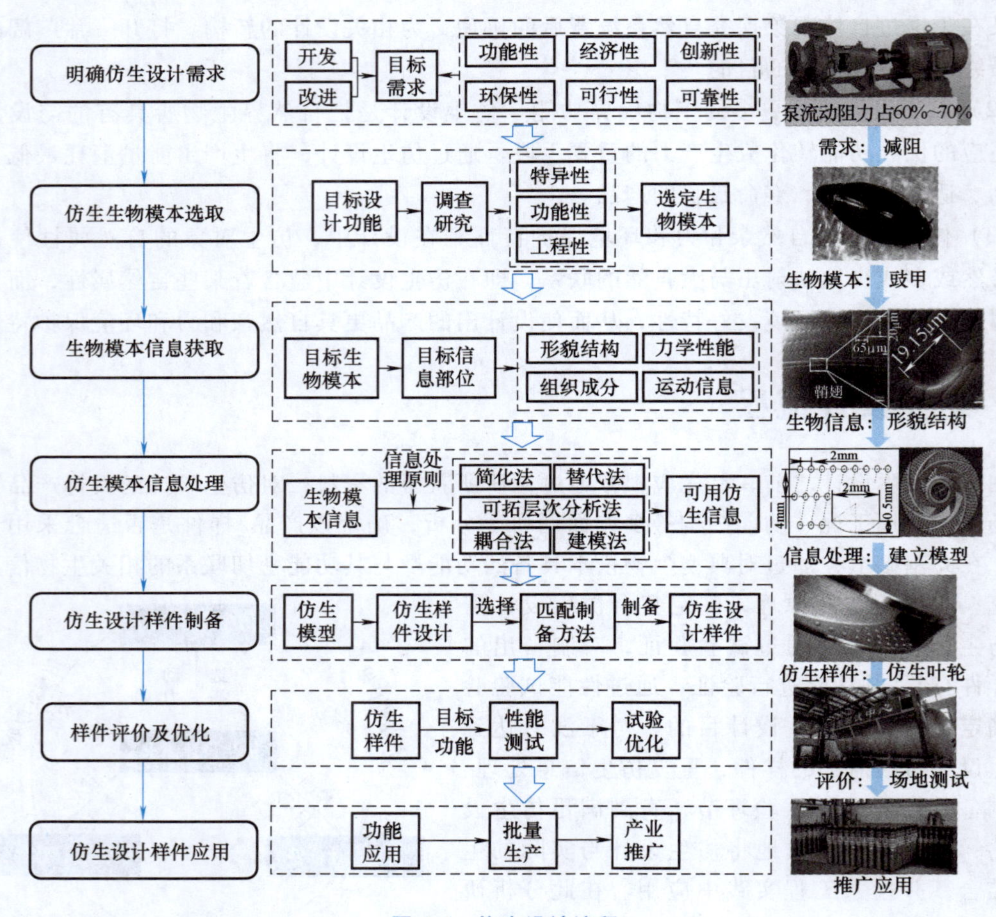

图 1-6　仿生设计流程

1.4.1　明确仿生设计需求

明确设计需求是仿生设计的基础。仿生设计与其他设计相同，都有一些基本设计要求，它们分别是使用功能、经济性、劳动保护和环境保护、寿命、可靠性等要求，以及其他专用要求。仿生设计应具有预定的使用功能，这主要靠正确的选择仿生设计的生物模本，正确的模本表征与建模，以及提出合理的设计原理和方法来实现。仿生设计的经济性要求体现在设计、制备和使用的全过程中，设计仿生样件时就要全面综合地进行考虑。设计制备的经济性表现为设计的成本低，使用经济性表现为高生产率、高效率，较少的能源、原材料和辅助材料消耗，以及低的管理和维护费用。一般情况下仿生设计都具有天然的劳动保护和环境保护要求。仿生设计产品与普通设计产品相同，都需要满足一定的寿命要求，才能正式成为可靠的仿生设计目标产品/样件，例如在图 1-6 所示的仿生泵设计中，其目标需求主要实现的是减阻功能。

1.4.2　仿生生物模本选取

根据仿生设计需求分析及搜集的产品信息作为选取仿生对象的参照，从自然生物中选择符合产品设计要求的生物模本。自然界中的生物种类繁多，包括动物、植物、微生物，其具有不同形态、结构、材料、功能和生存方式等，这些特征无论是宏观、微观还是介观，都可以作为生物模本供各行各业进行仿生设计研究，发明和创造出更优、更好的接近于生物系统的仿生设计产品或样件。对于生物模本的选取，主要满足以下基本特征。

（1）特异性　生物群体或个体，相较于其他群体或个体，抑或是生物个体的某部分，具有某种特异的生化、物理和拓扑等特征。生物模本的特异性特征是其在特定的生存环境中，为了适应外界变化而发展的种群或个体属性。例如，生活在黏、湿、阴、暗环境中的土壤动物在长期进化过程中，其身体呈现的特异性特征为附肢短、足退化、身体小而扁平、翼消失、眼弱化、挖掘肢发达。

（2）功能性　生物模本为适应各自不同的生存环境和实现特定的生物学行为皆具有一定或特殊功能甚至兼具多种功能，其中主要包括减阻、降噪、防污、防腐、抗菌、耐磨、脱附。例如蝙蝠，不仅具有区别于一般哺乳动物的优势功能——可在空中飞行，还具有回声定位的特殊本领，如图 1-7a 所示。再如植物叶片，其脉络状轻质高强结构可呈现近乎完美的力学性能及止裂抗疲劳功能，而其叶绿体还是光合作用的主要器官，具有能量吸收和代谢功能，如图 1-7b 所示。对于机械结构轻量化设计的仿生，植物叶片作为优异力学性能的生物模本可以发挥重要作用，而对于绿色能源领域的化学仿生，则主要模拟生物模本的能量转化功能。

（3）工程性　进行仿生设计所选择的生物模本必须具有工程学意义。例如，将具有脱附减阻能力的蜣螂、蚯蚓、蝼蛄、蚂蚁等土壤动物体表或身体作为生物模本进行仿生研究，

a) 蝙蝠

b) 植物叶片

图 1-7　生物的多功能性

用来解决农业机械、工程机械土壤黏附严重、工作阻力大及磨损快等技术难题，提出了非光滑形态仿生、构形仿生、电渗仿生、柔性仿生及其耦合方法并应用于机械装备的脱附减阻设计，开拓了地面机械脱附减阻仿生研究的新领域。

1.4.3 生物模本信息获取

仿生生物模本信息的获取是指围绕一定目标，在一定范围内，通过一定的技术手段和方式方法获得原始信息的活动与过程。仿生生物模本信息的获取技术与所要获取模本生物的表面形貌、结构、组织、成分、运动等息息相关，因此需要获取的生物模本信息包括表面形貌信息、结构信息、成分信息、力学信息、运动信息、感知信息。对于仿生材料而言，其中广义上的结构信息包括表面形貌结构与内部结构，而结构信息特指无法从表面直接观测到的内部几何与材料信息。对此，针对不同模本信息，所采取的技术手段也将有所不同，具体内容将在第 3 章着重介绍，这里主要介绍生物模本信息获取步骤。

仿生模本信息获取是仿生设计的第一个基本环节，必须具备以下步骤才能有效地实现，如图 1-8 所示。

1）确定仿生设计信息获取的目标要求，即所需获取的仿生模本信息及用途。当接收到仿生需求，并选取生物模本后，首选需要判断生物模本是否包含仿生信息，仿生信息必须与功能相对应，在获取信息的过程中需要考虑这些仿生模本信息的时效性、地域性及可靠性。当所选的生物模本未包含有效仿生信息时，需要停止仿生信息的获取或重新选择生物模本。

2）当选定仿生对象后，需要确定要获取的仿生信息，例如，鱼类快速游动可能与其流线形外形、表面形貌、运动特性有关，并根据要获得的仿生信息选取合适的生物信息部位，如要获取鱼皮表面形貌信息时，需要将鱼皮表面信息从鱼体取出，而要获取运动信息时，需要将其放在水槽中。

3）根据需要获得的仿生信息的特点，选取合适的获取方法，获取时应着重考虑设备精度、样品尺寸、含水率、电导率等。

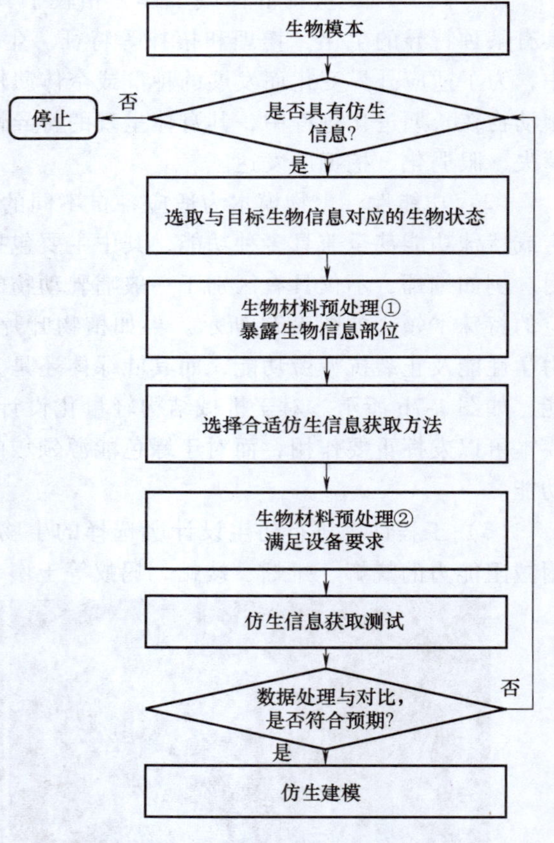

图 1-8 仿生模本信息获取流程

4）各种测试方法对样品都有特殊的要求，必要时需要对生物样品进行处理，需要注意，对样品的处理不应破坏生物特征。

5）获取生物信息后，需要对测试数据进行预处理，包括简单的曲线平滑、去除噪点、三维转换。并判断所获取的信息是否符合预期，符合预期后开展后续仿生建模，不符合预期则应复盘获取流程存在的问题，并再次进行获取。

通过以上步骤，仿生设计人员才能获得真正有效的仿生模本信息，从而为后续仿生模本信息的处理及样件的制备起到铺垫作用。

1.4.4　仿生模本信息处理

最初被提取的仿生模本信息往往类似于自然形态，不能在实际仿生设计中直接应用。因此，需要结合目标需求和当前设备加工环境条件，在突出生物本质特征的前提下，将这些生物信息按照一定原则进行简化、筛选、替代等处理，使其成为目标产品/样件设计功能有用的仿生信息，这是目标产品/样件仿生设计成功的关键。这个步骤是成功衔接生物模本各类信息态特征与样件产品/样件在形态、结构、功能等方面的重要环节，它关系到仿生模本信息在仿生样件产品的制备应用上能否很好地实现。对此，仿生设计人员需要对仿生模本信息进行正确的处理。

仿生模本信息处理过程就是对已获取的仿生模本信息进行接收、判别、筛选、分类、排序、存储、分析、转化和再造等一系列过程，使收集到的仿生设计信息成为能够满足我们需要的信息，即信息处理的目的在于发掘信息的价值，方便设计人员使用。信息处理是信息利用的基础，也是信息成为有用资源的重要条件。

在大量的原始信息中，不可避免地存在着一些假的信息，只有认真地筛选和判别，才能避免真假混杂。最初收集的信息是一种初始的、凌乱的、孤立的信息，只有对这些信息进行分类和排序，才能有效地利用。通过对信息的处理，可以创造出新的信息，使信息具有更高的使用价值。信息处理的类型主要有以下几个方面。

（1）基于程序设计的自动化信息处理　即针对具体问题编制专门的程序以实现信息处理的自动化，称为信息的编程处理。编程处理的初衷是利用计算机的高速运算能力提高信息处理的效率，超越人工信息处理的局限。

（2）基于大众信息技术工具的人性化信息处理　包括利用文字处理软件处理文本信息，利用电子表格软件处理表格信息，利用多媒体软件处理图像、声音、视频、动画等多媒体信息。

（3）基于人工智能技术的智能化信息处理　指利用人工智能技术处理信息。智能化处理要解决的问题是如何让计算机更加自主地处理信息，减少人的参与，进一步提高信息处理的效率和人性化程度。

此外，在仿生模本信息的处理过程中，根据生物原型的尺度、形态、类别的不同及产品/样件形态与结构设计要求，具体的仿生设计方法也有所不同，具体将在本书的第4章中着重介绍。

1.4.5　仿生设计样件制备

在对仿生模本信息进行处理后，需要根据设计要求和实际设备条件来进行加工和制造样件。对于目标仿生样件材料的类别不同，其具体的加工制造方法也不同，此外，对于不同的仿生信息，所采用的制备方法也将有所不同。实际应用中，往往需要将多种方法进行配合使用，才能制备出目标仿生样件。

1.4.6 仿生设计样件评价及优化

设计样件最终能够实现目标要求，需要通过相应的评价方法来实现。对于不同的功能要求，已经存在一系列成熟的评价手段和体系，仿生设计人员可以通过这些评价方法对仿生设计结果进行评价和验证，还可以将仿生样件与生物原型进行特征匹配，验证特征模仿的准确性和有效性。为保证仿生设计样件的有效性，在设计过程中需要从不同方面对初步选定的生物群进行比较分析，以及在随后设计中需要对一系列仿生设计特征参数和试验条件进行优化分析比较，通过控制相关结构参数来实现对仿生设计样件的优化，从而获得最优数据。

1.4.7 仿生设计样件应用及推广

仿生设计样件与传统设计样件相同，其整个流程和结果都带有一定的目的性，因此设计出的仿生产品/样件能否成功应用和推广则极为重要。仿生设计终归是为推进人类社会科学技术进步服务的，而产品/技术的真正应用是产品/技术研发的落脚点，因此研究如何将仿生设计的理念、方法、手段、成品合理应用到实际的生产、制造中，是仿生设计的最终归宿。

习　题

1-1　什么是仿生设计学？仿生学与仿生设计学两者之间的关系是什么？

1-2　仿生设计学的研究内容包含哪些？

1-3　与传统设计相比，仿生设计学有什么特点？

1-4　仿生设计的具体流程有哪些？

1-5　请举出一项生活中的仿生设计案例。

第2章
典型仿生模本选取原则

在仿生设计过程中，仿生模本的选取正确与否，是仿生设计能否成功的关键所在。仿生模本包括生物模本、生境模本、生活模本。理想的仿生模本，应该具备与设计目标产品需求相似的特殊结构、特殊特征、特殊功能，或者具有与设计目标产品相似的应用工况。仿生模本的选取首先要考虑其特有功能与目标产品的相似性，这种相似性不仅体现在基础功能上，还包括生物模本的结构合理性、环境适应性、技术可实现性及安全可靠性。在生物模本的选择中，鼓励创新性与适应性的结合。一方面，要选择具有创新潜力的生物模本，为技术发展带来新的思路和方法；另一方面，要注重实用性，确保所选模本能够满足实际应用需求并带来实际效益。

2.1 重要定义

2.1.1 仿生模本的定义

自然界中可供人类模拟的仿生模本非常广泛，不仅可以对有利于人类的生物信息和生境进行模拟，还可以把人类生活中的生活现象、生活智慧、生活哲理，特别是作为生活智慧载体的人自身的行为作为仿生模本被模拟。因此，一切对人类需求有用的都可以作为模本用于仿生。仿生模本是指模仿生物的组织结构和运行模式，旨在通过模拟生物器官的自组织、自愈、自增长与自进化等功能，开发出更加高效、环保和可持续的技术和产品，以迅速响应市场需求并保护自然环境。仿生模本可以大致分为三类，包括生物模本、生活模本和生境模本，见表2-1。

表2-1 仿生模本种类

仿生模本种类	典型应用案例	仿生原型
生物模本	雷达、潜艇、人工冷光、保暖衣物	蝙蝠、鲸、萤火虫、北极熊
生活模本	声波镊子、薄壳建筑、电灯丝、分离单层石墨烯、高尔夫球	声波、蛋壳、竹丝、胶带黏性、洼坑状撞痕的旧球

（续）

仿生模本种类	典型应用案例	仿生原型
生境模本	沙丘驻涡火焰稳定器、发电机、纳米线、锡箔纸保温	沙波纹、河流涡流、森林、雪地反射辐射

2.1.2 生物模本的定义

生物系统中具有的优势特征或功能特性、能被人类模仿或模拟的生物原型，称为生物模本。自然界中的生物种类繁多，包括动物、植物、微生物，其具有不同形态、结构、成分、功能和生存方式等，这些特征无论是宏观、微观还是介观，都可以作为生物模本供人类进行模仿研究，发明和创造出更优、更好的接近于生物系统的仿生产品。不仅如此，生物个体、生物组、生物群（落），或是生物体的整体、部分，或是生物体的分子、细胞、组织、器官、系统等，只要是有利于人类生活、生产、发展、科技进步需要的，皆可作为生物模本。

2.2 典型生物模本分类

2.2.1 按生物模本功能分类

1. 减阻功能

减阻是指通过控制或改变湍流边界层的流场结构，降低湍流边界层的熵值，从而减小物体在运动过程中所面临的阻力，使其运动更加流畅、高效。减阻技术可分为主动减阻和被动减阻两种形式，其本质都是为了防止或延缓流动分离现象的发生。自然界的生物中有许多特定的生物结构具有减阻功能。通过观察和模仿自然界具有减阻功能的生物并将其应用到减阻技术上可以提高物体的运动效率、增加稳定性、降低噪声和减少振动、降低能耗，从而达到更高的性能和环境友好性。仿生减阻技术主要分为：

（1）沟槽减阻　典型研究是仿鲨鱼皮和鱼鳞减阻，物体表面横向或流向沟槽结构，通过改变边界层底层的流动结构来达到减阻目的，如图 2-1 所示。

（2）柔顺壁减阻　典型研究是海豚皮肤减阻，柔性面使边界层产生同步波动，减小脉动压力和阻力，阻滞层流边界层向湍流转捩，有效减弱湍流猝发时的脉冲力对壁面作用的强度，但往往制备方法复杂，对材料自身性能要求高。

（3）超疏水减阻　在流体流经固体表面时存在一个滑移速度，也就是在流/固界面上存在滑移边界条件，效率高，但高速下容易失效。

海洋里生活着典型具有减阻功能的生物（如鲨鱼），能够在水中快速游动，特别是在追击猎物时，其速度可达 40km/h 甚至更高。鲨鱼之所以能达到如此高的速度，除得益于其良好的流线体形和强大的推动力外，还与其体表特殊的非光滑表面结构有密切关系。鲨鱼体表所覆盖的鳞片称为盾鳞，如图 2-2 所示，由棘突和基板两部分组成，各棘突均向后伸出皮肤，呈对角线排列，这种紧密而又规则的排列方式使全身的棘突形成微米级的顺流向沟槽结构，有利于减小鲨鱼所受到的流动阻力。有研究人员对鲨鱼皮表面沟槽减阻的机理进行了较

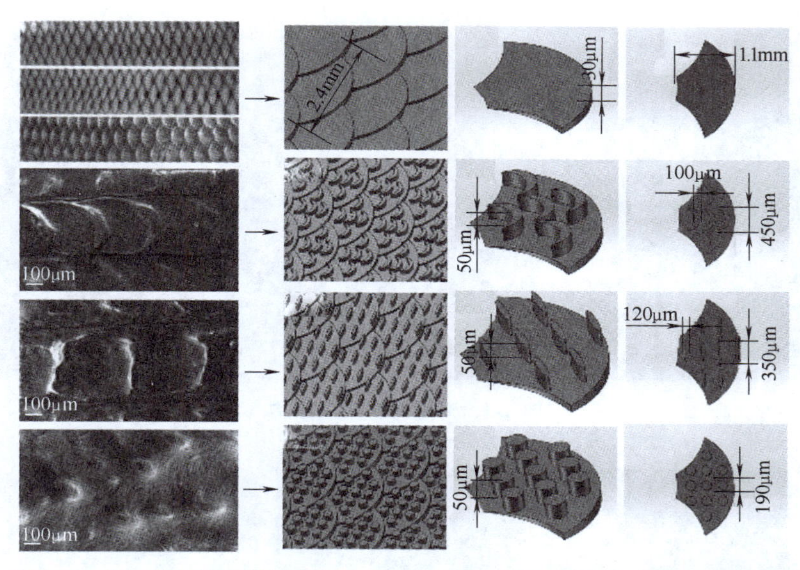

图 2-1 在扫描电子显微镜和超深显微镜下三种鱼的鳞片形态和体表微形态

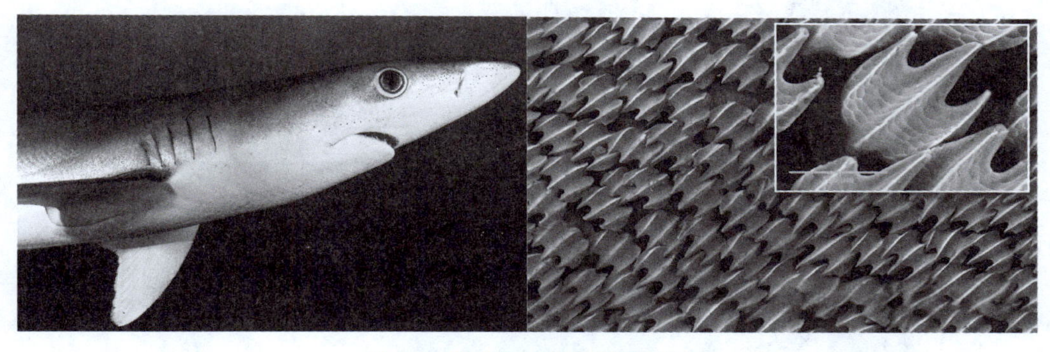

图 2-2 鲨鱼及盾鳞的微观形貌

为系统的研究，发现沟槽的存在能够增大横向速度的起点与沟槽底部的距离，从而增加沟槽表面黏性底层的厚度，进一步减小阻力。

不同于鲨鱼表皮存在的盾鳞微结构，海豚皮肤的表层光滑有弹性且细致柔软，如图 2-3 所示。海豚的皮肤具有很好的弹性，随着水流呈波浪状起伏，可以称为柔顺壁，同时海豚还通过神经来主动控制皮肤的波动，使其能够主动顺应水的流动。由于水流本身就是一种湍流运动，加上在海豚表面的扰流运动，很容易在边界层内产生扰流，从而产生湍流，增大游动时的摩擦阻力。当扰流发生在边界层内时，海豚的皮肤就会产生波动，以抵消扰流并减少晃动，从而延迟了边界层的转捩，保持边界层的层流流动，表明这种柔软有弹性的皮肤表层能够吸收脉动压力和流量中的能量。柔性表面减阻是指用弹性材料作为边界材料来替代刚性边界，利用柔性表面能够在一定程度上吸收和抑制边界层内的脉动压力的特点，减小表面摩擦阻力。

人们对超疏水表面的研究起源于自然界存在的一些独特现象，如荷叶、芋头叶和水稻叶等植物表面和水黾静置水面及行走，如图 2-4 所示。仿生超疏水表面减阻已成为水下减阻领域的热门方向，目前在一些减阻试验中，减阻量超过 40%，超疏水表面上产生的壁面滑移

图 2-3　海豚背脊皮肤结构

图 2-4　自然界中的超疏水表面

效应是其减阻的主要成因，在探究滑移效应产生机制方面，部分研究者认为是由疏水表面的低表面能材质引起的，更多的研究者则认为，表面微结构封存的气膜层是减阻的关键。

2. 降噪功能

噪声是一种由于信号杂乱或是声音强度过强从而对人的身心有不良影响的声音，可能引起头痛、血压升高，敏感者可能引发神经衰弱或听力受损，在飞行器和军工设备等器械上常常会出现噪声。受到自然界生物的启发，仿生降噪技术孕育而生。仿生降噪技术是把具备低噪声性能的典型生物的体表特征系统应用到实际工程上，使其具有与生物体类似低噪声特性。在天空飞翔的生物，其体表或翅表面并未进化为光滑表皮或翼膜，而是由羽毛组成的低能非光滑表面，如鸮类、猫头鹰飞行无声；在水中遨游的生物，尤其是行动敏捷的生物，如深海鲨鱼，其体表也不是光滑表面，而是覆盖有鳞片和脊鳞；海豚则是由皮下结缔组织构成主动非光滑表面，其降噪机制可能涉及体表结构、运动方式和生理适应性等多个方面。

猫头鹰无声飞行的机理主要得益于其翅膀和羽毛的结构，如图 2-5 所示。猫头鹰无声飞行的显著特征主要涉及以下三个因素：前缘锯齿处的梳子状羽毛、翅膀表面的天鹅绒状绒毛、尾缘处的流苏状羽毛。Hermann 等人认为，猫头鹰翅膀前缘锯齿和天鹅绒表面有助于降低噪声，并提高其空气动力学性能。内羽叶的条纹通过滑入由倒钩轴形成的下翼表面凹槽来降低噪声，翼的流苏状后缘可以降低尾缘噪声。这些在新的降噪技术中具有相当大的应用潜力。

图 2-5　猫头鹰的翅膀

不仅鸟类具有降噪功能，座头鲸也能够在水下安静运动。这也是因为座头鲸的鳍具有锯齿前缘结构，如图 2-6 所示。这种结构能够推迟边界层分离、降低逆压梯度与涡结构强度、增大前缘面积与流激噪声的变化，从而降低噪声。这些具有特殊功能的锯齿前缘生物结构给了人们巨大启发，特别是在飞机机翼的研究与设计中起到了重要作用。

图 2-6　座头鲸鳍的结构

3. 防污功能

在医疗行业、海洋航行等行业，防止生物污染是巨大的挑战。许多天然表面与人造结构处于相同的环境中，但它们没有受到污染，而人造结构会迅速被污染物覆盖。人类可以模仿这些生物表面的微结构制造出具有相似表面形貌的物品，这些物品往往有着较好的防污效果。具有防污功能的生物在自然界中随处可见，仿生防污表面因为无毒的特点受到了越来越多的关注。荷叶表面具有良好的防污能力和自清洁能力，这主要是因为荷叶表面具有特殊的纳米柱微结构并覆盖了非常致密的表皮，复合的微结构使荷叶表面形成物理屏障，防止污染物污染生物，确保了荷叶具有超疏水性和低黏附特性。此外，它们在液滴和叶面之间捕获一层空气，从而防止液体渗入表面和微生物黏附，为荷叶提供独立的防污效果和清洁效果，从而产生“荷叶效应”。除了荷叶，已发现许多生物的表面具有纹理表面包括鲨鱼、稻叶、蝴蝶、芦苇叶、贝壳、蝉、甲虫、蜉蝣、银杏叶、跳尾叶和花生叶等，如图 2-7 所示。这些具有防污能力的生物表面给仿生防污表面提供了许多灵感，基于化学气相沉积、光刻、成型、激光烧蚀和 3D 打印、纳米复合材料的方法已被开发用于生产仿生表面，许多研究已经证明了它们在防污应用中的潜力。例如，Liguo 等人在聚氨酯聚合物上制造了防污表面，如图 2-8 所示，以模拟生物表面（鲨鱼皮）所表现出的天然防污特性。首先，通过微铸造将鲨鱼皮图案转移到聚氨酯上。然后，通过喷涂介孔二氧化硅纳米球引入了分级微纳米结构。并通过扫描电镜、水接触角表征、防污、自清洁和水流冲击试验对防污表面进行测试。结果表明，仿生表面具有超疏水、抑制蛋白吸附及抗污染等能力。

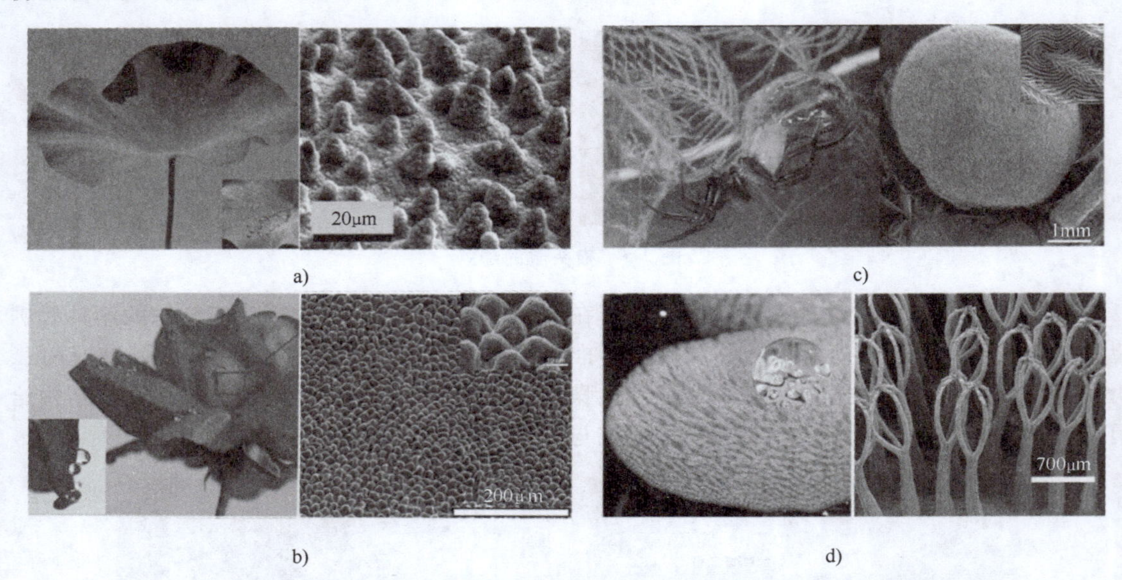

a) c) b) d)

图 2-7　不同具有防污功能生物表面的微观结构和纹理

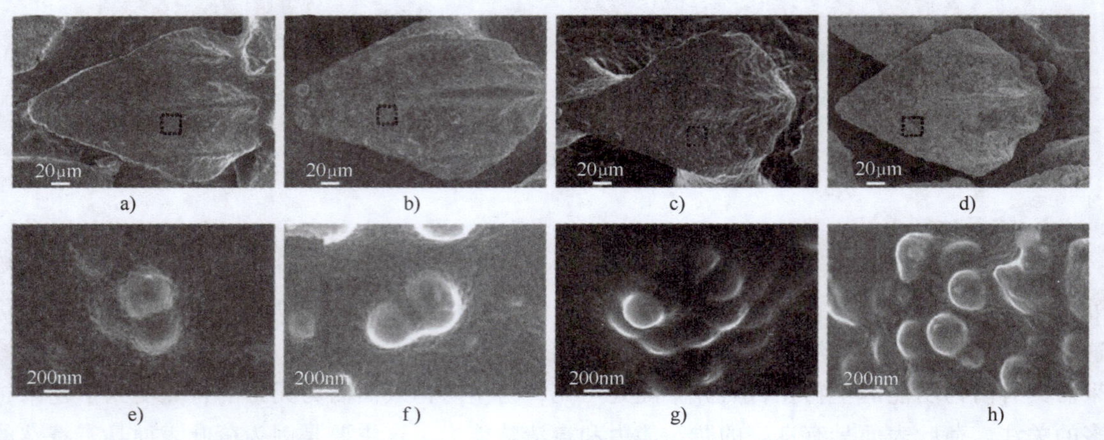

a) b) c) d) e) f) g) h)

图 2-8　鲨鱼仿生防污表面

4. 防腐功能

腐蚀是威胁金属设备耐久度和使用性能的最大问题，如大气腐蚀。开发新型高效的大气腐蚀防护材料是当前研究的重要方向。从大气腐蚀的机理看，液膜/滴的存在是发生大气腐蚀的重要前提，阻止液膜/滴在材料表面的形成是解决大气腐蚀问题的有效手段之一。超疏水表面可以有效阻止表面液膜/滴的形成，液滴自弹跳现象是发生在特定超疏水表面上的一种自发行为，弹走的液滴能有效阻止表面液膜/滴的形成，进而可能对表面的大气腐蚀防护性能产生影响，液体弹跳现象如图 2-9 所示。通过模仿自然界抗润湿生物表面，可以在金属材料上构建超疏水表面（SHS）和滑液注入多孔表面（SLIPS），即在镁合金上设计了一种介于 SHS 和 SLIPS 之间的可切换表面，可切换润湿性的表面具有长期的防腐保护，并有望在金属的防结冰、减阻、防污等方面具有广泛的应用前景。

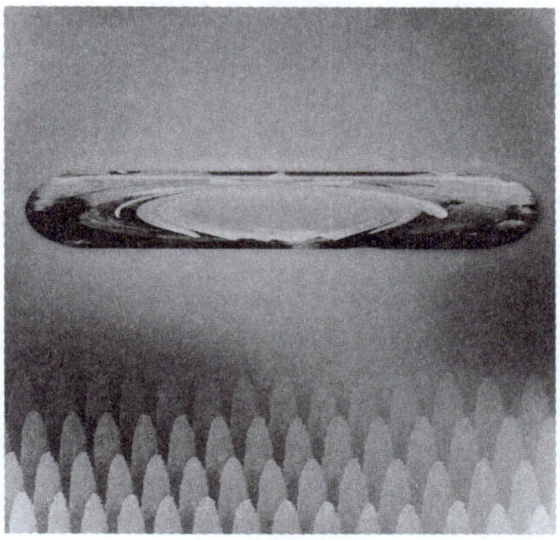

图 2-9 液体弹跳现象

5. 抗菌功能

细菌会导致疾病和伤口感染，因细菌导致的公共卫生问题给人类的生产生活带来了很大的影响，因此对抗菌材料的研究至关重要。在自然界中许多生物通过其特殊的表面结构杀死细菌或抑制细菌的生长，这种表面结构可以应用在抗菌材料上以提高材料的抗菌性能。鸣蝉翅膀上整齐排布着纳米级鞋钉形柱状物。研究发现，当细菌登陆到其上时，这种不锋利的“纳米柱”结构如同陷阱般将表皮有弹性的细菌捕获黏住，慢慢地将细菌拉伸，并分裂其细胞膜，拖其下陷至翼表面的“纳米柱”之间，从而将细菌杀死，如图 2-10 所示。这类似于一个水气球落在充满钢钉的床上，这些钉子并不锋利，戳不破气球的外表。但随着时间的推移，球内水的重量会把气球的外表拖拽在钉子之间，使其伸展下陷，最终迸出的水导致气球放气。而对于落入蝉翅表面的细菌，就意味着死亡。

不仅蝉的翅膀具有这种纳米钉状结构，蜻蜓的翅膀也具有这种纳米结构。蜻蜓的翅膀能

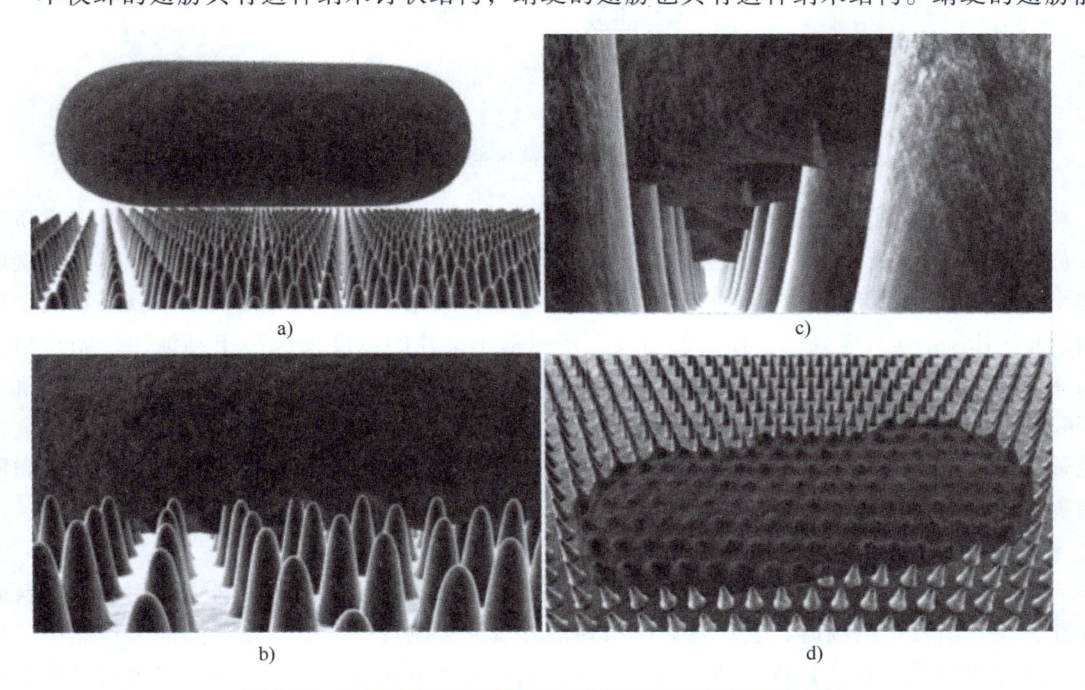

图 2-10 模拟棒状细菌模型与蝉翅相互作用的三维示意图

够保持清洁也是因为有柱状的纳米结构，可以杀死细菌并抑制细菌生长。Bandara 等人提出，蜻蜓翅膀纳米柱的杀菌机理是细菌与纳米柱的强附着力和黏附细菌运动产生的剪切力共同作用的结果，如图 2-11 所示。蜻蜓翅膀上密集排列着两种不同高度的突出纳米结构，但排列紧密且随机，纳米柱具有高纵横比的形貌，较短的纳米柱比较高的纳米柱刚性更强。这种地形表面与细菌相互作用导致的杀菌过程可分为四个阶段：第一阶段，细胞开始渗出细胞质，细胞膜变形弯曲；第二阶段细胞外膜起皱，胞浆渗漏；第三阶段，细胞的形状变平，并且膜变形；第四阶段，细菌失去了细胞膜的完整性并沉入纳米柱中。较高的纳米柱在细菌下方弯曲，而较短的纳米柱在细菌下方更远的地方出现。此阶段细胞膜完整，纳米柱上未见穿孔细菌。然而，当黏附的细菌试图在翅膀表面移动时，细胞膜与纳米柱之间产生的强大的范德华力导致膜被拉伸。两种不同高度的纳米柱由于具有较高的范德华力而增加了纳米柱与细菌之间的黏附力，当细菌试图离开不利表面时，会对膜施加强大的剪切力，从而导致细胞膜的破坏。

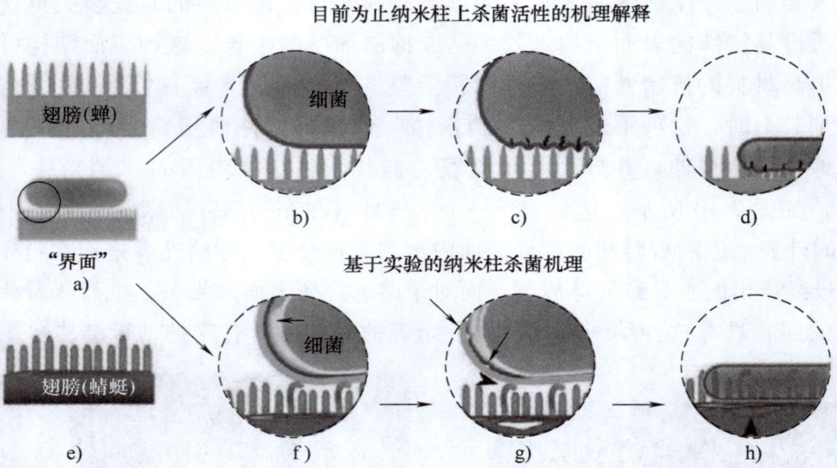

图 2-11　机械杀菌仿生表面机理

受这种自然现象的启发，纳米技术的快速发展和微加工/纳米加工的灵活性促进了研究人员使用仿生学来设计具有杀菌活性的合成形态。细菌细胞死亡被认为是由细胞膜表面接触和纳米结构吸附引起的，一旦细胞膜与表面拓扑结构相互作用达到弹性极限，就会触发膜破裂。JafarHasan 等人受到蜻蜓翅膀的启发，使用基于硅片的深度反应离子刻蚀法，制作出由高 4μm、直径 220nm 的纳米柱组成的超疏水表面，如图 2-12 所示，其静态水接触角为 154. 0°，接触角滞后为 8. 3°。该表面对革兰氏阴性菌（大肠杆菌）和革兰氏阳性菌（金黄色葡萄球菌）具有优秀的杀菌能力，这些天然的结构特征为机械抗菌仿生材料的设计和制造提供了重要思路。

6. 耐磨功能

磨损是由机械性摩擦引起的表面损伤，即表面与接触物质之间的相对运动而导致材料的逐渐去除。当发生磨损时，会严重影响机械的外观，影响使用寿命。在严酷的大自然中，生物通过进化形成了自己独特的结构和特征，承载着无数成功的秘密。大量研究表明，自然设计在解决工程问题方面具有显著的效果，一些生活在恶劣环境下的生物为了抵抗环境的侵

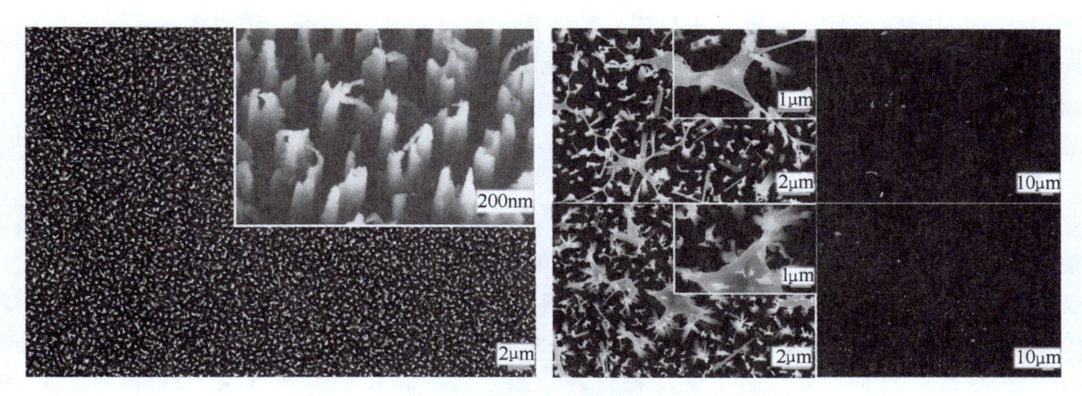

图 2-12　受蜻蜓翅膀启发的杀菌表面及杀菌效果

蚀，进化出了独特的凹坑、凸包、波纹、鳞片等形态的非光滑表面，表现出优良的耐磨性，通过模仿这些表面的功能结构进行仿生表面设计，如图 2-13 所示。柽柳是柽柳科、柽柳属的一种植物，喜生于河流冲积平原，海滨、滩头、潮湿盐碱地和沙漠荒地。通常情况下，沙漠都具有强风条件，但在大风条件下的柽柳只受到轻微的刮伤，说明它们具有很强的耐蚀性。Jung 等人定量评估了基于柽柳启发制备的仿生 V 形沟槽固体表面在颗粒冲击下的侵蚀率，发现在冲击角为 20°~60°时，仿生沟槽能有效地降低冲蚀磨损，但冲击角的变化范围不是恒定的，一般与被侵蚀物质的延展性有关。基于柽柳表面的沟槽，Yin 等人设计了三种仿生沟槽（方形、U 形和 V 形），分析了柽柳表面的冲蚀磨损行为。根据试验设计方法，形状为 V 形槽、肋间距为 4mm、肋尺寸为 2mm 的仿生表面的侵蚀速率最低。沙漠蝎子的背部具有六角形坑状结构，采用三维打印的微结构（深度 200~300μm，长度 200~500μm）仿生样品具有良好的耐蚀性，这是由于这种结构可降低固体颗粒的法向速度，从而降低冲蚀磨损。Han 等人以沙漠蝎子表面为灵感，探索凹凸、沟槽形状和曲率的抗侵蚀性，为了获得生物凸

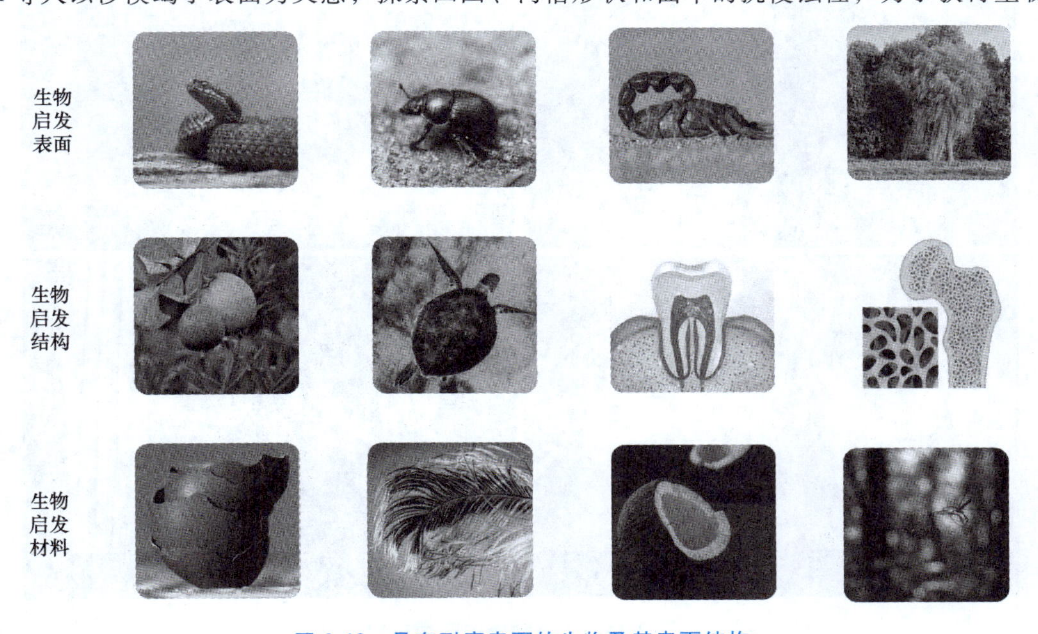

图 2-13　具有耐磨表面的生物及其表面结构

起的大小和沟槽的形状，选择了一只成年沙漠蝎子进行观察并制备了仿生表面，与光滑结构相比，仿生凹槽结构和凹凸结构的抗侵蚀性能分别提高了约10%和25%。生物仿生结构与沙漠蝎子皮肤的相似性越高，抗侵蚀性能越好。此外，仿生结构的曲率对抗冲蚀磨损起着至关重要的作用。

7. 脱附功能

易脱附是仿生技术在工程应用中的基本力学需求，它直接影响着界面操控自动化的实现程度，对于机械寿命的长短也有一定的影响。湿润的松散物料对机械部件的黏附现象在工程中非常普遍，尤其是土壤对机械部件的黏附。土壤黏附严重降低地面机械的工作效率和质量，增加耗能，甚至导致机械无法运转。自然界很多动物都能在土壤里面来去自如，那是因为它们具有柔性表面。柔性是土壤动物体表乃至生物界存在的力学现象。蚂蚱、蚯蚓、蟋蟀、蜣螂等动物都具有土壤脱附功能，这是由于它们许多部位存在刚毛，如图2-14所示。这种柔性非光滑结构具有减黏作用和缓冲作用，通过柔性单元的相互位移、扭曲等动作实现土壤脱附。基于土壤中的动物体表柔性非光滑特征设计的仿生装置用于铲斗、挖斗、自卸车厢等触土部件，其具有显著的脱附效果，如图2-15所示。有研究人员受蜣螂皮肤微凸结构的启发，研究了圆顶表面与超高分子量聚乙烯（UHMW-PE）作为表面涂层相结合的可行性，以减小滑动阻力。他们还研究了碳钢平板、超高分子量聚乙烯平板和超高分子量聚乙烯圆顶板在不同工况和土壤条件下的滑动阻力。在不同条件下，将被试板拖拽0.7m的土仓长度，并使用DH3820 N分布式应力应变测试分析系统记录其滑动阻力。结果表明，在所有条件中，超高分子量聚乙烯圆顶板的滑动阻力均显著低于平板。此外，超高分子量聚乙烯（UHMW-PE）圆顶板在减小潮湿和黏性土壤中的滑动阻力方面优于其他测试板，为开发高度实用和有效的土壤接触工具奠定了基础。

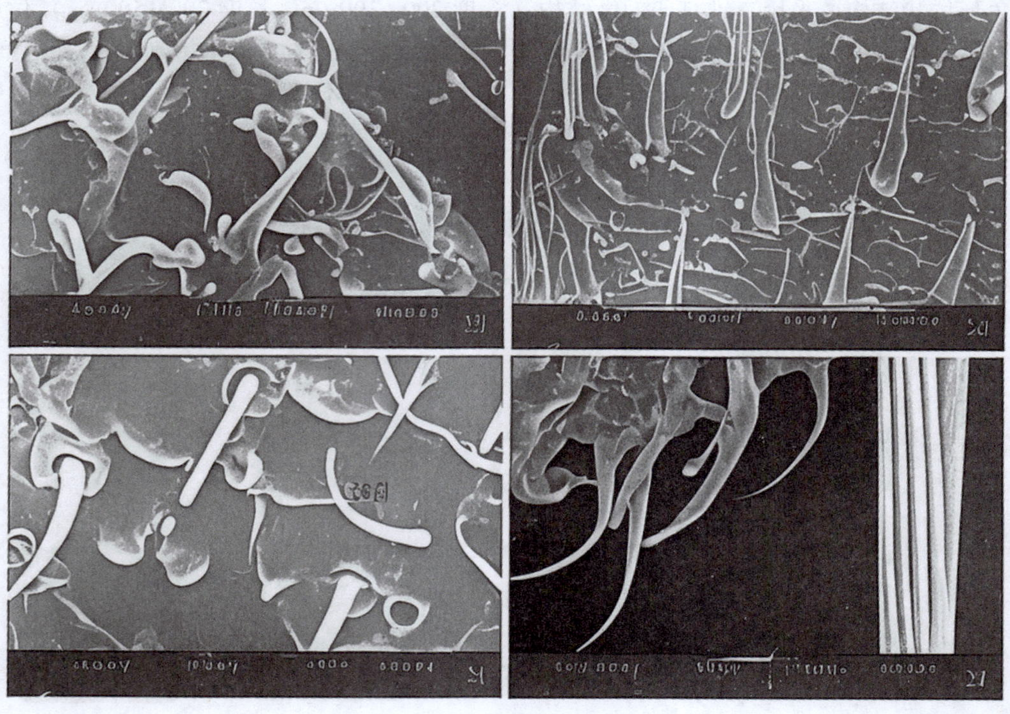

图2-14　土壤动物的表面形貌

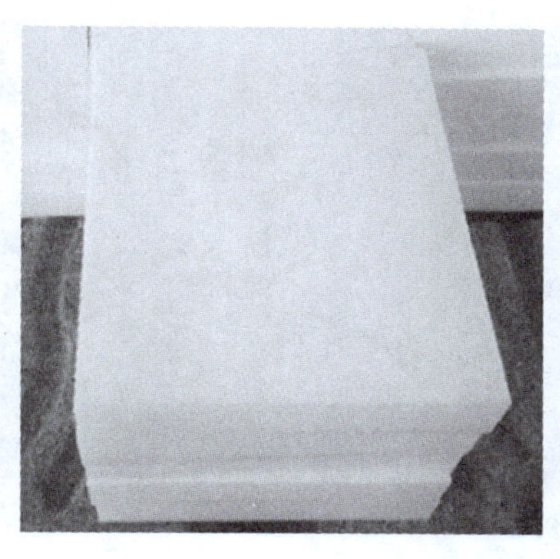

图 2-15　根据蜣螂体表面结构制备的仿生顶板

2.2.2　按生境分类

1. 典型水生生物模本

水生生物作为水中的生物种群，在长时间的演化中逐渐适应了水环境的特殊条件。水生生物已经进化出了足以在特殊的盐度、压力、光线和温度下生存并成长的能力，水生生物的形态、生理和行为一直是科技发展灵感的来源。到目前为止，水生生物的灵感已被应用在黏附、防污、加固、浮力、游动、感光、隐身和能源等多个方面。例如，蓝藻光合作用时电子转移到膜上的光电流可以被收获，并具备碳捕获能力，其不完全光合器被应用到仿生光解水上，可以制备大量氢气；鲎是一种海洋节肢动物，头胸部侧有一对复眼，受光束照射后，复眼产生脉冲，研究人员受其启示，研制出了电子模拟装置，应用这个原理制成了电视摄影机；海豚是声呐的仿生原型，喷气孔下方可以产生声束，并通过回声音调的高低判断猎物的大致方位；水母是一种无脊椎浮游生物，其可以听到由空气和海浪摩擦产生的次声波，其共振腔细柄上的小球上有一个次声波神经感受器，由于次声波的速度比风暴快，科学家仿照这种结构设计了风暴预测仪。水生生物模本种类有很多，包括淡水生物、海洋生物、两栖类生物等，下面重点介绍一些常见的可应用于仿生学的水生生物模本。

水黾，是生活在水中的一种昆虫，一旦上岸，就会在水面上振荡，振幅逐渐衰减，从而引发一系列的表面波，其可以从水面上跳起以躲避捕食者，然后在不刺穿水面的情况下稳定着陆，由于腿部很强的疏水性，表现出快速恢复非湿润状态的能力。这一惊人的特性引起了研究人员广泛的兴趣，并被应用到了水滑机器人上，如图 2-16 所示。水黾是在水面上的运动健将，而对于常在水下运动的海洋生物来说如何利用好浮力和减小水流的阻力至关重要。

槐叶萍，是一种蕨类植物，一般生存在静水的水面上，其有四根多细胞毛组成的疏水中空结构，叶表面上部有亲水的顶端，从超压恢复到常压的过程中，被困在空心结构顶部空腔中的气泡有助于恢复空气层，如图 2-17 所示。利用这一点，可以制备出具有空气保持能力的静态防污微表面。

鱼鳔，是鱼类控制浮力的主要器官，通过吸入和排出气体进行浮力的调节，鱼类可以在水中保持不沉不浮的状态。潜水艇便是其成功应用在仿生领域的例子之一。对于阻力的减小，比较容易联想到的便是海豚和鲨鱼了，它们都有流线型的结构特征。海豚的吻部到背鳍

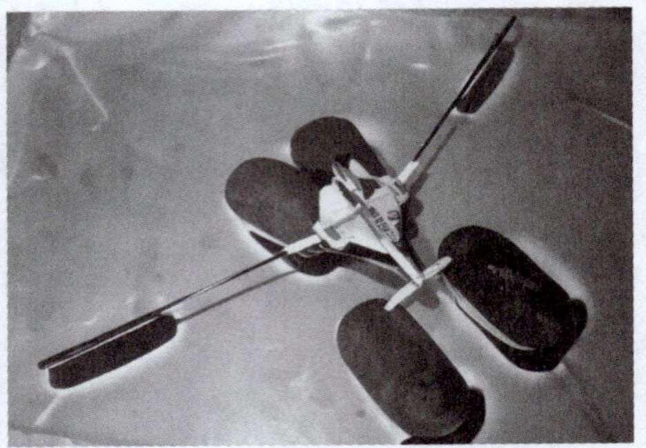

图 2-16　模仿水黾的仿生水滑机器人模型

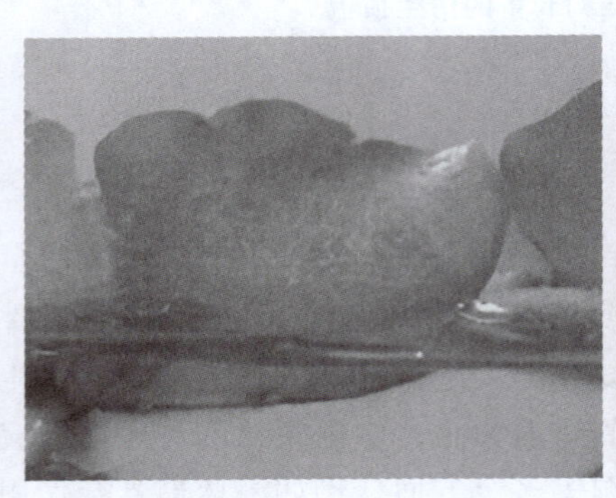

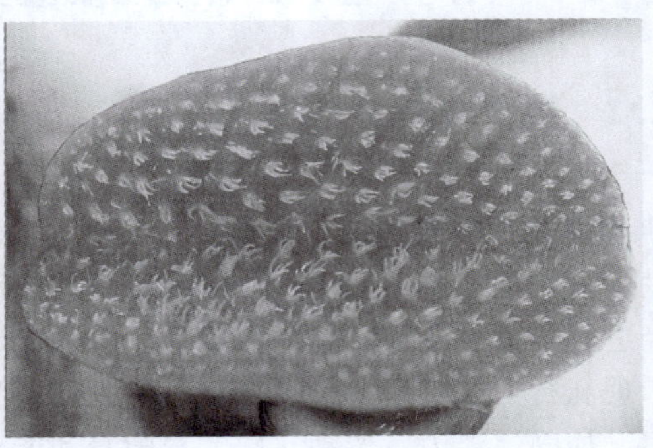

图 2-17　槐叶萍气膜结构及表面结构

和海豚的中部被波纹状凹槽脊所包围，很少能看到大的起伏和锋利的边缘和角落，表面光滑且规则，柔韧的皮肤在最宽处诱导湍流，可以维持层流边界层分离，使其减阻率提高，如图 2-18 所示。同样地，不仅是海豚，海洋中的生物无论是通过姿势还是内部结构，都具有

a) 在水中游泳的宽吻海豚

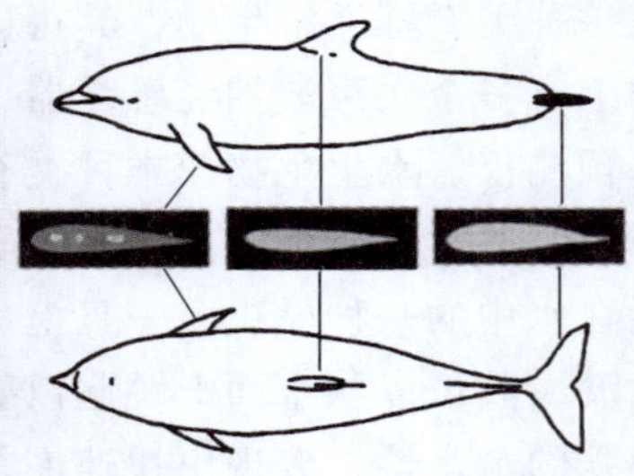

b) 海豚流线型设计的鳍、背鳍和吸片

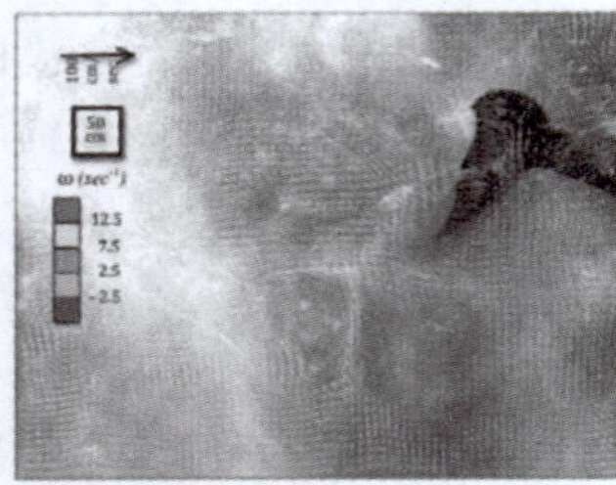

c) 压力系数分布

d) 海豚游泳时产生的旋涡的可视化

图 2-18　海豚背鳍结构及受力分布

在复杂的三维湍流中保持稳定的能力。鱼类作为海洋中分布最广的动物，在海洋中进化出了鳞片，不仅具有保护自身的作用，还可以感受到水压的变化并做出相应的反应，通过水流适应和涡流捕获尽量减小对自身的冲击。鳞片上不同形状的条纹交错分布，并覆盖有黏液，这些黏液也是低剪切液，配合鳞片上的纹理，流体的边界层呈现下沉和收敛的阶梯状，减小了高速游动时压差阻力的影响。

除了鳞片具有保护作用，人们所熟知的海龟便有着极其坚固的龟甲用来保护自身。海龟主要分布在比较浅的沿海海域，它的龟甲通过承受冲击载荷和消耗能量来保护海龟免受捕食者的攻击。甲壳的骨区是由坚硬的三明治状区域组成的，肋骨通过软缝合线连接，相邻的两肋之间有一条带三角形齿的咬合缝线，游离骨存在于龟甲相邻的每两根肋骨之间的间隙中，由柔软且未矿化的缝合线组成，构成复杂的咬合结构。以龟壳（图2-19）、软体动物壳、甲虫外骨骼和珍珠层的缝合结构为灵感，通过3D打印技术，可以获得仿生复合金属板。其中龟壳仿生板具有极佳的抗冲击性，为军事上的抗冲击装备提供了思路。口虾蛄同样分布在浅海海域，腹部的薄膜同样是保护龙虾的生物盔甲，但与龟甲不同的是，龙虾腹部的薄膜还具有很强的柔韧性，其大约90%的成分都是水，但是极其坚韧，是一种特殊的半透明水凝胶薄膜，这种水凝胶薄膜具有很强的柔韧性，其柔韧性主要归功于多层排列整齐的几丁质纳米纤维，可以反复拉伸而不被撕裂。这种柔韧性为其在仿生领域的应用提供了更多的可能，如用于人工肌腱。

图2-19　龟壳

贻贝，常常附着在海边的岩石上，即便受到海浪的冲击，它依然不为所动，这是由于贻贝与岩石表面之间存在相互附着的黏附力。海洋生物由于长期与海水接触，受流体运动的影响，必须具备水下黏附的能力，这种能力的来源主要是钩或刺的机械连锁、压力差和化学黏合剂，之后根据需要短期或长期地黏附在表面。海百合幼虫分泌了黏液后依然可以移动，在选择了合适的位置后会发生永久性的黏附；海胆和海星通过位于管足基部的椎间盘表皮的双腺体黏附系统释放黏附和脱黏分泌物，在附着和脱离之间转换；章鱼的吸盘上由微小的毛状结构利于密封，肌肉或外力使大部分液体从吸盘腔排出可以产生压力差进行吸附性质的黏附，并在打破封边后实现解吸；鲫鱼与宿主皮肤表面连锁的排列矿化小刺，以帮助它产生高摩擦。沙塔糯虫（图2-20）是一种生活在海边的小虫子，通过分泌一种由六种黏附蛋白、硫酸多糖和镁离子组成的黏合胶水捕获沙子和贝壳碎片进行筑巢，其与贻贝的黏附机制相似，都是通过黏附蛋白中多巴胺侧链儿茶酚基团的双齿状氢键与表面形成化学键。利用这种强大的黏合力可

图2-20　沙塔糯虫

以避免传统水泥在焙烧过程中的碳排放，制备仿生低碳建筑材料。

2. 典型陆地生物模本

陆地环境复杂多样，有酷热难耐的沙漠，也有冷风凛凛的雪原，对于生活在陆地上的生物，其特定演化出来的结构、功能和形态都可以成为仿生技术的灵感来源。绝大部分陆生生物在不同地理条件的陆地环境下都有存在，但是还有少部分陆生生物只有在特定的地理环境才能发现它们的踪影，这些特定的地理环境条件往往比较极端，或是极为寒冷，或是极为干燥，它们在这样的条件下进化出了可以适应这种环境的功能，包括控制蒸腾和扩散、控制物质的吸收、控制光的透射或反射、润湿或反润湿行为、防止污染和生物威胁、通过增加湍流和对流来冷却、机械保护，以及动物在光滑和非光滑的表面上移动等。也许在我们人类看来，在那种较为极端的环境条件下存活是不可思议的一件事，不过正因为这样才能给仿生领域的发展带来更多的可能。

蜥蜴，是陆地上的运动健将，其善于攀爬，种类繁多，且生境各异，沙漠、森林、海岛和雪原等地均有存在。广泛被人所知的是其强大的攀爬能力，这个特点已被开发出一种可以在复杂的火星地形上移动的四足爬行机器人。其尾巴自切也得到了广泛的研究，自切发生在软骨横隔处，骨折面由膨出的肌纤维远端组成，这些肌纤维被排列成高密度的蘑菇状微柱，尾巴附着在由表面接触和微尺度和纳米尺度不连续组成的界面上，如图 2-21 所示。在需要时可以牢固附着，遇到敌人时可以断尾求生，这为可脱附仪器提供了思路。除此之外，有一小部分的蜥蜴也具有变色的能力，可以根据自身的情绪和周围的环境进行大面积、自然和快速的颜色转变，原因是其有一层厚厚的虹膜团，上面有杂乱无章的鸟嘌呤晶体，在不同的环境下可以通过反射不同波长的光进行变色。壁虎也是蜥蜴的一种，它是一种可以黏附在墙壁上的生物，与海洋中生物的黏附不同，它以干黏附为主，它的脚趾不分泌黏液，脚趾上细小的刚毛在遇到垂直预紧力和平行阻力时与底面紧密接触，通过范德华力控制着壁虎的黏附力。

图 2-21　蜥蜴

树蛙，是一种典型的湿黏附生物，主要生活在热带雨林地区，在有液体的界面，可以由静态毛细力控制黏附。猪笼草也同样分布在热带地区，喜欢温暖和湿润的环境，害怕强光和积水，口缘区的定向连续搬运液体的能力可以让昆虫失足滑落，它同时集成了黏附和抗黏附的相反特性，将此模型应用到仿生复合贴片膜，可以在促进细胞黏附和分裂生长的同时，而不黏附脏器。

蜣螂，生活在农村，鸡、鸭、牛等牲畜的粪堆下的一种奇特的生物。它可以掘土自居，其独特的前腿结构使其具有强大的挖掘能力，根据蜣螂前腿端齿复杂的外轮廓曲线设计了一种齿状轮，可以提高切削刀具的性能，减少土壤材料与刀具之间的黏附和摩擦，可应用于农业领域。

蛇，一般都耐高温而不耐严寒，多数带有毒性，是爬行类动物。眼镜蛇主要分布在丘陵、灌木丛和竹园等地，绝大部分温暖地区都可以发现，其腹侧皮肤的纹理是其爬行的助力，使用 UV-NIL 微纳米结构的模具镶嵌物可以将复杂的生物和人工结构转移到非平面陶瓷部件的表面上提高摩擦力，这将为仿生形状应用于众多实际工业应用提供巨大的可能性。响尾蛇（图 2-22）主要分布在沙漠和松沙地区，其颊窝是一个红外感受器，对温度变化十分敏感，红外线照射到颊窝薄膜的外侧时，温度就会高于内侧，感受到温差后就会产生生物电流，这使其能在夜间准确判断周围恒温动物的位置，响尾蛇导弹便是据此发明的。

图 2-22　响尾蛇

鼹鼠，主要存在于森林草原地带及半沙漠地区，终身在地下生活，夜晚偶尔爬上地面行走，如图 2-23 所示。以色列的盲鼹鼠在挖洞的过程中利用地球的磁场不断地监测和维持自己的路线，在障碍物旁挖洞也不会与它们发生身体接触，利用这一点，可以在开凿人工隧道时避免时间和资源上的浪费。

北极熊生活在北冰洋有浮冰的地区，如图 2-24 所示，这里极为寒冷，而让它们能在这样寒冷的环境下维持体温的原因便在于它们毛发的构造。它们的毛是中空的，外面围着一层壳，这种有序的中空多孔结构里保存了大量温暖的空气，可以抑制热传导和热对流，减少热量的损失。目前已经通过有效利用这种结构作为仿生原型，制备出了具有耐洗抗寒的保暖衣物。

图 2-23　鼹鼠挖洞

图 2-24　北极熊

除以上的生物外，还有其他一些在多数地理环境下都比较常见的陆生生物可以作为仿生的灵感来源。蒲公英的种子能随风飘到远处，扎根生长，其种子上方的冠毛是绒球状的飞行器，可以产生漩涡效应并产生向上的升力，其体积小重量轻的优势可以应用在环境监测、侦察等诸多领域。长颈鹿血管周围的肌肉非常发达，可以压缩血管、控制血流，航天服的设计原理就源于这种紧绷的皮肤。青蛙的眼睛可以敏锐观察到活动的物体，而观察不到不动的物体，即便是特别小的昆虫只要动了，就可以被青蛙识别，因此电子蛙眼被发明出来并在战场上广泛应用。马奔跑速度很快，并且能承受很大的压力，原因是马蹄下方有轻微向内凹陷的结构，这种结构可以帮助减轻奔跑过程中的振荡，腿骨具有小孔，可以承受空气阻力的强大压力，这可以作为航天器的灵感来源。

3. 典型飞行生物模本

一直以来，人类并不满足于站在地表，我们艳羡飞鸟可以翱翔蓝天、俯瞰大地。人类最初对飞行的渴望源于对自然界飞行生物的模仿，飞行生物出色的飞行性能必然会成为研究人员的灵感来源。飞行生物可以通过扑动和非扑动的方式飞在天空中，在这两种状态下各种不同的仿生技术被研究出来。

在仿生飞行器的研究初期，类鸟飞行器的技术非常成熟，鸟类的飞行羽毛形成了巨大的翅膀和尾羽，在飞行中提供升力和机动性，其中仿海鸥扑翼飞行器是类鸟飞行器发展的里程碑，其头尾可以摆动，具备很好的灵活性。鸟类也可以利用空气动力学帮助捕食，翠鸟尖而长的喙可以不断推挤前方的空气，形成空气屏障，整体的流线形也可以使水流顺利流向后方，保证水不被溅起，这成为了列车头设计的灵感来源。翅膀除了利用空气动力帮助飞行和捕食，也可以用来降低噪声。猫头鹰的翅膀表面柔滑，前缘呈梳齿状结构，后缘的穗状须边也能有效抑制气流掠过翅膀时发出的声音，应用在飞机上，噪声可以降低 70%以上。

了解和利用鸟类的身体结构和飞行机理，研制高机动性、低能耗的仿生扑翼飞机具有广阔的应用前景。仿照自然界鸟类的飞行模式研制的大型仿生扑翼机器人在飞行效率、抗风能力、仿生隐蔽性等方面具有独特的优势，如图 2-25 所示。采用飞行状态感知与估计方法，可以合理利用各传感器的测量信息，进行优缺点互补，从而提高扑翼机器人执行任务的可靠性。结合实验室对大型仿生扑翼飞行机器人的长期研究积累，根据扑翼飞行机器人在起飞、巡航、着陆等不同阶段的飞行特性，研究人员提出了一种飞行状态感知与估计方法，实现了扑翼飞行机器人在整个飞行过程中的自主导航，并在实际飞行试验中验证了方法的有效性。该研究通过结合大型扑翼机器人的运动特性，实现了包括起飞、巡航和着陆全过程的自主飞行，并将惯性导航与 GPS 和气压计测量数据相结合，预估扑翼机器人的空间位置和速度，提高了扑翼机器人的状态感知和状态估计精度，为扑翼机器人实现超视距自主飞行提供了保障。

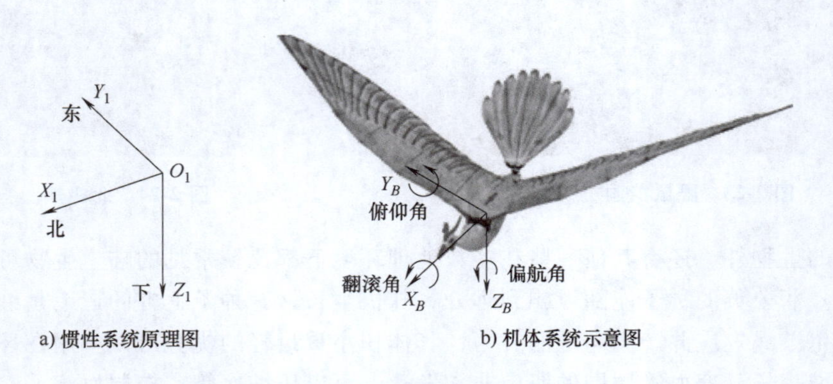

图 2-25　惯性框架和车身系统定位示意图

相较于鸟类，昆虫更为灵活，而类昆虫仿生飞行器（图 2-26）具有较小的体型，可以在各种狭窄的地形中移动。将苍蝇、蝴蝶和蜻蜓作为主要的研究对象，通过翅膀的扑动产生升力和推力，既可以通过驱动模拟飞行，也可以通过微导航技术、合成生物技术和神经科学技术实现活体控制和自主导航的能力。不过这些研究的重点集中在飞行生物的翅膀上，而其他部位的协同作用也是飞行生物高效飞行不可缺少的。在不同的生理活动中，蜜蜂的腹部有规律地变形，以提高运动效率。航空航天器鼻锥设计从其中获得灵感。基于蜜蜂腹部的变形机理，通过仿生设计，可以制备高灵敏度的变构型变形鼻锥（MNC）机构，该结构变形后对飞行阻力和再入热流密度有改善作用，可以提高飞行效率。这为仿生飞行机器人减小机头锥体阻力和热流开辟了一条新途径，具有广阔的应用前景。

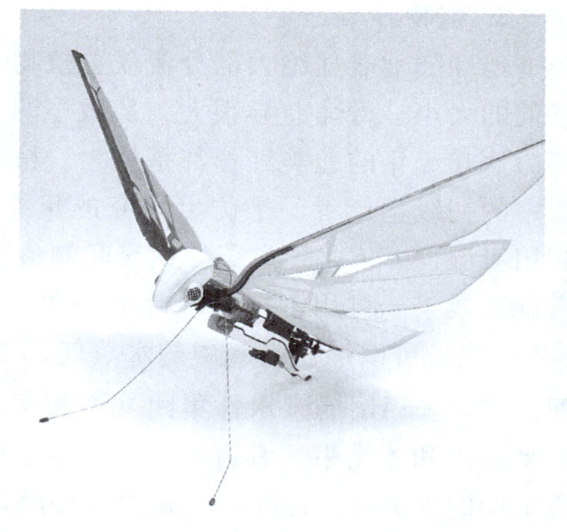

图 2-26 类昆虫仿生飞行器

2.2.3 按生物界级分类

1. 动物界

动物界成员均属真核生物，种类纷繁多样，分布于地球上所有海洋、陆地，包括山地、草原、沙漠、森林、农田、水域及两极在内的各种生境，是自然环境不可分割的组成部分，也是仿生研究的主要灵感来源。例如，沙漠甲虫背部驼峰-沟槽混合润湿性的三维结构使得水滴可以被表面的超亲水点快速捕获并凝聚成大水滴，然后很容易地从表面的超疏水区域滚下来。这种液滴捕获和传递的方法提高了雾的收集效率。Fu 等人通过模板法获得了具有驼峰-沟槽结构的锌片，之后通过紫外照射、喷涂和卷曲得到具有杂化润湿性的锥形锌针，最后将锌针从改性的内部超亲水外部超疏水的 Janus 海绵底部插入凹槽获得了雾收集系统。其有更多的雾捕获位点，疏水分离有效减缓水膜的形成，并利用锥形孔作为连接点使液滴快速进入海绵中。Feihu 等人通过模仿章鱼吸盘结构（图 2-27），设计了内腔大、外腔小的微腔阵列。将贻贝足蛋白与纳米黏土作为仿贻贝黏液，制备了黏性水凝胶。实验结果表明，该水凝胶可获得约 2.216N 的黏附力，具有良好的亲水性。水凝胶还可以和传感器连接到皮肤上，用于人体脉波测试，并成功构建了仿生自黏附可穿戴传感设备，具有广阔的应用前景。

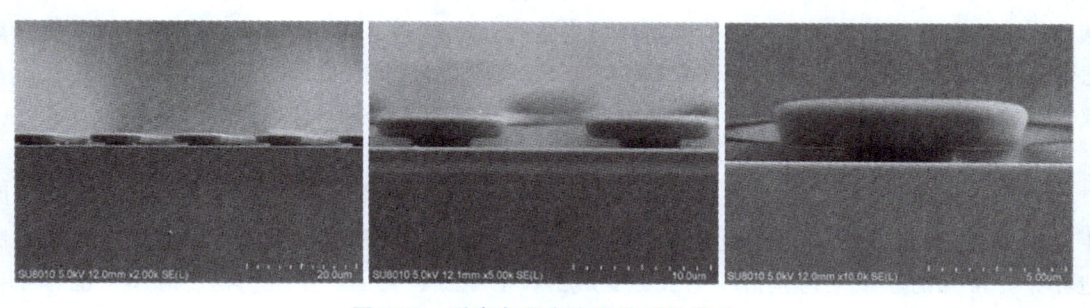

图 2-27 受章鱼吸盘启发的结构模具

2. 植物界

地球陆地表面绝大部分覆盖着植物，并且在海洋、湖泊、河流和池塘中也覆盖着植物。它们的大小、寿命差异很大，从微小的肉眼看不见的藻类到海洋中的巨藻和陆地上庞大的、寿命达几千年的北美红杉都是植物。植物在自然界中的各种大大小小的生态系统中几乎都是唯一的初级生产者，是仿生研究的重要灵感来源。Lu 等人受到植物叶片蒸腾作用的启发，利用吸湿性 $CaCl_2$ 和海藻酸钠交联制备了自驱动吸水仿生叶片。该仿生叶片显示出良好的光谱刺激效果，可用于植物叶片的可见光-近红外光谱模拟，效果持久稳定。CaAlg 膜表面的 $CaCl_2$ 粒子可以捕获空气中的水蒸气，将其转化为液态水，液态水渗透到 CaAlg 中，并通过配位键与 CaAlg 的亲水性集团（游离 Ca^{2+}、交联 Ca^{2+} 和 NaCl）结合，导致 CaAlg 膨胀，直到吸水饱和才结束。其可用于环境湿度管理。Cao 等人采用模板法制备了表面带有玫瑰花瓣微结构的 PDMS。其有着较高的水接触角，表现出超疏水性，褶皱中的空气可以有效减缓细菌的附着，并通过表面微凸状结构限制细菌之间通过纤维网络通信的能力从而抑制临床相关菌株的生物膜形成，其抑制生物膜形成机理图如图 2-28 所示。

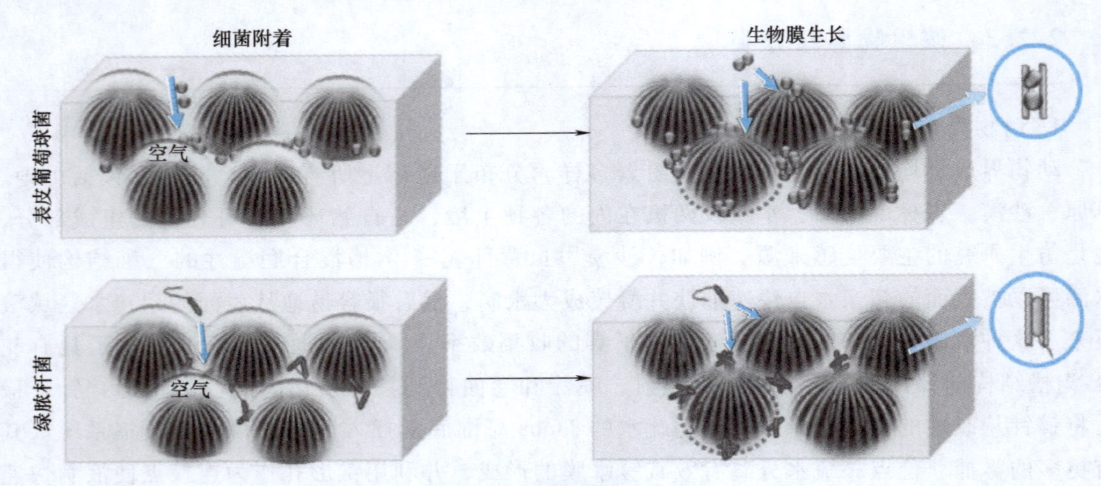

图 2-28　玫瑰花瓣微结构抑制生物膜形成机理图

3. 真菌界

真菌界（Eumycetes）是区别于动物界、植物界的第三大类高等真核生物，估计全球有 200 万种，已研究的物种超过 12 万种。真菌广泛分布于全球各带的土壤、水体、动植物及其残骸和空气中，营腐生、寄生和共生生活。真菌特定的生活方式给予仿生研究奇妙的启发。真菌所含的异黑素可以使其在恶劣的辐射环境中生存，Zhou 等人通过 1，8-二羟基萘的氧化寡聚法制备了人造异黑素纳米颗粒（AMNPs），如图 2-29 所示，具有良好的抗辐射和抗氧化性，不仅可以应用于护肤品中，还可以用于防治与氧化应激相关的疾病，如神经退行性疾病。

4. 原生生物界

原生生物界（Protist）是真核生物域中的一界，是由原核生物发展而来的真核生物。原生生物大部分是单细胞生物，比原核生物更大、更复杂，有些原生生物可以借助光合作用制造养分。常见的原生生物包括纤毛虫、变形虫、疟原虫、黏菌、浮游生物、海藻，也有光自营的单细胞游动微生物，如眼虫等。原生生物界的多样性为仿生设计提供了丰富的灵感来

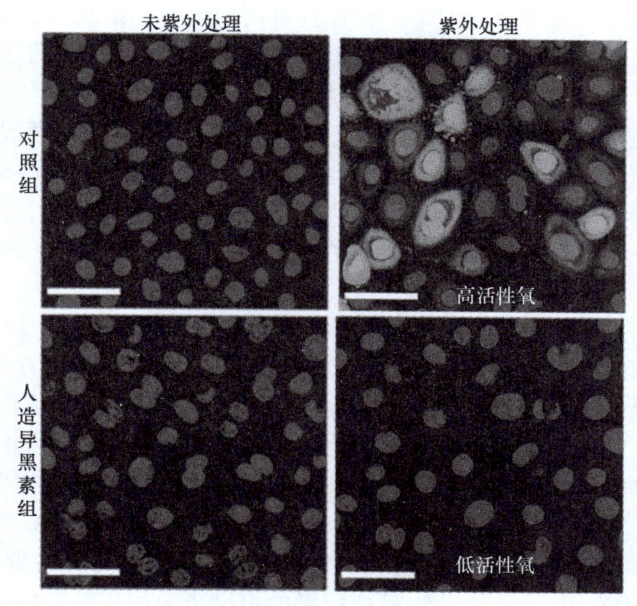

图 2-29　人造异黑素纳米颗粒降低氧化应激水平（比例尺为 25μm）

源。例如，团藻是绿藻的一种，其利用纤毛可以在流体中游动，Xu 等人将活的蛋白核小球藻细胞与导电聚合物的超薄外壳及碳酸钙外骨骼相连接，以产生能够持续进行光合作用和不依赖光合作用生产氢气的离散细胞微生态位，如图 2-30 所示。其中聚吡咯/碳酸钙杂化层可以捕获和传输细胞外电子到藻类细胞中，增大了氢的产生速度。藻类细胞的表面增强促进了自然光合途径和人工途径对氢化酶激活的整合，可在无害的条件下增强绿色制氢，在可持续能源的生产方面有巨大的应用潜力。

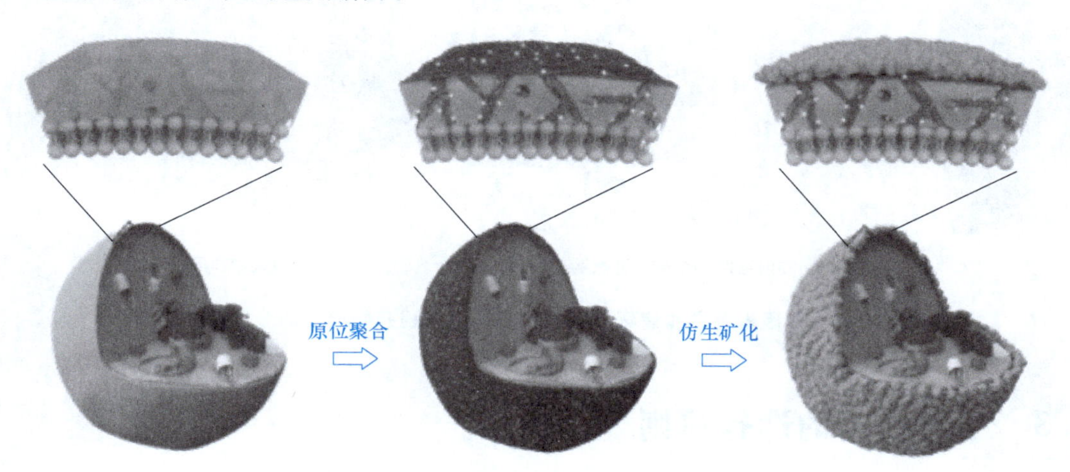

图 2-30　通过聚合物/无机涂层构建活藻细胞的微生态位

5. 原核生物界

由原核细胞构成的生物称为原核生物，原核生物包括六大类：细菌、蓝藻、放线菌、支原体、衣原体和立克次氏体。原核生物通常具有稳定的细胞壁和膜结构，很多原核生物生存在极端的环境条件下，如高温环境、低温环境、高压环境、高辐射环境、极端酸性及极端碱性环境中。以原核生物作为仿生原型可以设计具有高稳定性和耐久性的材料，如仿生聚合物和纳米复合材料，模拟细菌细胞壁的结构和组成，用于极端环境下的工程建设。鞭毛是细胞运动的附属物，许多细菌都含有鞭毛，其通过手性波形推动自身完成各种运动以支持其生命活动。Miao 等人通过嵌杆铸造工艺制作了一种一体化的三通道管状驱动器，可以通过对每个通道的驱动进行排序实现多种二维/三维鞭毛/纤毛运动。这可能在微型机器人领域中有比较重要的应用。Li 等人设计了具有与原核细胞结构类似的电子阵列，模拟细胞的自修复能力，减少了仿生电子阵列对存储器的消耗，在航空、航天等重要电子装备（系统）中具有广阔的应用前景。

6. 病毒界

病毒是一类特殊的微生物，它体积微小、结构简单，通过寄生的方式生存并复制。病毒因为不具备独立的代谢或繁殖能力，因此不被归类为完全的生物实体。病毒既不完全是生物，也不完全是非生物，而是一个介于两者之间的特殊存在。它们在某些方面具有生物的性质，但又不具备完整的生物功能。病毒的感染机制和作用方式可以为仿生提供新的思路和方法。如图 2-31 所示，Zhao 等人通过水热法合成了类病毒 Fe_3O_4/Au@ C 纳米载体，然后通过阿霉素偶联聚乙二醇对其尖刺表面进行伪装，构建了一种创新的类病毒核/球壳仿生纳米药物（Fe_3O_4/Au@ C-DOX-PEG）。该药物模拟病毒的粗糙表面用于肿瘤的分层靶向，在酸性肿瘤微环境下释放表现出较高的抗肿瘤功效和较低的全身毒性。

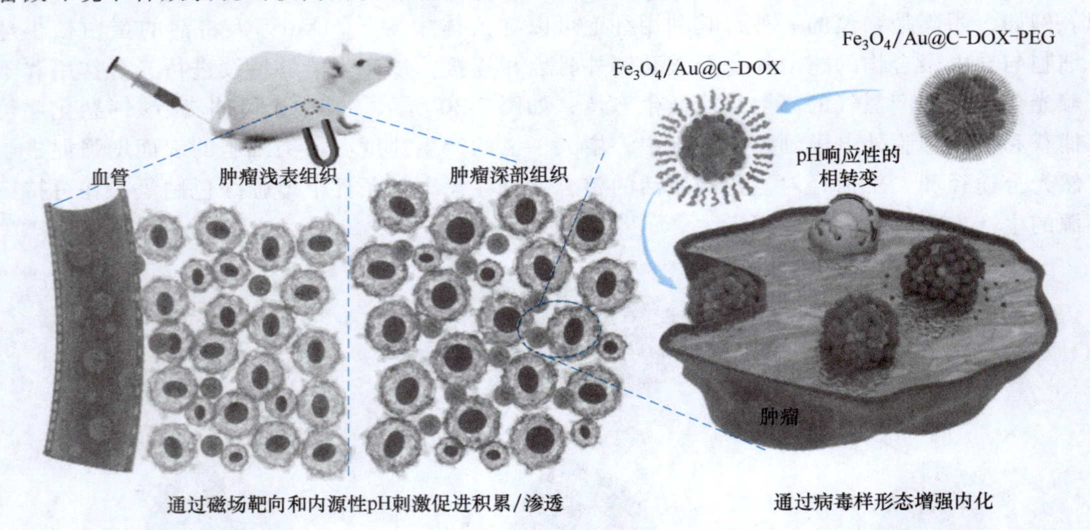

图 2-31　由多因素刺激和病毒样形态引起的可编程药物递送的分层靶向机制

2.3　生物模本的选择原则

2.3.1　相似性原则

仿生设计的基本出发点，是仿生目标产品与生物模本的相似性。相似性反映特定事物间属性和特征的共性，主要包括功能相似、工况相似、结构相似、材料相似和原理相似。在仿生设计中，需进行相似性分析，寻求生物功能特性、生物属性与工程属性的差异，只有从生物功能、特性、约束、品质等多个方面分析与评价生物模本与工程产品间的相似程度，优选出最合适的生物模本，才能保证仿生模拟和设计的有效性。

在自然界中，许多具有独特微纳米结构的生物表面，如荷叶、蝴蝶翅膀、水蛙脚、玫瑰花瓣和水稻等（图 2-32），都表现出超疏水性。通过对荷叶和蝴蝶翅膀进行相似性分析可知，超疏水的微纳米结构生物表面具有相当高的相似性。因此，可以提取超疏水表面特征，使用各种技术用于制造这些超疏水表面，如电沉积、化学沉积和水热反应。这些超疏水表面在油水分离、防腐、自洁、抗菌等方面被广泛应用。

图 2-32　蝴蝶翅膀和水稻的微结构

根据相似性原则制备的仿生集水器可以用于解决水资源短缺，特别是在干旱和欠发达地区。在这些干旱条件下，某些昆虫和植物为了生存已经进化出从雾中获取水的能力，如纳米布沙漠甲虫、蜘蛛丝和仙人掌，这三种典型自然生物具有雾收集机制，以其作为仿生原型可以用于制备雾收集装置的仿生表面。超亲水和超疏水两种超可润湿表面，超亲水表面具有较高的表面能，可与微纳米水滴发生强烈相互作用。因此，当雾气通过时，可以快速捕获水滴。而液滴在超疏水表面上具有低附着力和低抗滚动性。它可以加快液滴的传输速度，有助于提高雾的收集效率。甲虫的背部由交替的非蜡质亲水和蜡质疏水区域组成，如图 2-33 所示。非蜡质突出区域具有亲水性，便于雾气收集。当雾气积聚并达到足以超过非蜡质亲水区域的黏附力时，它会滚落并沿着蜡质疏水区域流向它的嘴，最终到达甲虫的嘴里食用。仿生雾收集的特点是被动收集、能源需求最低、维护成本低，已被证明是一种有效的集水方法，提供了可持续的水源。从雾气收集这一功能来看，这些生物结构与仿生雾网的雾气收集功能都具有相似性。因此，选择最合适的生物模本，对仿生设计至关重要。

值得一提的是，相似性分析应在相似理论指导下进行，分析过程中，有时不仅需要进行

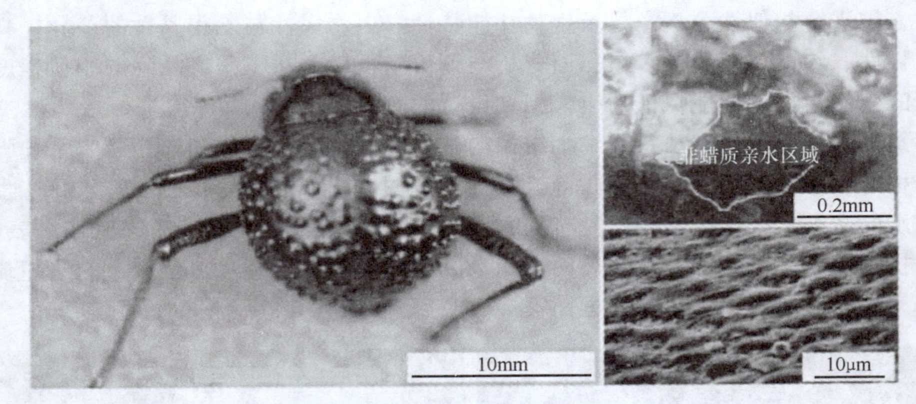

图 2-33　甲虫的背部由交替的非蜡质亲水和蜡质疏水区域组成

理论分析、数学试验，有时还需要进行模型试验。

1. 功能相似

仿生设计寻求对生物功能特性的仿生，以实现产品的特定功能。例如蚊子，这个古老的群体在漫长的演化过程中，进化出了极具特色的口针，蚊子的口针具备极佳的弹性，表面硬度则可媲美金属材料，并且越接近尖端表面硬度越高。正是这个内柔外刚的力学性质使得蚊子口针不但能轻易刺入皮肤，还可以在皮下自由弯曲以寻找毛细血管。

受蚊子口器解剖结构的启发，研究团队设计了类蚊口器（口针）的仿生神经探针，采用硬质梭针撑开结构实现微创植入，后用柔性电极精准采集信号，如图 2-34 所示。该探针由 128 通道柔性神经阵列、穿梭针植入模块和触觉传感器组成。穿梭针植入模块具有亚微米级的锐利尖端，允许将柔性电极探针精确、微创地植入目标脑组织，不需要硬脑膜移除，且长度可调的穿梭针可适应不同脑区。触觉传感器阵列可实现高灵敏度区分不同颅内组织，可作为早期预警，避免进一步的血管损伤。分布式跨脑区的神经信号定位采集、出色的术后急性记录性能、长期稳定的神经信号追踪性能，表明类蚊口器仿生神经探针在神经科学领域和脑病治疗方面具有广阔的应用前景。这是通过对蚊子的口针进行功能模拟，仿生设计出微创植入的检测设备的例子。

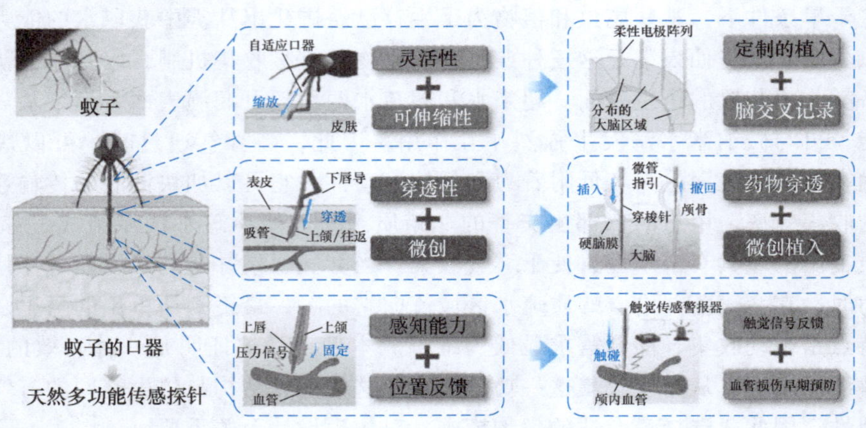

图 2-34　类蚊口器的仿生神经探针工作原理

鹰具有敏锐的视觉功能是由于其眼睛的特殊构造。中央凹是视网膜中视觉最敏锐的部分，上面分布着大量的感光细胞。人类视网膜只有一个中央凹，而鹰的眼睛中分布着两个中央凹。不仅提高了鹰眼的视觉敏锐度，同时也扩大了鹰的视角范围，其双目的视觉区域能够达到260°，是人的1.4倍，这就保证了鹰眼具有看得广的高分辨率成像能力。鹰眼更具有不同于人类的“双重调节”能力，不仅可以通过睫状肌的收缩改变晶状体的形状，更可以改变角膜的凸度。利用双重调节的能力，快速地将眼球内部的晶状体在椭球体和球体之间转换，同时配合角膜曲率的改变，可以等效看作双透镜成像系统。这就使得鹰眼能够在望远镜与放大镜之间快速进行转换，保证其既能够望远又能够放大，既可以在高空远距离中发现目标，又能够俯冲直下锁定目标，为鹰眼提供了看得清的动态目标追踪能力。正是由于鹰眼看得清、看得广的优点，通过对鹰眼功能的仿生设计，仿鹰眼视觉技术广泛应用于航空、航天、地质、交通、安保等领域。以鹰眼仿生的应用发展进程，如图2-35所示。

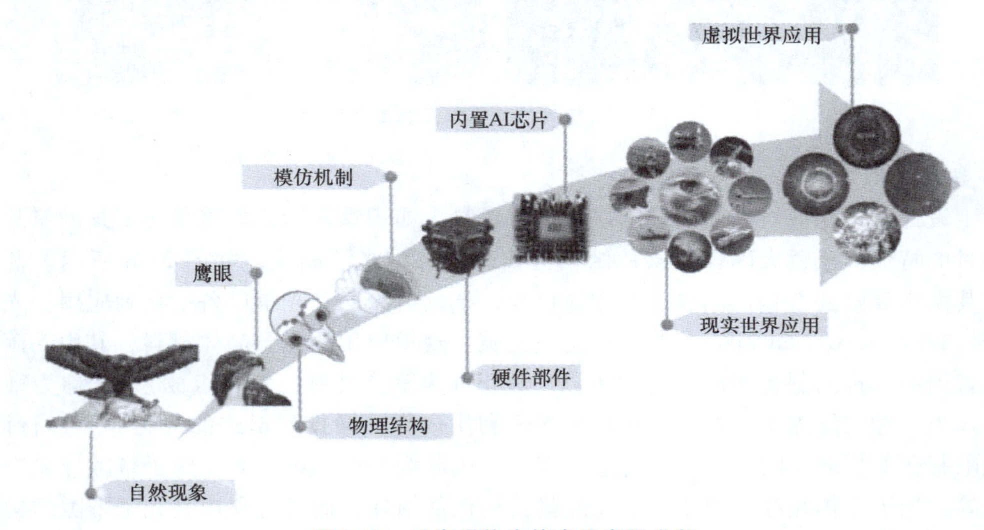

图2-35　以鹰眼仿生的应用发展进程

2. 工况相似

仿生设计还应考虑到生物生存的周围环境与生物特性之间的联系，如蝙蝠生物声呐为雷达波形的仿生设计提供了天然来源，飞行中的蝙蝠需要通过自身发出声波对目标进行“回声定位”来进行觅食活动。根据蝙蝠的回声定位原理，雷达通过天线发出无线电波，当无线电波在传递过程中遇到障碍物就会反射回来，将信息显示在电子仪表上，如图2-36所示。驾驶员从雷达的电子仪表上能够看清楚前方是否有障碍物，及时调整航向。

图2-36　蝙蝠的回声定位及其工程应用

鱼体内有一种称为鱼鳔的器官，里面充满了空气，当鱼在水体中运动时，用来控制浮力的大小，当鱼要潜入水底时，鱼鳔就会收缩，鱼体内的气体体积减小，浮力降低，鱼便可以自由地沉到水下。当鱼要浮到水面上时，鱼鳔就会膨胀，鱼体内的气体体积增大，浮力升高，鱼便能浮到水面上。而潜艇的运行就需要根据实际情况进行上浮和下潜。科研人员根据鱼鳔的工作原理设计了压载水舱，通过控制潜艇浮力的大小来进行上浮和下潜，如图 2-37 所示。

图 2-37　以鱼为仿生模本及其工程应用

3. 结构相似

仿生设计时，还应对微观的结构层次进行考量，如蝴蝶翅膀表面覆盖着密集的鳞片，这是鳞翅目的特征。蓝色大闪蝶的鳞片结构为典型的一维光子晶体，如图 2-38 所示。蓝色大闪蝶以其微小翼鳞的蓝色而闻名，并在滤色片、抗反射涂层和光学设备中得到应用。光子晶体光纤（Photonic Crystal Fibers，PCF）是最先被大规模应用的光子晶体材料，其由一簇细小的毛细管周期性排列制备而成（通常由以二氧化硅为背景材料的气孔组成），又称为微结构光纤。作为一种二维光子晶体，光子晶体光纤利用内部不同排列形式的气孔对光进行调制，使光被限制在低折射率的光纤芯区传播，其导光机制为全内反射导光、光子带隙导光和反谐振导光等。光子晶体光纤不但比传统光纤具有更低的损耗，而且可利用其光子带隙结构在非线性光学、超精密光学测量、量子光学等领域大展身手。

贝壳珍珠层是自然材料中最具有代表性的结构仿生模型之一，通过“砖-泥”结构相关

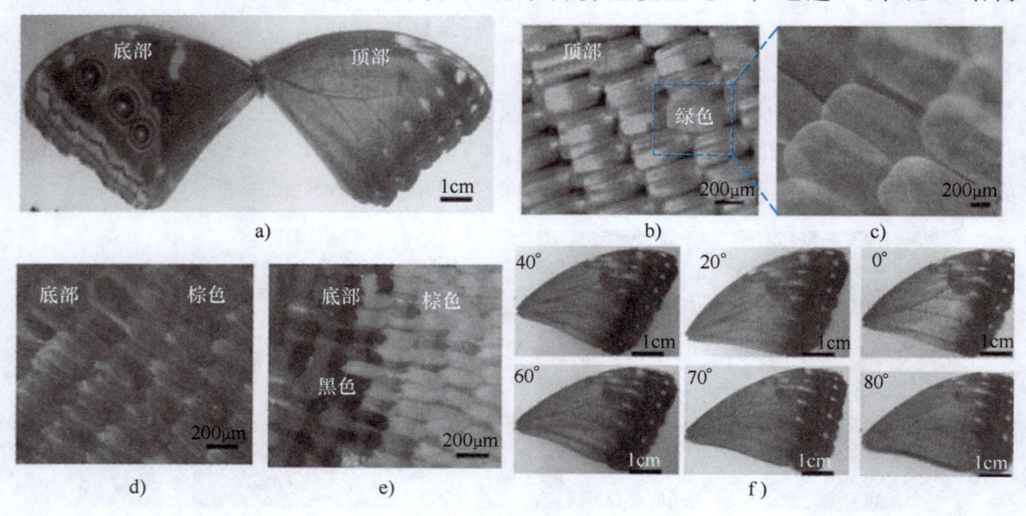

图 2-38　蓝色大闪蝶的鳞片结构

的内在变形机制，采用各向异性元素的策略分层来构建弹性承重结构，可以将能量耗散提升几个数量级。通过将垂直排列的 TiO_2 纳米棒集成到黏土多层顶部的聚合物基质中来演示人造壳的制造。这种方法将化学合成与分子组装相结合，模仿软体动物壳的双层结构，该结构由砖砌结构上的多边形棱柱单元组成。这种设计最大限度地减少了界面处的应力集中因素并增强了抗穿透能力，这主要归功于底层的特性。悉尼歌剧院（图 2-39）的建筑设计灵感来源于贝壳的形状，这种形状不仅美观，而且在建筑结构上也有着独特的优势。设计师利用力学原理，巧妙地将建筑的重量分散到地下，使得整个建筑稳固而又不失优雅。

图 2-39　以贝壳为模本构建弹性承重结构

4. 材料相似

仿生设计致力于模拟生物材料的物理、化学和机械性质，例如，通过模仿蜘蛛丝的高强度和高韧性，研究人员已经开发出类似的人工合成纤维，用于工程、航空航天和医疗等领域。生物材料往往具有出色的耐久性，能够抵抗自然环境的侵蚀和损伤。仿生设计通过模拟这种耐久性，可以研发出更为持久和稳定的合成材料，延长产品的寿命和提高使用效果。随着环保意识的增强，可持续性成为材料设计的重要考量因素。仿生设计通过模拟生物材料的可持续再生性和循环利用特性，推动材料的可持续发展，减少对环境的负面影响。

仿生设计中，对生物材料的模拟也至关重要。例如树蛙（图 2-40）等动物在潮湿的环境下生活，可以在植物叶面上及叶面之间自由地跳跃、爬行。在这个过程中，树蛙主要依赖的是脚趾的黏附与摩擦力。而蛙脚的黏附与摩擦力主要由其脚趾的微观结构及黏液决定，树蛙等蛙类脚趾上的微观结构主要表现为五边形和六边形，且多边形之间存在几微米宽的沟道。这些沟道能将接触界面处的液体排到接触界面之外，从而实现固体和固体之间的直接接触，获得较高的黏附或摩擦力。受此启发，制备一种微纳复合六边形柱状阵列。这种结构由模量较高的聚苯乙烯（PS）纳米棒及柔软的硅橡胶聚二甲基硅氧烷（PDMS）组成，PS 纳米棒垂直分布在 PDMS 的正六边形柱状阵列中。

当 PS 与 PDMS 之间有化学键相互连接时，应力可以在两种材料间有效传递。当复合柱状阵列从接触表面脱离时，PS 纳米棒的存在使得最大应力的位置从微米柱的边缘向中心移动，且应力最小值分布在微米柱的边缘。这样的应力分布有效抑制了接触界面的分离从微米柱的边缘开始，增大了结构的黏附力。增大的黏附力和相对较高的结构刚度则增大了结构的摩擦力，在仿生柱状黏附结构中实现了黏附力与摩擦力的同步增大。

5. 原理相似

在仿生设计中，也可以根据仿生对象的基本结构和工作原理，了解天然材料中的结构-性能关系，从而举一反三，极大地拓展仿生设计的应用领域，例如自清洁表面的灵感来自荷

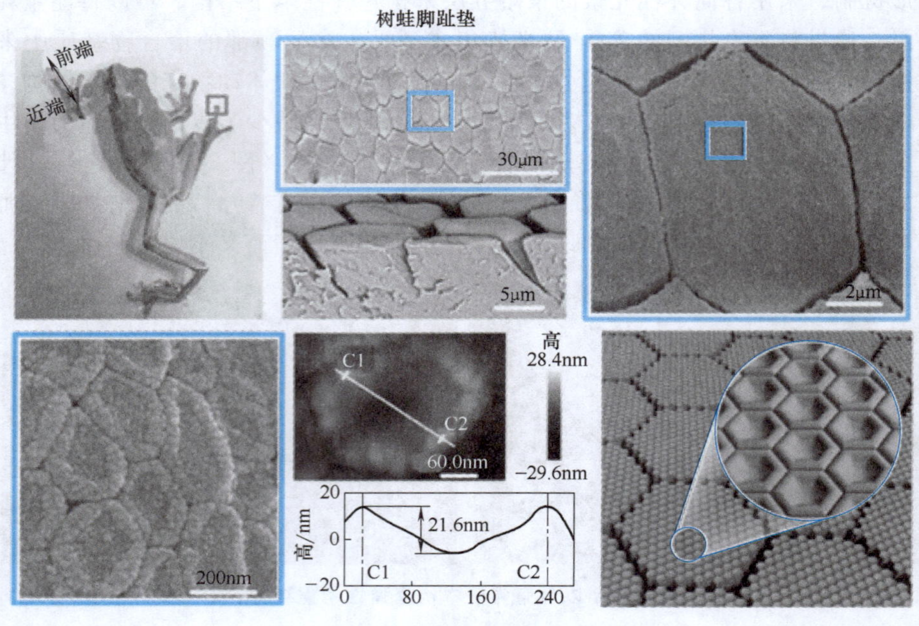

图 2-40 树蛙及其脚趾的微观结构

叶和蝉翼的超疏水表面。在自然界中发现的涉及表面之间的分子吸引力或机械联锁的黏附策略激发了科学家设计人造黏合剂的灵感，这些黏合剂在潮湿和干燥的条件下都能保持其黏附性。在自然界中发现的进化良好的微阵列结构为科学家开发具有特定功能的新型微针（MN）（图 2-41）提供了灵感。例如，受鹰爪脚趾启发的黏性仿生微针（BMN）贴片可促进伤口愈合。在其表面包含多个开放凹槽的 BMN 的灵感来自后尖牙蛇的单槽尖牙，这些尖牙形成快速毛细管力驱动的输送系统。同样，带有向后弯曲倒钩的 BMN 贴片可增强组织黏附力，是受到蜜蜂毒刺的启发。专为采血而设计的无痛 BMN 的灵感来自蚊子的口器。这种仿生微针就是通过对生物钩爪、尖牙等基础结构及其工作原理进行研究，整合优化多种功能，合理设计出的 BMN 贴片。

2.3.2 代表性原则

自然界中生物具有多样性，不同物种在不同的环境中生存和繁衍，从而实现多种多样的功能。同种生物体现的显著性特征及其功能特性，尽管大致相同，但由于生物群体分布的地域环境不同及个体的个性特征不同，在群体或个体间仍呈现或多或少的差异性，这是生物多样性的普遍规律。例如，极地中的动物具备厚厚的毛发和脂肪层，以保持体温和抵御寒冷；沙漠中的植物和动物（图 2-42）则适应了干燥和高温的环境，具备节水和耐热的特征。生物的代表性不仅仅是对环境的即时适应，还包括了长期的进化和遗传适应。通过基因变异和自然选择，物种逐渐适应并演化出适应当前环境的特征和机制，使生物体能够在面对新的环境挑战时快速适应和演化，这为科学研究和工程应用提供了宝贵的启示。通过深入研究生物学的原理和机制，我们可以从自然中汲取灵感，选择生物群体内具有典型性和代表性的样本，进行重点模拟，设计和创造出更加智能、高效和可持续的仿生产品。

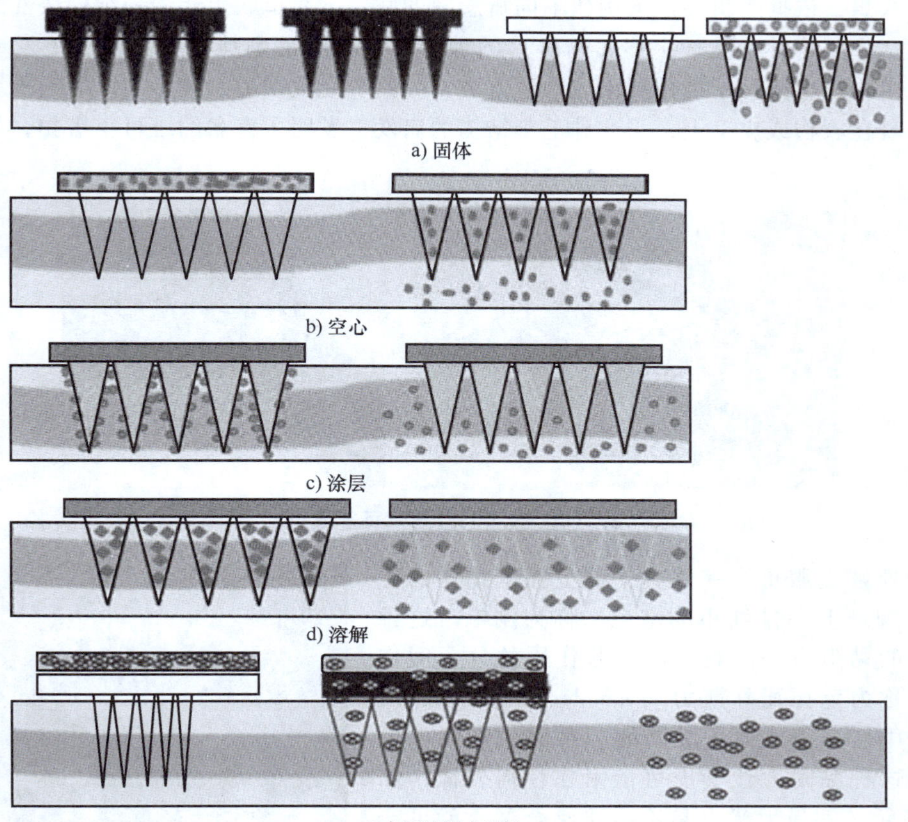

图 2-41　不同类型微针示意图

图 2-42　沙漠蜥蜴及其表皮褶皱

2.3.3　不唯一性原则

不唯一性原则，也称为发散性原则，是指在创造和解决问题的思考过程中，从已有的信息出发，尽可能向各个方向扩展，不受已知的或现存的方式、方法、规则和范畴的约束。在进行仿生模拟时，应当发散自己的思维，通过各个事物之间的联系，明晰事物间的特定共性，设计和创造出更加优异的仿生产品。

通过联想，依据逻辑关系来构建不同概念间的联系。简单联想运用一维的线性逻辑，如相似相反。牛蒡钩针花头（牛蒡属菊科）的种子可以通过毛刺挂在生物体的毛发或衣服表面，通过生物将牛蒡种子播撒到更远的地方去。人们研究发现毛刺具备简单的钩子结构可以让毛刺附着在衣物或皮毛上，受这种毛刺结构的启发，发明了有名的维可牢搭扣，如图 2-43 所示。

图 2-43　牛蒡钩针与维可牢搭扣

壁虎能够克服重力在垂直平面上抓牢物体的原因在于它脚趾上一排细小的毫毛，称为刚毛。这种毫毛拥有的黏附力是微观尺度上起作用的分子间作用力，又称为范德瓦耳斯力（van der Waals force），是存在于中性分子或原子之间的一种弱碱性的电性吸引力，这种黏附力让壁虎可依附在任何表面，如图 2-44 所示。其最大优点是不需要黏合剂，就可产生可逆的强有力的抓力。近年来，工程师们成功地从硅树脂中复制出类似的“刚毛”，由此产生了多种多样的新技术产品，包括可以让人类攀爬在透明玻璃墙上的小发明，让机器人能够拉动比自身重量重数百倍物体的器械，以及方便航天员操作用于空间修复的钳子等。

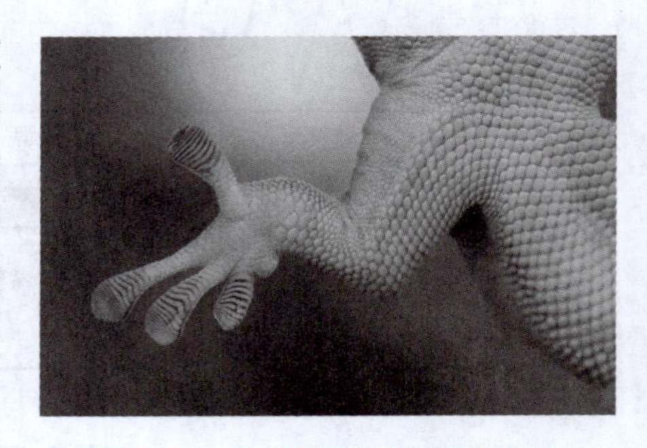

图 2-44　壁虎脚趾上的细小毫毛

鲸类有一套优秀的声学系统，齿鲸的声带非常复杂，在鼻腔中，可通过猴唇体压缩气囊以推动空气。该器官的振动会产生超声波，这些超声波会被聚焦并被瓜状体发送到周围的水中。颌骨的后缘与内耳周接触，与气道相关的肌肉可以控制声音的产生。海豚的瓜状体和下颌中都储存声学脂肪。瓜状体能够将猴唇体发出的超声波汇聚放大，像一个“声学放大镜”。而下颌的脂肪能够吸收并传播反射波。声波刺激声学脂肪后面的中耳。耳蜗通过听神经将信号发送到大脑皮层，在大脑皮层中超声所击中的物体得以被识别。而声呐就是利用声波在水下的传播特性，通过电声转换和信息处理用于声学定位，完成水下探测和通信任务的电子设备，也是各国海军进行水下监视使用的主要技术，用于对水下目标进行探测、分类、定位和跟踪；进行水下通信和导航，保障舰艇、反潜飞机和反潜直升机的战术机动和水中武器的使用。此外，声呐技术还广泛用于鱼雷制导（图 2-45）、水雷引信，以及鱼群探测、海洋石油勘探、船舶导航、水下作业、水文测量和海底地质地貌的勘测等。

一切仿生研究都是以问题为导向的，要么是理论问题，要么是现实问题。我们之所以进行仿生模拟是为了解决现实世界所遇到的各种问题，给予我们改造世界的方法的启示。因为

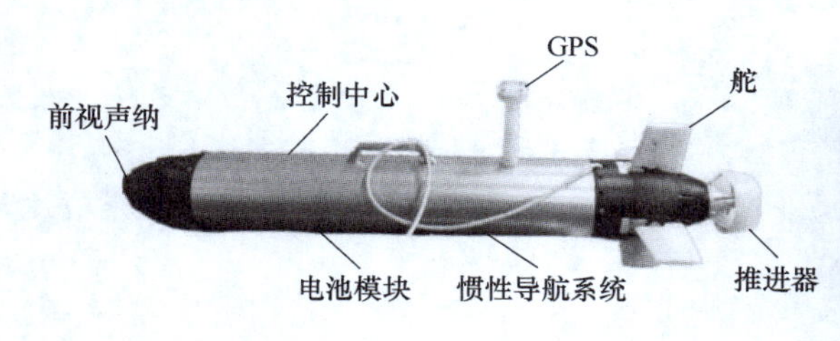

图 2-45　护卫舰对海底目标进行水下反潜

一个问题涉及多方面，所以从多个视角来看问题才能看到问题的实质，并从中找到解决的办法。

习　　题

2-1　仿生设计学主要研究的是自然界中的哪些特征？

2-2　仿生设计的优点主要包括哪些？

2-3　形态仿生和功能仿生有什么区别？请举例说明。

2-4　举例说明仿生设计在产品设计中的应用，并分析其优势。

2-5　论述仿生设计在可持续发展中的重要性，并举例说明其在实际工程中的应用。

2-6　选择一种具有独特结构和功能的生物体，分析其在仿生设计中的应用潜力，并提出一种基于该生物体的仿生设计方案。

第3章 生物信息及其获取技术

生物模本体现的特殊功能，通过其所表达的生物信息体现，它们具有多样性及复杂性，这些信息是我们模仿其特殊属性及先进功能必须解锁的重要密码，是关乎仿生设计能否成功的重要依据。因此本章主要介绍生物模本特殊功能所体现的典型信息有哪些，以及对这些信息的采集、获取技术。

目前，仿生设计中常常关注的典型生物模本的特殊功能包括减阻、降噪、防污、防腐、消音、防黏和脱附等功能，这些特殊功能，往往通过模本生物的表面形貌、结构、成分（组分）、力学、运动、感知等生物信息体现出来。因此，本章主要介绍仿生设计中经常用到的生物信息及其获取技术、方法，以便指导学生进行仿生材料设计、仿生机械设计。下面简要介绍常见生物信息的内涵。

1. 表面形貌信息

在仿生学领域，表面形貌一词的含义非常丰富，既包括生物表面的宏观几何构型，也包括体表的微纳特征。其中生物模本表明的宏观几何构型主要表现为肉眼可见、起到特定功能特征的表面信息。

2. 结构信息

在目前的仿生学著作与文献中，结构信息含义丰富，涵盖了表面形貌结构与内部结构。为方便区分，本书中的结构信息特指无法从表面直接观测到的内部几何与材料信息。

结构信息包括两个方面：一方面是指构成生物的各器官间的连接与接触关系；另一方面是指构建生物组织的材料内部的几何分布。例如，树干与树枝的几何拓扑是结构信息，木质的切面结构也是结构信息。

3. 成分（组分）信息

生物的特殊功能的实现，与其组织成分密切相关，组织成分既可以单独发挥作用，也可以与其他仿生因素耦合实现功能，组织成分是所有仿生功能实现的基础。一切生命都是由各种生物分子通过不同层次的组装，由微观到宏观，自发地形成的复杂而精确的组装体系，以实现各种特异性的生物功能及其他功能。通过模拟生物大分子的结构特征、作用方式或作用机理，从分子水平上设计合成仿生高分子材料，不仅对深刻认识生命现象有重要意义，而且在生命科学、能源等科学技术领域具有广泛的应用前景。

4. 力学信息

力学信息是指仿生模本结构特征与力学特性的关系，是制造仿生材料的重要依据。

5. 运动信息

运动信息是指生物运动特征规律及与环境的相互作用关系。例如，鸟类飞行运动过程中翅膀运动规律及翅膀运动对流场的作用均属于运动信息。

6. 感知信息

仿生感知信息是指生物接受及处理生境特性的感知原理和信息处理机制感知信息包括听觉、嗅觉、触觉等。

生物信息典型实例与应用见表 3-1。

表 3-1　生物信息典型实例与应用

生物信息	典型生物	应用领域
表面形貌信息	荷叶、蝉翅、猪笼草	涂层、医疗、船舶
结构信息	贝壳、树木	材料、机械
成分信息	珊瑚、贻贝	杀菌、防污、黏附
力学信息	椰壳、骨骼	材料、机械
运动信息	鱼类、鸟类、猫科动物	船舶、航空、机器人
感知信息	鸽子、蝙蝠、蚂蚁	传感器、航空

3.1　生物模本表面形貌、结构信息获取技术

生物模本表面形貌与结构信息本质上是几何信息，涵盖了一维、二维和三维信息。通过测量技术、光学成像技术、电子显微成像技术、扫描探针显微技术可以直接获取表面形貌信息，结合仿生模本的剖切面图像信息，可以获得内部结构信息。而显微 CT 技术，可直接获取三维结构信息。本节将主要介绍上述获取技术的原理、设备及应用。

获取生物模本表面形貌、结构信息最直观的方法便是直接测量，通过直接测量可以获得生物体结构的形状、尺寸等宏观结构信息。常用的尺寸测量工具品种规格种类繁多，有量块、角度量块、多面棱体、正弦规、卡尺、千分尺、百分表、多齿分度台、比较仪、激光测长仪、工具显微镜和三坐标测量机等，这些仪器一般只能用来测量物体的长度参数。而对于几何形状、位置等参数则需要专用的测量工具，例如直线度和平面度测量工具，常见的有直尺、平尺、平晶、水平仪、自准直仪等；圆度和圆柱度测量工具，有圆度仪、圆柱度测量仪等。但直接测量技术不能够满足高精度生物信息获取的要求，因此还需要借助一些高精度的测量技术来实现。

3.1.1　光学成像技术

光学成像技术（Optical Microscope/Light Microscope）是一种利用光学透镜产生影像放大效应的显微成像方法。

显微镜是一种借助物理方法产生物体放大影像的仪器，主要用于放大微小物体，使其为

人的肉眼所能看到。早期的显微镜类似于放大镜，是由单块的凸透镜构成的，即单式显微镜。目前人类已知的最早的单式显微镜是1850年在伊拉克北部亚述帝国遗址发现的Nimrud透镜，这是一块由天然水晶粗磨而成的透镜，距今已有约3000年的历史。15世纪中叶，随着玻璃制造行业的兴起，放大倍率为6~10倍的单式显微镜开始变得十分常见。1670年，简·施旺麦丹开始在显微镜下解剖昆虫，并得到了一系列关于昆虫解剖学和生活史的重要发现。将单式显微镜的制造工艺推至巅峰的是荷兰显微镜学家列文虎克。他一生磨制了超过500个单式显微镜，其中最大的放大倍率达到了266倍。1674年，列文虎克通过显微镜首次发现了细菌和原生生物，开创了微生物研究的先河。单式显微镜在科研领域大放光彩之前，就有一些人另辟蹊径，试图通过用多块单式显微镜组合起来的方式来提高放大的倍数即复式显微镜。最早的复式显微镜可以追溯到16世纪晚期，于1595年由荷兰的詹森父子首创，距今已有四百多年的历史。1609年，伽利略对詹森显微镜进行改进，他采用了螺杆式结构，通过扭动圆筒进行聚焦，并且开创了双凸物镜和双凹目镜组合使用的方法，将显微镜放大倍率提高到约30倍。在显微镜的助推下，科学家对生物信息的获取进入到微观世界领域。根据光源的不同，显微镜可分为普通光学显微镜、荧光显微镜、共聚焦显微镜等。

1. 普通光学显微镜

光学显微镜根据样品的不同可分为反射式和透射式。反射显微镜的样品一般是不透明的，光从上面照在样品上，被样品反射的光进入显微镜。这种显微镜经常被用来观察固体样品等，多应用在工学、材料领域，在正立显微镜中，此类显微镜又称为金相显微镜。透射显微镜的样品是透明的或非常薄的，光可透过它进入显微镜，这种显微镜常被用来观察样品的生物组织。

（1）常规显微镜　常规显微镜（Regular Microscope）即为像与物同方向的显微镜。

（2）复式显微镜　复式显微镜（Compound Microscope）即为像与物反方向的显微镜。

（3）正立显微镜　正立显微镜的光源在机身下方，光由下方光源经过聚光镜到达样品，再穿过位于样品上方的物镜，然后借由反射镜和透镜到达观察者的眼睛或其他成像仪器。因物镜和聚光镜中间的空间较小，故适用于观察的样品通常较薄，可夹于玻片中。此显微镜的优点是结构简单，因此一般光学显微镜多属此类。

（4）倒立显微镜　倒立显微镜（Inverted Microscope）明视野用的照明光源和聚光镜是来自机身上方的，光线穿过聚光镜到达样品，再穿过位于样品下方的物镜，然后借由反射镜和透镜到达观察者的眼睛或成像仪器。对荧光显微镜而言，荧光激发光源和物镜都位于机身底部。由于激发光源可以是高功率大型激光光源或弧光灯，倒立式的设计更能稳定显微镜的结构。倒立显微镜常用于观察培养中的细胞或组织，特别是应用在荧光的生物样品上。

（5）体视显微镜　体视显微镜又称为实体显微镜或立体显微镜，可直接对生物样品进行观测，获得立体图像，不需要对生物进行切片、染色、喷涂等特殊处理。利用体视显微镜观察时，进入双眼的光各来自一个独立的路径，这两个光路径之间存在一个小夹角，因此在观察时，样品可以呈现立体的样貌。体视显微镜的光路设计有两种：平行光学系统（伽利略光学系统）和内斜光学系统（格里诺光学系统），平行光学系统的光路是平行的，在平行部分，可以插入照相装置、TV装置、同轴照明装置及教学头装置，以及描绘器、眼点水平高度提升器等各种中间装置。内斜光学系统有利于镜体实现小型化，适合嵌入装置中使用。图3-1所示为通过体视显微镜拍摄的豉甲照片。

2. 荧光显微镜

荧光显微镜（Fluorescence Microscope）是以紫外线为光源，用以照射被检样品，使之发出荧光，然后在显微镜下观察样品的形状及其所在位置，如图 3-2 所示。荧光显微镜用于研究细胞内物质的吸收、运输、化学物质的分布及定位等。细胞中有些物质，如叶绿素等，受紫外线照射后可发荧光。另有一些物质本身虽不能发荧光，但如果用荧光染料或荧光抗体染色后，经紫外线照射亦可发荧光，荧光显微镜就是对这类物质进行定性和定量研究的工具之一。

图 3-1　通过体视显微镜拍摄的豉甲照片

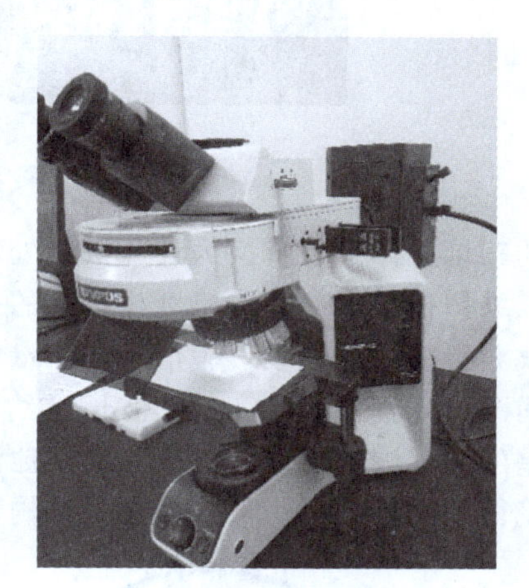

图 3-2　荧光显微镜

荧光显微镜与普通显微镜的主要区别在于照明方式、光源、滤光片及应用范围。荧光显微镜通常采用落射式照明，即光源通过物镜投射到样品上。光源上，荧光显微镜使用紫外线作为光源，因为紫外线的波长较短，所以其分辨力高于普通显微镜。荧光显微镜配备了两个特殊的滤光片，第一个位于光源前，用于滤除可见光，第二个位于物镜与目镜之间，用于滤除紫外线，以保护人眼。荧光显微镜通过激发样品中的荧光染料来研究细胞内物质的吸收、运输、化学物质的分布及定位等。此外，荧光显微镜与普通显微镜在结构和使用方法上也存在差异。

荧光显微镜根据所使用荧光物质及光源波长的不同，还可以细分为荧光透射显微镜、荧光反射显微镜、荧光共聚焦显微镜、荧光扫描显微镜、荧光点扫描显微镜及实时荧光显微镜等。

荧光显微镜可以十分清晰地观察微生物在材料表面的附着情况，不仅操作快捷简单，而且还可以在较大范围内对样品表面的附着情况进行观察，准确地对微生物在样品表面的附着情况进行定量的描述；对材料要求较低，可以对导电、不导电的各种材料和涂料进行观察且对样品的大小限制不严格，小到几厘米、大到几十厘米都可以进行观察；样品的处理方便简单，处理方法对于样品表面的微生物没有任何损害。为了研究抑菌复合膜抑菌性能，可以通过荧光显微镜对不同培养时间下的样品表面进行附着菌数的统计和对比。图 3-3 所示为细菌荧光照片。

3. 白光干涉显微镜

对于生物复杂的形貌特征，可以运用三维扫描技术进行扫描建模。三维扫描技术可以将

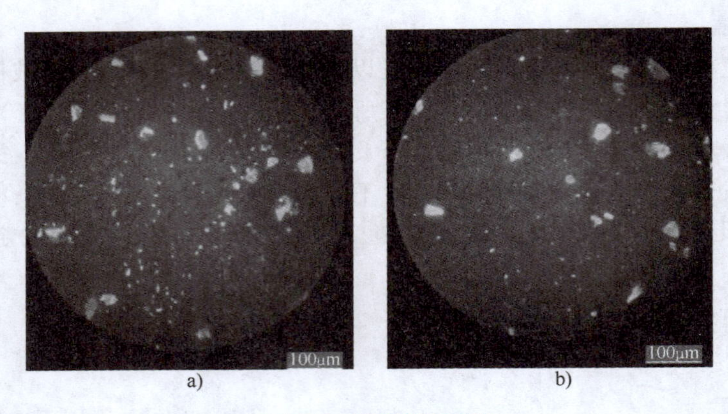

图 3-3　细菌荧光照片

实物的三维立体形貌转换为计算机能处理的数字信息，从而实现实物的三维建模。干涉显微镜是三维扫描技术中测量精度比较高的三维扫描仪器，它通过光在不同表面反射后形成的干涉条纹获得物体的三维形貌信息。测量精度取决于测量光程差的精度，干涉条纹每移动一个条纹间距，光程差就改变一个波长（约 10^{-7}m），所以干涉显微镜是以光波波长为单位测量光程差的，其测量精度之高是任何其他测量方法所无法比拟的。图 3-4 所示为通过白光干涉显微镜得到的粪金龟头部表面显微结构及经过建模软件获得的三维扫描模型。

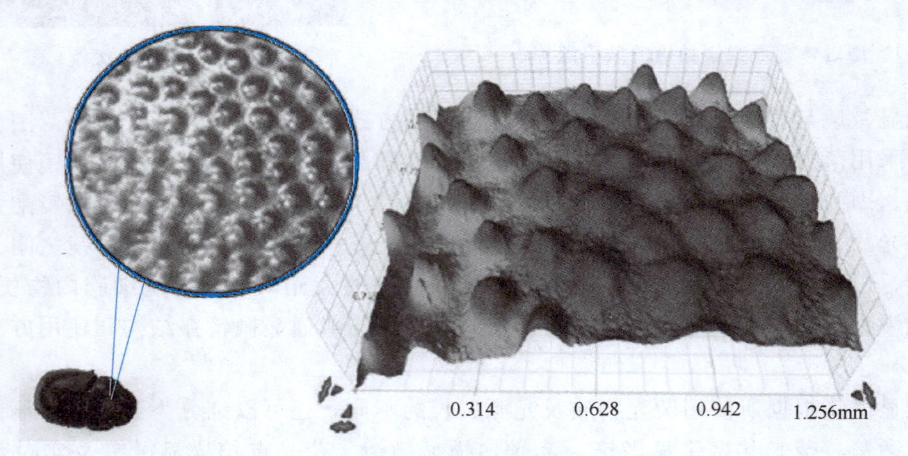

图 3-4　粪金龟头部表面显微结构和三维扫描模型

4. 激光扫描共聚焦显微镜

激光扫描共聚焦显微（Confocal Laser Scanning Microscopy，CLSM）是一种高分辨率三维光学成像技术。主要特点在于其光学分层能力，即获得特定深度下焦点内的图像。图像通过逐点采集，以及之后的计算机重构而成。因此它可以重建拓扑结构复杂的样品。对于不透明的样品，可以进行表面作图，而对于透明的样品，则可以进行内部结构成像。内部结构成像上，图像品质在单式显微镜中就可以得到极大的提升，因为来自样品不同深度的信息未被重叠。传统显微镜能“看”到所有能被光投射到的地方，而对于共聚焦显微镜，只有焦点处的信息被采集。实际上激光扫描共聚焦显微成像是通过对焦点深度的控制和高度限制来实现的。

共聚焦的原理早在 1957 年就由美国科学家马文·明斯基注册为专利，但实际上经过约 30 年的时间及相应专用激光器的发展，直至 20 世纪 80 年代末这项技术才成为标准技术。1978 年，托马斯和克里斯托弗·克莱默设计出一套激光扫描程序，该程序就是采用激光聚焦的方式逐点扫描样品三维表面，并通过类似于扫描电镜的计算机化手段生成图像。激光扫描共聚焦显微镜不仅具有出色的生物组织观测能力，也可用于表面形貌观测。图 3-5 所示为透明化肾组织中肾小球的 3D 共聚焦成像。

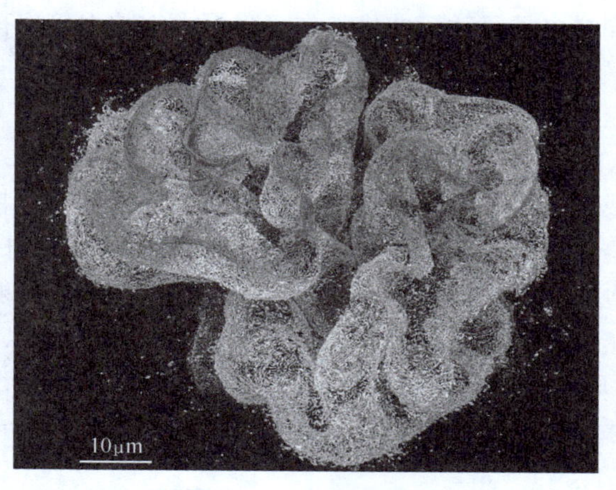

图 3-5 透明化肾组织中肾小球的 3D 共聚焦成像

需要说明的是，上述测量技术并不是独立存在的，在实际应用中，可将它们集成到一台测量设备上。例如，基恩士 VK-X3000 形状测量激光显微系统采用了三重扫描方式，运用激光共聚焦、白光干涉、聚焦变化三种不同的扫描原理，拥有高倍率和低倍率，可测量平面、凹凸表面的细微粗糙度，可应用于镜面体、透明体等。拥有应对多种规格样品的测量能力（1nm～50mm），纳米/微米/毫米级样品在一台设备中即可完成测量。

5. 基于光学成像技术观测生物信息的基本步骤

尽管光学成像设备形式多样，但它们的操作基本步骤是相近的，归纳如下：

1）根据拍摄需求和样品类型，对样品进行固定、切片、染色等处理，并将样品可靠地固定在工作台上。

2）选择合适的光源类型、波长、亮度及照射角度。

3）选择合适的放大倍数，调整焦距，以获得清晰的图像。

4）捕捉图像，手动或通过软件对图像进行标定、调色等后处理。

3.1.2 电子显微成像技术

电子显微镜（Electron Microscope，EM），简称电镜是利用电子成像的一种显微仪器。由于受波长限制，普通光学显微镜分辨率理论极限为 200 nm，而电子可以在不同电压下呈现不同的波长，并且电子波长远小于可见光，这也是电子显微镜分辨率远高于普通光学显微镜的原因，目前电镜的分辨率已经达到了原子尺度。

电子显微镜按结构和用途可分为透射电子显微镜（Transmission Electron Microscope，TEM）、扫描电子显微镜（Scanning Electron Microscope，SEM）、反射电子显微镜（Reflection Electron Microscope，REM）等，其中较为常用的有透射电子显微镜和扫描电子显微镜。透射电子显微镜常用于观察那些用普通光学显微镜所不能分辨的细微物质结构；扫描电子显微镜主要用于观察固体表面的形貌，也能与 X 射线衍射仪或电子能谱仪相结合，构成电子微探针，用于物质成分分析。

1. 扫描电子显微镜

扫描电子显微镜（SEM）主要用于对样品进行三维形貌观察与成分分析，用途广泛。

扫描电子显微镜的优点在于景深大、放大倍率范围大及分辨率高，能够大范围清晰成像，并且成像立体感强。扫描电子显微镜成像倍率一般为 15～200000 倍，分辨率可以达到 5nm 甚至更精细。

扫描电子显微镜的成像原理如图 3-6 所示，主要利用高能电子束从左到右（水平扫描）或从上到下（垂直扫描）扫描样品。当电子束照射样品时，将产生二次电子、背射电子、透射电子及 X 射线等信息，通过收集和处理电子信息获得样品形貌及成分特征。其中二次电子（Secondary Electron，SE）指被电子束照射后从样品原子核的核外电子中激发脱离的电子，其特征与样品表面的倾斜程度有关，所以能够反映出样品的三维形貌特征；背射电子（Back Scattered Electron，BSE）是被样品反射出的电子，具有较大的能量，其特征与样品中原子的原子序数有关，所以主要用于观测样品成分特征。

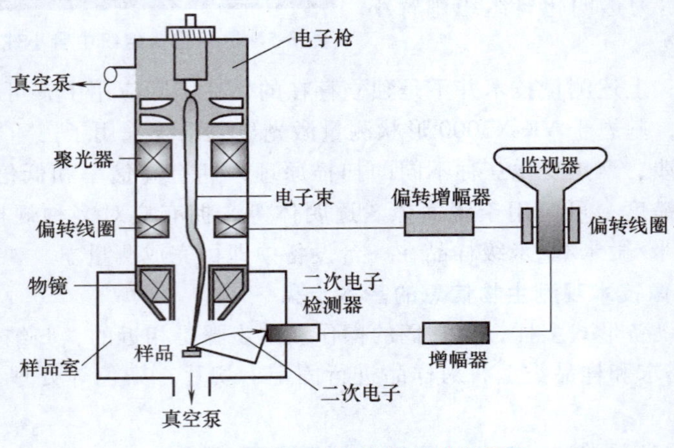

图 3-6　扫描电子显微镜的成像原理

扫描电子显微镜最主要的用途可分为形貌观察和成分分析两点。

由于扫描电子显微镜是通过电子信息成像，因而其使用也具有一定的局限性，主要包括：

1）被测样品要具有导电性。由于扫描电子显微镜通过电子成像，这就要求被测样品必须具有一定的导电性，导电性差的样品会在观测过程中积累电荷，形成强大的负电位进而排斥入射电子，影响图像的准确性。当观测绝缘样品时，应当对样品进行导电处理，或者仅使用低电压进行低倍率观测。

2）被测样品必须干净且干燥。为确保电子信息的完整性，扫描电子显微镜的成像系统都处于真空状态，并且被测样品也处于 0.01 Pa 的真空环境中。在高能电子束的作用下，被测样品中的水分容易蒸发导致成像模糊，并且水蒸气与未清理干净的污染物会污染损坏元器件，因此要求被测样品必须干净且干燥。

3）不能观测温度较高的样品。当被测样品温度过高时，被测样品内自由电子较为活跃，很容易被电子束激发而释放，对电子信息造成干扰，使图像失真。

扫描电子显微镜的操作比较简单，通过软件即可完成拍摄与保存操作，扫描电子显微镜基本操作步骤如下：

1）起动扫描电子显微镜，将样品放入样品室，抽真空到规定真空度。

2）调整样品位置，选择合适的电压，先通过低倍率找到样品的清晰图像，随后调整合适倍率对样品进行观测。

3）通过调整聚焦、亮度、倾斜角度与扫描速度等参数，获得清晰的图像进行拍照，如图 3-7 所示。

4）拍照完毕后关闭计算机、显示器、真空系统等，待冷却系统停止工作（20~30min）后关闭循环水电源与主机电源。

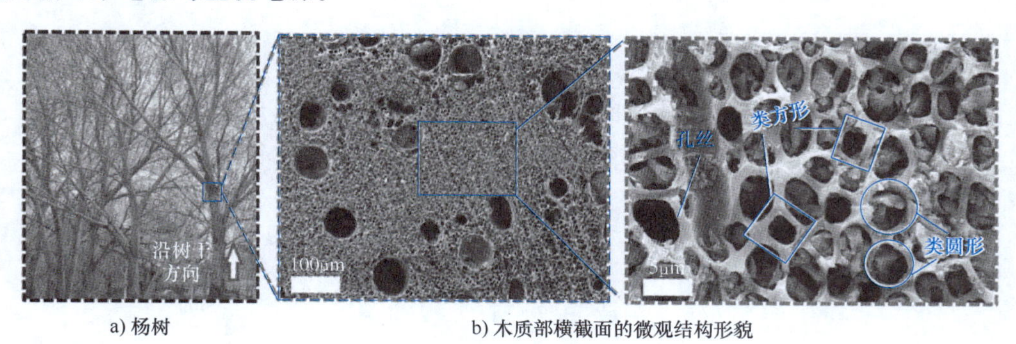

a) 杨树 b) 木质部横截面的微观结构形貌

图 3-7 杨树的微观结构形貌

2. 透射电子显微镜

相比扫描电子显微镜，透射电子显微镜（TEM）的成像原理更接近普通光学显微镜，通过聚焦的电子束照射样品，穿透样品的电子束经过三次放大，将图像投射到后方显示屏或者底片上。透射电子显微镜的分辨率能够达到 0.1nm，有的甚至能够达到 0.01nm，可以说已经到达了原子水平，但是透射电子显微镜需要样品厚度在 50~100nm，样品的制作水平很大程度地限制了透射电子显微镜的应用。

透射电子显微镜的成像原理如图 3-8 所示，电子束由阴极的灯丝发射，在阳极加速后，电子束经过聚光镜照射到样品上，透射过样品的电子束经过物镜、中间镜与投影镜的三级放大，将物像透射到荧光屏或底片上。

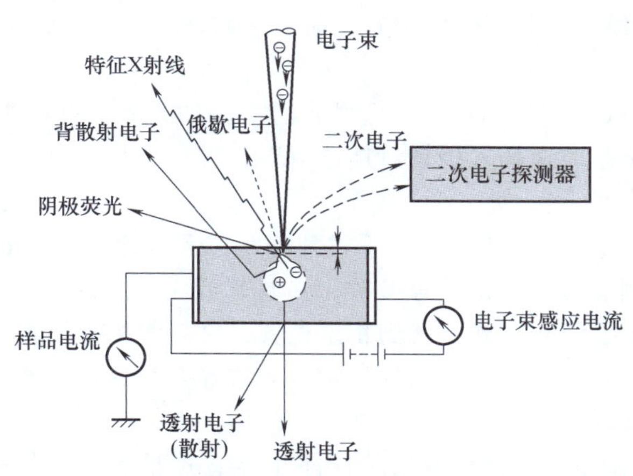

图 3-8 透射电子显微镜的成像原理

透射电子显微镜的成像原理决定了其观测样品不能太厚，严重限制了生物样品的观测。由于生物样品内元素原子序数较低，对电子的散射能力较弱，所以得到图像的反差也较差，通过重金属盐或重金属喷镀的方式处理样品将会改善图像的反差，但也可能对样品造成损伤使图像不准确，如图 3-9 所示。并且样品需要处于真空环境，在高能电子束的作用下样品容易发生变形、破裂甚至升华。所以对于生物样品来说，样品的制作技术严重限制了透射电子显微镜的应用。

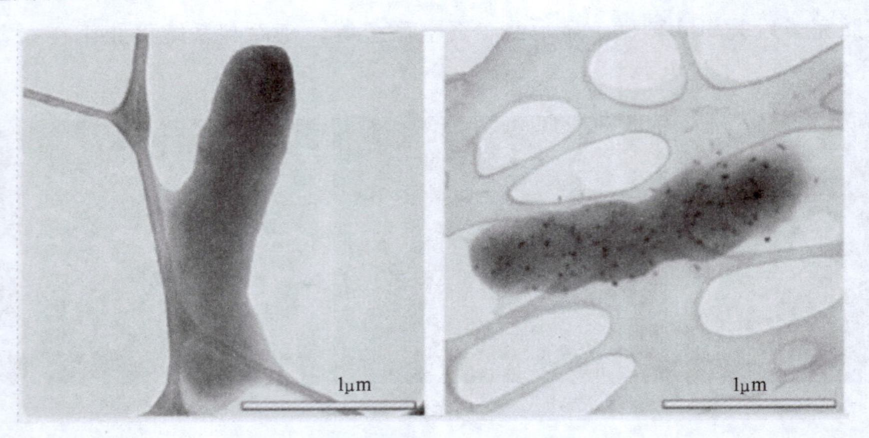

图 3-9 透射电子显微镜下的大肠杆菌

一般的 TEM 测试步骤如下：

1）制样。测试前将样品制备到载网上。粉末类样品一般会加入分散剂制成一定浓度的分散液，液体样品需稀释到适当的浓度，然后根据具体情况摇匀或超声分散，将适量分散液滴加在载网上，自然晾干或烘干。较大的薄膜、固体样品及有特殊拍摄需求的样品需要通过超薄切片、聚焦离子束（FIB）、离子减薄等方式制备成可以拍摄的样品。

2）进样。将制备好的样品置于样品杆头部的载样台上，用压片压紧并旋紧固定螺钉。检查并清理样品杆前段肉眼可见的杂质和灰尘，然后将样品杆插入设备，根据设备参数设定进行手动或自动进样。

3）形貌拍摄。拍摄前首先调节电子束、光阑、焦距、像散等参数，并调节至合适的亮度。然后在 Low MAG 模式下找到载网上有样品的区域，之后切换到 MAG 模式找到样品具体位置进行形貌拍摄。

4）选区衍射。先找到特定的位置，选择合适大小的光阑，并根据衍射花样调节相机参数。拍摄非晶或多晶衍射时应插入挡针遮挡透射斑，拍摄单晶衍射时可以适当倾转样品至合适的带轴。

5）STEM 模式成像。先在 TEM 模式下找到特定位置，之后将拍摄模式切换至 STEM 模式，调节电子束、光阑、焦距、像散等参数，并调节至合适的亮度进行拍摄。

6）能谱分析。先在 TEM 模式下找到特定位置，之后将拍摄模式切换至 STEM 模式，插入能谱探测器并在能谱软件上设置扫描的元素及方式等参数后进行能谱分析。

需要特别注意以下几点：

1）粉体、液体可测试，但薄膜或块状样品不能直接拍摄，需另行制样（如离子减薄、包埋切片、FIB 等）。

2）样品的厚度不超过 100nm，如果样品稍大一点，可通过 FIB 或其他方法减薄至 100nm 以下（可先使用 SEM 判定样品大小）。

3）制样载网的选择。普通碳膜，适用于拍摄低倍材料或生物样品；超薄载网，适用于量子点、小颗粒等尺寸较小样品；微栅，适用于500nm以上管状、棒状、纳米团聚物样品；钼网，适用于含铜样品能谱采集。

3.1.3 扫描探针显微技术

扫描探针显微镜（Scanning Probe Microscope，SPM）是在扫描隧道显微镜的基础上发展起来的探针显微镜，包括扫描隧道显微镜、原子力显微镜、静电力显微镜等新型探针显微镜，通过检测探针与样品间相互作用力成像。扫描探针显微镜的优点在于超高的分辨率和宽松的使用环境，SPM的分辨率极高，可以说真正达到了原子级别，并且相较于电子显微镜，SPM不需要真空环境，对样品要求较为宽松。

受扫描探针显微镜本身的工作方式所限，SPM也具有一定的局限性。当样品表面起伏较大超出探针伸缩范围时，探针会因收缩不及时发生撞针，由于扫描探针尺度微小，撞针有可能导致探针的损坏，所以SPM对样品表面粗糙度也有一定的要求。相对于其他显微镜，扫描探针显微镜的成像效率也比较低，并且也不能做到大范围连续变焦，定位也相对更困难。

1. 扫描隧道显微镜

扫描隧道显微镜（Scanning Tunneling Microscope，STM）的成像原理是量子隧道效应，当扫描探针与样品距离十分接近（≤1nm）时，在电压的作用下，两者间将产生隧道电流，这种隧道电流对距离的变化十分敏感，通过探针的扫描并根据隧道电流的变化即可获得样品表面的三维形貌。探针是STM成像的重要工具，探针一般采用极细的金属丝制作，其针尖一般能达到原子尺度，由于探针比较脆弱，扫描过程中应尽量避免撞针现象。

根据扫描方式的不同，扫描隧道显微镜的工作模式分为恒高模式和恒流模式，如图3-10所示。恒高模式下扫描探针的高度固定，通过检测隧道电流的大小判断样品表面起伏，这种模式下扫描速度较快，但样品表面起伏较大时容易发生撞针，适合表面平整的样品。恒流模式下，扫描探针将根据隧道电流上下运动，保持隧道电流大小不变，相当于用探针“描出”样品表面的三维结构，这种模式能够有效保护探针，适用于表面粗糙度较大的样品。

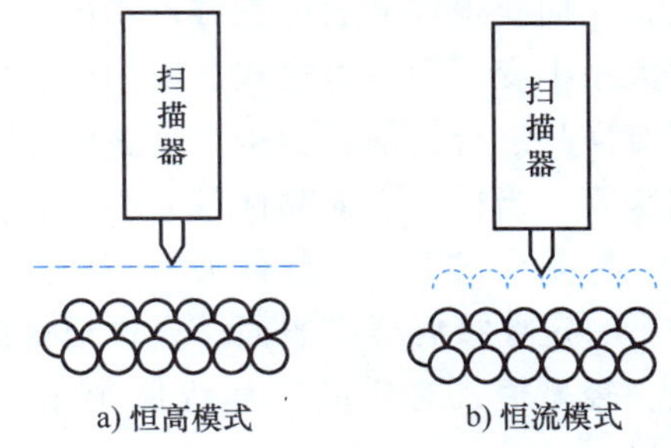

图3-10 扫描隧道显微镜的成像模式

扫描隧道显微镜的应用一般体现在原子尺度的观测与操作上。扫描隧道显微镜具有极高的分辨率，可以观测到单个原子的形貌，可以通过扫描观测样品表面的原子排列及原子尺度的三维形貌。不仅如此，扫描隧道显微镜还可以进行微观尺度的操作，如对单个原子的移动操作、纳米尺度的刻写操作及进行微米尺度的化学反应。

由于扫描隧道显微镜通过隧道电流观测样品形貌，所以只能对导体或半导体样品进行观测，而且对半导体样品的观测效果要比导体差，无法观测绝缘体。并且扫描隧道显微镜也存在扫描探针显微镜普遍存在的缺点，如对样品表面粗糙度的要求高、成像效率低、不能大范围连续变焦及定位困难。

2. 原子力显微镜

原子力显微镜（Atomic Force Microscope，AFM）可以说是扫描隧道显微镜的改良版，它是通过测量探针与样品原子间作用力来观测样品表面形貌的，这种测量方法不要求被测样品具有导电性，极大地拓展了扫描隧道显微镜的应用范围。当扫描探针接近样品表面时，样品与探针间的原子力将使微悬臂产生微小的形变，通过监测这种微小的形变便可以获得探针与样品间的作用力变化，从而获得样品表面的三维形貌信息，如图 3-11 所示。

根据探针与样品的接触方式，原子力显微镜的工作模式可分为接触模式、轻敲模式与非接触模式三种。

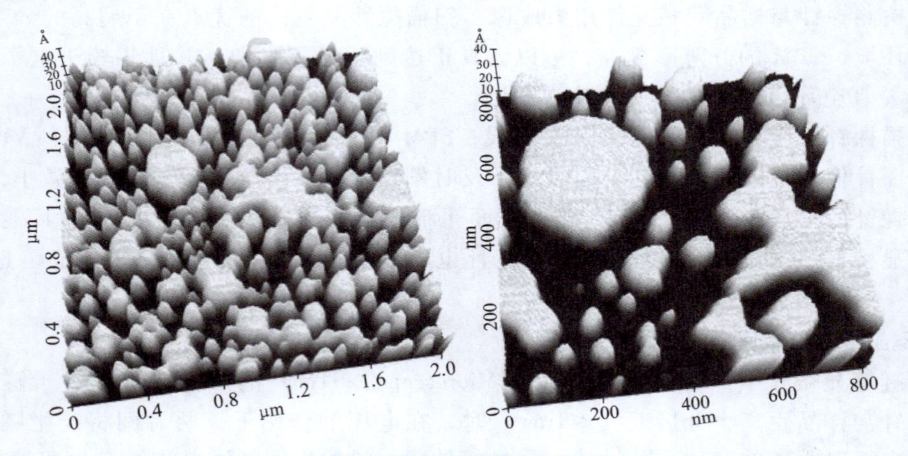

图 3-11　AFM 获取的脂质囊泡和双层三维结构

接触模式下，探针针尖将与样品表面紧密接触，此时的原子间相互作用力为排斥力（10^{-10}~10^{-6}N）。在扫描过程中，由于样品的表面起伏导致探针与样品间相互作用力发生变化，从而获得样品表面三维形貌信息。原子力显微镜扫描过程中将通过探针的收放保持作用力大小不变，为恒力模式，通过探针的移动来记录样品表面的高低起伏。这种模式下可以快速对样品进行扫描，获得样品表面原子形貌信息，但对样品有一定破坏作用，容易划伤样品细胞膜，当样品表面黏性较大时，还会污染探针。

轻敲模式下，探针针尖将在一定范围内振动，不断“敲击”样品表面，这种“敲击”并不一定要接触样品表面，通过记录探针针尖与样品间原子力的变化获得样品表面的三维形貌。轻敲模式对样品破坏程度很小，而且分辨率与接触模式几乎相同，缺点是扫描速度较慢。

非接触模式下，探针针尖与样品距离较大（5~20nm），样品与探针间的作用力为吸引力（约 10^{-12}N），这种模式下探针完全不与样品接触，对样品没有破坏性，但扫描速度最慢，并且分辨率最差。

原子力显微镜的作用不仅在于显微，由于原子力显微镜是通过监测作用力进行工作的，它还可以被用来进行细胞压痕实验，测量细胞的弹性模量等参数。配合特质探针，原子力显微镜还可以检测分子间作用力，获得分子间作用力的力谱曲线。

原子力显微镜具有扫描隧道显微镜具有的特点：具有原子级的分辨率，可以得到样品表面的三维形貌信息，并且可以进行原子级别的操作。而且原子力显微镜对样品的要求更为宽松，不需要样品具有导电性，不需要真空环境，甚至可以在液体环境下进行观测，这使得原子力显微镜可以很好地观察生物样品甚至活体组织。作为扫描探针显微镜中的一种，原子力显微镜也存在成像效率低、不能大范围连续变焦及定位困难的问题。

一般的 AFM 测试步骤如下：

1）制样。对于粉末样品，使用溶剂分散到云母片（不同样品使用的基底不同）上制样；对于液体样品，直接分散到云母片上制样。

2）根据测试要求选择测量模式。

3）安装探针。

4）调整激光、光电探测器、针尖、聚焦样品表面等。

5）根据测试要求设置扫描参数。

6）开始进针扫描。

7）导出数据。

表 3-2 列出了常见形貌测量方法特点对比。

表 3-2 常见形貌测量方法特点对比

方式	接触式		非接触式	
测量仪器	接触式粗糙度测量计	原子力显微镜(AFM)	白光干涉仪	激光显微系统
测量分辨率	1nm	<0.01nm	<0.1nm	0.1nm
高度测量范围	<1mm	<10μm	<10mm	<7mm
测量范围	5~25mm	1~200μm	40μm~15mm	15μm~2.7mm
数据分辨率	—	与 VGA 相当	与 VGA 相当	与 SXGA 相当
确定测量位置	—	选项	内置光学 CCD	内置光学 CCD

表中，VGA 为视频图形阵列（Video Graphics Array），SXGA 为高级扩展图形阵列（Super eXtended Graphics Array）。

3.1.4 显微 CT 技术

计算机断层扫描（Computed Tomography，CT）是计算机控制、X 射线成像、电子机械技术与数学相结合的产物。显微 CT（Micro Computed Tomography），又称为微型 CT，是一种非破坏性的 3D 成像技术，如图 3-12 所示，可以在不破坏样品的情况下清楚了解样品的内部显微结构。它与普通临床的 CT 最大的区别在于分辨率极高，可以达到微米级，显微 CT 可用于医学、药学、生物、考古、材料、电子、地质学等领域的研究。

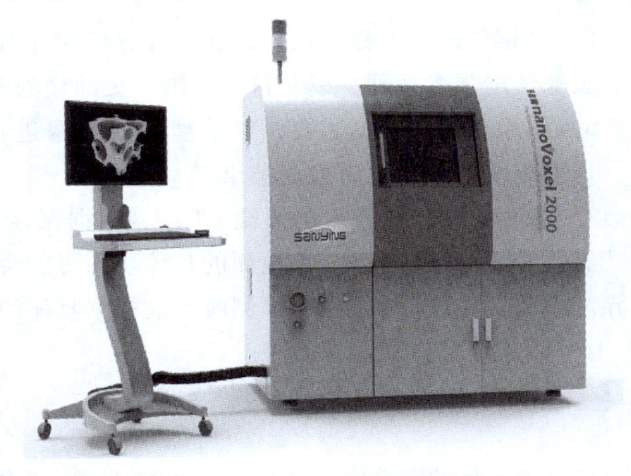

图 3-12 nano Voxel-2000 型显微 CT

CT 成像的原理是当 X 射线透过样品时，样品的各个部位对 X 射线的吸收率不同。X 射线源发射 X 射线，穿透样品，最终在X射线检测器上成像。对样品进行180°以上的不同角度成像。通过计算机软件，将每个角度的图像进行重构，还原成在电脑中可分析的3D图像。通过软件观察样品内部的各个截面的信息，对样品中感兴趣的部分进行2D和3D分析，还可以制作直观的3D动画等。

显微CT成像的原理是采用微焦点X射线球管对样品各个部位的层面进行扫描投射，由探测器接收透过该层面的X射线，转变为可见光后，再由光电转换器转变为电信号，最后经模拟/数字转换器转为数字信号，输入计算机进行成像。显微CT能够提供几何和结构两类基本信息，几何信息包括样品的尺寸、体积和各点的空间坐标，结构信息包括样品的衰减值、密度和多孔性等材料学信息，如图3-13所示。

图3-13　显微CT获得的紫檀木结构信息

一般的显微CT检测步骤如下：

1）样品准备。根据检测需求，选择合适的样品，并进行必要的预处理，以确保样品能够稳定地放置在显微CT设备中进行扫描。例如离体骨组织取材应无折断和损毁，骨中混有的空气、髓质及脂质的流失等都会影响结果的准确性。保证骨的矿物质含量与在体一致，避免脱钙等操作及长期不恰当储存。非必要情况下，骨样品应尽可能多的去除周围的肌肉、韧带等软组织结构以防止微生物滋生，影响最终结果。

2）设备设置。打开显微CT设备，并设置扫描参数，如电压、电流、像素大小、旋转角度等。这些参数将直接影响扫描结果的分辨率和准确性。

3）放置样品。将准备好的样品放置在显微CT设备的旋转平台上，确保样品的稳定性和位置的准确。

4）开始扫描。起动显微CT设备，开始扫描样品。在扫描过程中，设备会通过X射线源产生一束平行的X射线束，穿透待测样品，然后通过传感器探测并记录多个角度的X射线图像。

5）数据处理。扫描完成后，通过计算机软件对获取的图像数据进行处理，包括图像重建、去噪、增强等处理，以获得更清晰、更准确的图像。

6）结果分析。根据需要，对处理后的图像进行进一步的分析和处理，如测量孔隙大小、识别裂纹等，以得出检测结果。

7）保存数据。将获取的显微CT图像数据保存，以便后续的分析和处理。

需要注意的是，显微CT检测的具体步骤可能会因为不同的设备型号和实验条件而有所差异。因此，在进行显微CT检测时，应根据具体的设备和实验要求进行操作。

3.2　生物成分信息获取技术

在仿生信息的获取中，获取生物体的成分是非常重要的，生物演化出了各种不同功能的生物成分，如杀菌成分、防污成分、有毒成分、药用成分等，识别生物体内的有效功能成分就需要合适的成分信息获取技术，本节将介绍常用的成分信息获取技术。

3.2.1 拉曼光谱

拉曼光谱技术实际上是一种分光技术，拉曼光谱仪可以根据光通过不同介质后形成的散射特征分析物质成分与结构信息。当一束光照射到物体上时，将会发生反射、透射和散射，拉曼光谱技术主要依靠拉曼散射。拉曼散射占总散射光强度的10^{-6}～10^{-10}，分为斯托克斯散射（Stokes Scattering）和反斯托克斯散射（Anti-Stokes Scattering）。斯托克斯散射中，光子失去部分能量，散射光频率降低；而反斯托克斯散射中光子获得能量，散射光频率增高，其中斯托克斯散射强度要大得多，所以拉曼光谱分析大多依靠斯托克斯散射。

拉曼光谱在成分分析中具有流程简单、不伤害样品的特点，但是拉曼光谱的激发光源在可见光范围内，加上拉曼散射较弱，容易被荧光干扰，故并不适合荧光样品的检测。

拉曼光谱仪种类繁多，除了基本的拉曼光谱仪，还衍生出了傅里叶变换红外光谱仪、共焦显微拉曼光谱仪、表面增强拉曼光谱仪等，这些光谱仪的原理相似，基本构造也相似，主要由激光光源、样品装置、滤光器、单色器（或干涉仪）和检测器等组成。由激光光源发散激光照射到样品装置上的样品，通过滤光器过滤掉除拉曼散射外的散射、反射、透射光，最后由检测器检测散射光谱。

1. 傅里叶变换红外光谱

傅里叶变换红外光谱仪（Fourier Transform Infrared Spectrometer，FTIR）将红外激光作为激发光源，采用对红外光干涉图进行傅里叶变换的方法测定光谱。由于FTIR使用红外光作为光源，避免了可见光的干扰，使得FTIR可以测试荧光样品；红外激光还能在较高功率下工作，甚至可以穿透生物样品完成对生物样品的检测，同时高功率的光源也提高了检测精度，拓宽了拉曼光谱的应用范围。

傅里叶变换红外光谱仪的高分辨率、高扫描速度、良好的光通量及抗干扰能力使其在各领域都得到了广泛的应用。对于普通样品，只需要进行简单处理或不需处理就可以进行傅里叶变换红外光谱分析；对于液体样品可以采用液膜法测定，易挥发液体样品可以注入液体池；对于固体样品及粉末样品可以压制成片状进行测定，也可以通过调糊法做成糊状样品进行测定；对于气体样品可以通过气体池测定。

FTIR同时也具有一定的局限性：由于水对红外区有着很强的吸收能力，散射光容易被水吸收影响光谱的精确度，FTIR也不适合测试易热分解及温度较高的样品。

常规FTIR测试步骤如下；

1）将样品放在载玻片上，移动到测试镜头下面，进行光学聚焦。

2）再进行二次激光聚焦，形成良好的光子收集。

3）选择激光器并进行激光器切换，变换激光器功率大小进行试测，根据试测的结果设置积分时间，设定光栅大小；激发波长的选择可参考表3-3。

4）单击“测试”按钮，导出测试结果。

表 3-3　激发波长的选择

波长范围	激发波长/nm	优点	缺点	一般应用领域
紫外	325	能量高（激发效率高）拉曼散射效应强、提高了空间分辨率、抑制荧光	容易损伤样品、激光器成本很高、对滤波要求高（光学镜片要求高）	荧光弱的样品
可见	488、514、532、633	应用范围广	荧光信号强	材料、化学、化学反应（无机材料）、生物医学、共振（石墨烯、碳材料）等
红外	785、830、1064	荧光干扰小	激发能量低（激发效率低）、拉曼信号弱	抑制荧光、化工类、生物组织、有机组织

2. 表面增强拉曼光谱

虽然拉曼光谱的应用范围较广，但是拉曼散射光强在散射光的占比极小，其散射光强度约为入射光强度的 $10^{-9}\sim10^{-6}$，这极大地限制了拉曼光谱的应用和发展。

Fleischmann 等人于 1974 年在对吸附在粗糙金银表面的吡啶分子进行拉曼光谱分析时发现，拉曼散射的光强得到了很大程度的提高，而信号的强度也可以通过电极的点位改变。在后续的实验中人们经过系统的实验研究和理论计算，发现银、金、铜等粗糙表面都可以对拉曼散射起到一定的增强作用，这种对拉曼散射的增强效应称为表面增强拉曼散射（Surface Enhanced Raman Scattering，SERS）效应，通过表面增强拉曼散射获得对应的拉曼光谱称为表面增强拉曼光谱（Surface Enhanced Raman Spectroscopy，SERS）。

在后续的研究中人们发现在其他的粗糙表面上也可以出现表面增强拉曼散射的现象，然而这种现象的形成机制尚不明确，拉曼散射的增强过程十分复杂，通过现有的物理或化学手段都不足以解释拉曼散射的增强机制，但这并不影响表面增强拉曼光谱仪的广泛应用，经过表面增强的拉曼散射，样品黏附到粗糙金属表面后的拉曼散射增强了 $10^3\sim10^6$ 倍，弥补了拉曼光谱灵敏度不高的缺点。

SERS 的应用范围较广，在生物化学、分析化学、生物样品鉴定、食品药物检测等领域都得到了广泛的应用。

3.2.2　X 射线衍射

X 射线衍射（X-Ray Diffraction，XRD）是用来分析固体的物相与晶体结构的重要手段，是物质结构分析中最有效、最广泛的手段。当 X 射线照射到物体上时，物体内的原子与分子结构使 X 射线发生散射，这些散射相互干涉后产生衍射波，衍射波在不同方向会呈现出不同的强度，通过检测衍射波便能获得衍射图谱，进而分析获得物质的成分、分子原子结构及形态信息。

物相分析是 XRD 应用最广泛的领域，可以通过衍射图谱确定样品中的成分组成，也可以进一步确定样品中各成分的含量。XRD 也可以用来实时监测样品内晶体含量，观察结晶与溶解过程，可以用来测量样品的溶解度与结晶度等参数。

XRD 测试的主要步骤如下：

1）开启冷却水。

2）开启 XRD 电源。

3）起动计算机，在 XRD 稳定 2min 左右后，进入系统，将被测样品放置在测试架上。

4）打开测试软件，输入实验参数。

5）实验条件设定以后，开始测试。

XRD 测试对样品的要求如下：

1）样品状态要求。可为粉末、块状、薄膜样品，液体样品可以涂在载玻片上干燥之后测试。

2）粉末样品要求。请准备至少 20mg 样品，0.1g 以上最好。需要粒度均匀（粒度在 45μm 左右或过 200 目筛子），手摸无颗粒感，面粉质感。

3）块状/薄膜样品要求。长、宽 1~2cm（一般不小于 1cm），厚度不超过 15mm，若为立方体则平面长、宽≤20mm，且厚度范围为 50μm~15mm；测试面需要平整光洁。

4）液体样品要求。1~10mL，样品浓度越高越好，只有液体中有晶体存在才可能出峰，液体样品测试难度大且不确定性大，若样品能够被干燥，则建议干燥成粉末状态后，选择粉末状态进行测试。

3.2.3　色谱法

色谱法是利用流动相中不同成分与固定相间的吸附能力不同，在反复多次的分配后，流动相中的成分相互分离，从而分析流动相中成分信息的方法。比较常用的色谱法有气相色谱法、液相色谱法、高效液相色谱法等。

1. 气相色谱法

气相色谱法中流动相为气相，要求被测样品为气态或者可以被汽化。气相色谱法可以用于对样品的定量与定性分析。气相色谱法分析效率高，样品用量少，灵敏度高且应用范围广，主要应用于分析分离气体和易挥发的样品，在一定条件下也可以分析高沸点样品和固体样品。使用气相色谱法时，必须通过与已知色谱对比才能得到肯定的结果，或者必须与其他检测方法联用才能完成对样品的分析，气相色谱法也难以对难挥发及热不稳定样品进行分析。

2. 液相色谱法

液相色谱法是将液相作为流动相的色谱分析方法，通过固定相对流动相亲和力的不同分离流动相混合物中的各组分。液相色谱法的填料一般为固体或液体，使用最广泛的填料有硅胶、氧化铝和二氧化硅。液相色谱法具有检测分辨率和灵敏度高、分析速度快、重复性好、定量精度高、应用范围广的特点，并且适用于分析高沸点、大分子、强极性、热稳定性差的化合物。但是液相色谱法成本较高，要用各种填料柱，容量小且流动相消耗大，分析生物大分子和无机离子困难。目前的发展正向生物化学和药物分析及制备型倾斜。

3. 高效液相色谱法

高效液相色谱法以液体为流动相，将不同比例的溶液通过高压输液系统泵入装有固定相的色谱柱，通过固定相对流动相中各组分吸附能力的不同分离流动相的各成分，从而完成对流动相的检测分析。高效液相色谱法具有“四高一广”的特点，即高压、高速、高效、高灵敏度、应用范围广。高效液相色谱法分析中需对流动相施加高压促进流动；分析速度较普通液相色谱法快，可以在更短的时间内完成分析；高效液相色谱法分离效能高并且具有较高的灵敏度；大部分有机化合物都可以用高效液相色谱法分析，可以对高沸点、大分子、强极性、热稳定性差的化合物进行分离分析。

色谱法测试的基本步骤如下：

1）制备流动相。

2）样品制备。称取溶解适量浓度的样品，一般需溶解 2~4h，观察到样品全部溶解。进样前需用合适的针筒滤膜（0.45μm）过滤。

3）平衡检测器。仪器流速升至 1mL/min，观察压力是否正常，观察基线。

4）编辑序列。单击“序列模块”按钮添加样品；同时选择已建立好的仪器方法。

5）运行序列。基线平衡后，废液管放入废液瓶。单击“运行序列”按钮，开始采集数据，并分析。

3.2.4 质谱法

质谱法（Mass Spectrometry，MS）是利用电磁学原理将被测物质分子转化为气态离子并按质荷比大小进行分离记录其信息，从而进行物质结构分析的方法。它是一种测量离子质荷比（质量-电荷比）的分析方法，其基本原理是使样品中各组分在离子源中发生电离，生成不同质荷比的带电荷的离子，经加速电场的作用，形成离子束，进入质量分析器。在质量分析器中，再利用电场和磁场使离子束发生相反的速度色散，将它们分别聚焦而得到质谱图，从而确定其质量。

此外，质谱法还是一种与光谱并列的谱学方法，通常意义上是指广泛应用于各个学科领域中通过制备、分离、检测气相离子来鉴定化合物的一种专门技术。质谱法在一次分析中可提供丰富的结构信息，将分离技术与质谱法相结合是分离科学方法中的一项突破性进展。在众多的分析测试方法中，质谱法被认为是一种同时具备高特异性和高灵敏度且得到了广泛应用的普适性方法。

质谱仪一般由样品导入系统、离子源、质量分析器、检测器、数据处理系统等部分组成。质谱仪种类非常多，工作原理和应用范围也有很大的不同。从应用角度，质谱仪可以分为下面几类。

（1）有机质谱仪　由于应用特点不同又可分为：

1）气相色谱-质谱联用仪（GC-MS）。在这类仪器中，由于质谱仪工作原理不同，又有气相色谱-四极质谱仪、气相色谱-飞行时间质谱仪、气相色谱-离子阱质谱仪等。

2）液相色谱-质谱联用仪（LC-MS）。同样，有液相色谱-四极质谱仪、液相色谱-离子阱质谱仪、液相色谱-飞行时间质谱仪，以及各种各样的液相色谱-质谱联用仪。

3）其他有机质谱仪。主要有基质辅助激光解吸飞行时间质谱仪（MALDI-TOFMS）和傅里叶变换质谱仪（FT-MS）。

（2）无机质谱仪　包括火花源双聚焦质谱仪、感应耦合等离子体质谱仪（ICP-MS）和二次离子质谱仪（SIMS）。

但以上的分类并不十分严谨。因为有些仪器带有不同附件，具有不同功能。例如，一台气相色谱-双聚焦质谱仪，如果改用快原子轰击电离源，就不再是气相色谱-质谱联用仪，而成为快原子轰击质谱仪（FAB MS）。另外，有的质谱仪既可以与气相色谱相连，又可以与液相色谱相连，因此也不好归于某一类。在以上各类质谱仪中，数量最多、用途最广的是有机质谱仪。

除上述分类外，还可以根据质谱仪所用的质量分析器的不同，把质谱仪分为双聚焦质谱仪，四极质谱仪、飞行时间质谱仪、离子阱质谱仪、傅里叶变换质谱仪。

3.2.5　能量色散 X 射线谱法

能量色散 X 射线谱（X-Ray Energy Dispersive Spectroscopy，EDS）是借助于分析样品发出的元素特征 X 射线波长和强度实现的，根据不同元素特征 X 射线波长的不同来测定样品所含的元素。通过对比不同元素谱线的强度可以测定样品中元素的含量。

1. EDS 工作原理

EDS 的工作原理是当激发的 X 射线光子进入检测器后，在 Si（Li）晶体内激发出一定数目的电子空穴对，每个电子空穴对产生的能量大致相同，可以对元素种类及含量进行确定。加在 Si（Li）晶体两端的偏压用来收集电子空穴对，经前置放大器转换成电流脉冲，再经主放大器转换成电压脉冲，后进入多通脉冲高度分析器，按高度将脉冲分类并计数，从而绘制 I-E 图谱。

EDS 分析利用的是元素的特征 X 射线，而氢和氦原子只有 K 层电子，不能产生特征 X 射线，所以无法进行成分分析。锂（Li）和铍（Be）虽然能产生 X 射线，但产生的特征 X 射线波长太长，能量小，通常也无法进行检测。故目前元素分析元素范围一般为从硼（B）到铀（U）。

2. EDS 主要特点

波谱仪也是一种重要的利用激发 X 射线进行元素定性和定量分析的手段，常与电镜搭配使用。

3.2.6　X 射线光电子能谱技术

X 射线光电子能谱（X-Ray Photoelectron Spectroscopy，XPS）是一种收集和利用 X 射线光子辐照样品表面时所激发出的光电子和俄歇电子能量分布的方法，如图 3-14 所示。XPS 可用于定性分析及半定量分析，一般从 XPS 图谱的峰位和峰形获得样品表面元素成分、化

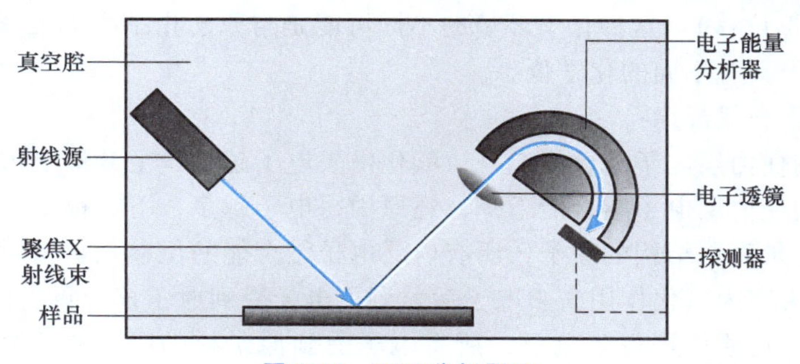

图 3-14　XPS 分析原理

学态和分子结构等信息，从峰强可获得样品表面元素含量或浓度（不常用）。它是一种典型的表面分析手段。其根本原因在于尽管X射线可穿透样品，但只有样品近表面一薄层发射出的光电子可逃逸出来。

1. XPS基本原理

XPS可以定性分析样品表面元素组成，以及样品表面元素的化学态和分子结构。

XPS可定性分析元素组成，其基本原理为光电离作用：当一束光子辐照到样品表面时，光子可以被样品中某一元素的原子轨道上的电子所吸收，使得该电子脱离原子核的束缚，以一定的动能从原子内部发射出来，变成自由的光电子，而原子本身则变成一个激发态的离子，如图3-15所示。

根据爱因斯坦光电发射定律有

$$E_k = h\nu - E_B$$

式中，E_k 为出射的光电子动能；$h\nu$ 为X射线源光子的能量；E_B 为特定原子轨道上的结合能（不同原子轨道具有不同的结合能）。从式中可以看出，当固定激发源能量时，其光电子的能量仅与元素的种类和所电离激发的原子轨道有关。因此，我们可以根据光电子的结合能定性分析物质的元素种类。

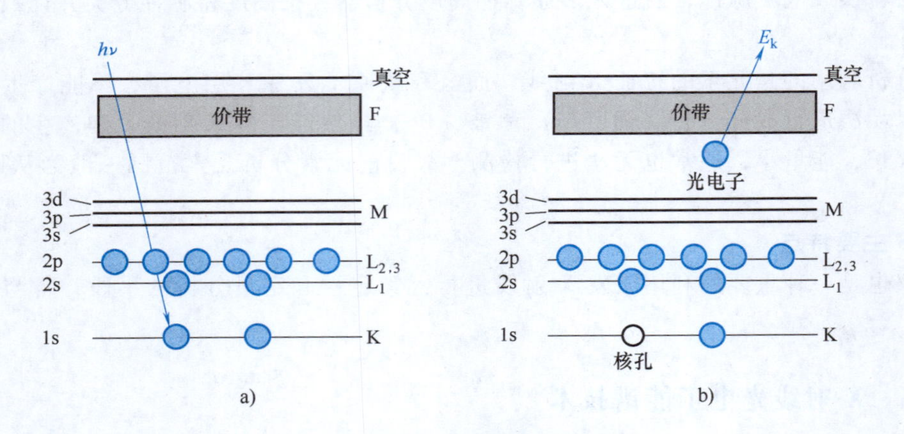

图3-15　光电子激发行为

2. XPS定性分析元素的化学态与分子结构

原子因所处化学环境不同，其内壳层电子结合能会发生变化，这种变化在谱图上表现为谱峰的位移（化学位移）。这种化学环境的不同可能是与原子相结合的元素种类或者数量不同，也可能是原子具有不同的化学价态。

注意，有以下一般规律：

1）氧化作用使内层电子结合能上升，氧化中失电子越多，上升幅度越大。

2）还原作用使内层电子结合能下降，还原中得电子越多，下降幅度越大。

3）对于给定价壳层结构的原子，所有内层电子结合能的位移几乎相同。

这可以理解为因为氧化作用失去电子后，剩下电子受到原子核的吸引作用增强，电子结合能增强；反之，还原作用得到电子，所有电子受到原子核的吸引作用减弱，电子结合能减弱。

3. 分析元素范围

XPS 常用 Al K_α 或者 Mg K_α X 射线作为激发源，能检测元素周期表中除氢、氦以外的所有元素，一般检测限为 0.1%（原子百分数）。

XPS 常规测试步骤如下：

1）制样。对于粉末样品，一般是压片制样；对于块体或薄膜样品，裁剪成适当大小后，将待测样品置于样品盘上。

2）进样。将制备好的样品送进样品室进行抽真空，达到要求的真空度（一般在样品室的压力小于 2.0×10^{-7}mbar）后，将样品送入分析室。

3）测试。

4）编程、采集谱。如扫描元素、步长、扫描次数等。

5）保存数据。测试结果一般是 Excel 格式。

3.3 生物力学信息获取技术

生物力学信息包括静态力学性能和动态力学性能两部分。静态力学性能主要包括模量、强度、伸长率等基本力学属性。动态力学性能指材料在交变力场作用下的力学性能，主要关注材料的黏弹性。本节将介绍生物力学信息的获取的原理、方法、设备及典型案例。

3.3.1 静态力学性能

材料的力学性能是材料在受载荷时的行为特征。对于仿生器件，常用的力学性能测试包括弹性模量、压缩模量、剪切模量、断后伸长率、硬度等，其中各种模量、断后伸长率的测试通常使用拉力试验机进行，硬度则可以利用硬度计和纳米压痕技术测量。

1. 常规力学性能

拉力试验机是基于物理学基本原理，针对各种材料进行力学性能测试的设备。图 3-16 所示为拉力试验机的基本原理及应力-应变曲线记录示意图，可以发现其一般包括夹具、力传感器、位移传感器等，在测量过程中不同的传感器记录对应的信息，然后通过公式计算各种数据。

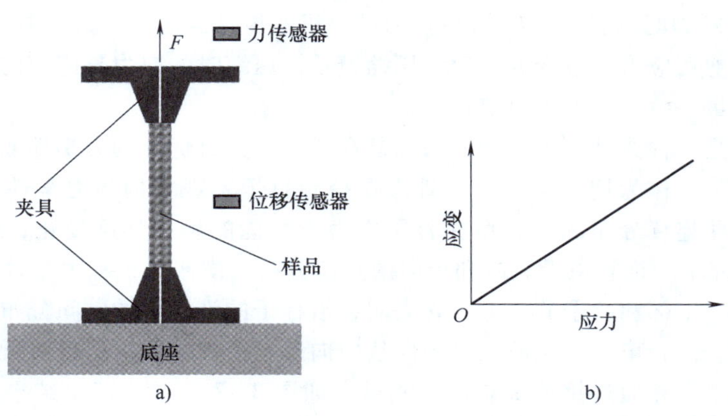

图 3-16 拉力试验机的基本原理及应力-应变曲线记录示意图

对于拉伸试验，应力 σ 和应变 ε 为

$$\sigma=\frac{F}{S_0} \tag{3-1}$$

$$\varepsilon=\frac{L-L_0}{L_0}=\frac{\delta}{L_0} \tag{3-2}$$

式中，F 为载荷；S_0 为样品受力方向的截面面积；L_0 为样品初始长度；L 为样品拉伸后长度。

根据胡克定律，在物体的弹性限度内，应力与应变成正比，存在一个比例系数，这个系数称为弹性模量 E：

$$E=\frac{\sigma}{\varepsilon} \tag{3-3}$$

上述公式描述的是理想状态下的测试，然而在实际应用中，随着材料的拉伸或压缩，其横截面积并不是固定的，因此需要对上述公式进行修正。在实际中，把伸长率分解为无数个小部分 ΔL_j，初始增量长度为 L_j，则应变为 $\varepsilon_j=\Delta L_j/L_j$，当这些增量无穷小时，则真实的应变 $\tilde{\varepsilon}$ 为

$$\tilde{\varepsilon}=\int_{L_0}^{L}\frac{\mathrm{d}L}{L}=\ln\left(\frac{L}{L_0}\right)=\ln(1+\varepsilon) \tag{3-4}$$

若在拉伸或压缩过程中，材料的体积不变，则真实的应力 $\tilde{\sigma}$、应变 $\tilde{\varepsilon}$ 为

$$\tilde{\sigma}=\sigma(1+\varepsilon) \tag{3-5}$$

$$\tilde{\varepsilon}=\ln\left(\frac{S_0}{S}\right) \tag{3-6}$$

当载荷作用于材料时材料伸长，横截面积减小，横截面积的减小称为侧向应变，它与轴向应变的关系称为泊松比 γ：

$$\gamma=\frac{\varepsilon_{\text{lateral}}}{\varepsilon_{\text{axial}}}=\frac{\Delta D/D_0}{\delta/L_0} \tag{3-7}$$

在材料被不断拉伸的过程中，最终会发生断裂，断裂时的伸长率称为断后伸长率 η：

$$\eta=\frac{L_a-L_0}{L_0} \tag{3-8}$$

式中，L_a 为样品断裂时的长度，L_a 可由拉力试验机的传感器记录；L_0 为样品初始长度。

剪切模量即剪切应力与应变的比值，压缩模量即压缩时的应力与应变的比值，它们的计算原理与弹性模量一致，此处不再赘述。

例如，竹子是一种典型的天然纤维增强复合材料，具有优异的力学性能，这是由其特殊的微观结构决定的。作为增强手段，维管束在控制竹子宏观结构的力学性能中起着核心作用。为了找到这些连续分布的维管束在竹子内力学性能的确切梯度变化，选择了 4 年生的 MOSO 竹子来研究单个维管束沿纵向和径向的定位分布、横截面积和力学性能的变化，这些维管束来自内部、中部和竹子的外部。它表明，沿柱子的维管束的空间分布从茎秆的内侧到外侧呈指数分布。维管束的横截面积沿径向从内向外呈指数减小。然后将所有维管束从竹条中小心地分离出来，并通过拉伸试验进行测试，如图 3-17 所示。试验结果表明，维管束的纵向拉伸强度范围为 180.44~774.10MPa，纵向弹性模量范围为 9.00~44.76GPa。外侧维管

束的抗拉强度是内侧的 3 倍，而外侧的弹性模量是内侧的 3~4 倍。对于所有 3 个高度位置，维管束的强度和弹性模量都沿径向从内侧到外侧呈指数增长。

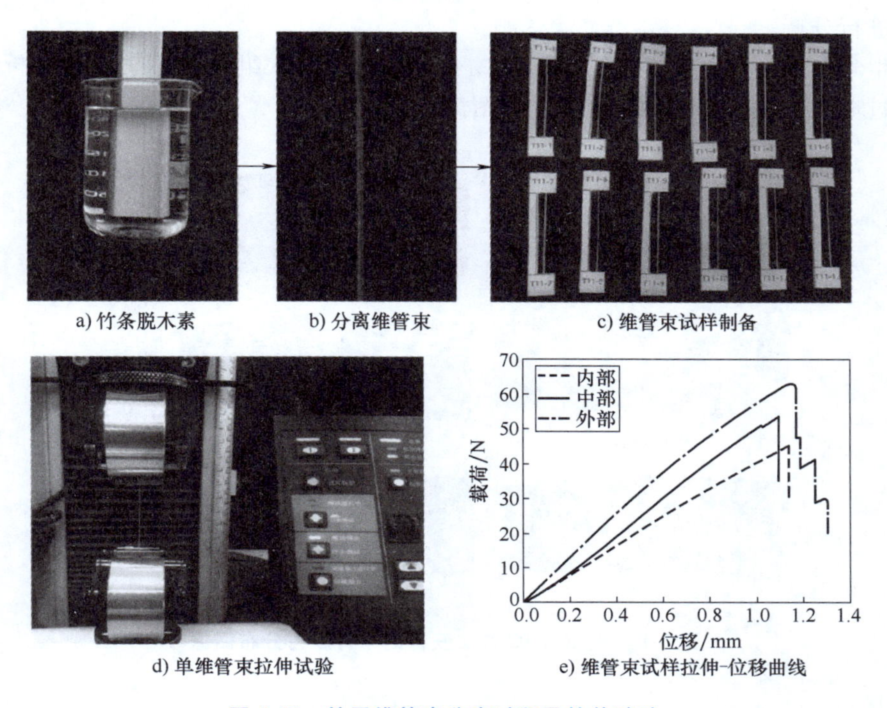

图 3-17　竹子维管束分离过程及拉伸试验

2. 数字图像相关法

数字图像相关法（Digital Image Correlation，DIC）是一种基于数字图像处理和数值计算的非接触式的光学测量方法，用于测量试验材料的应变。它通过比较待测物体在不同时间或应变下的图像，计算出物体表面的应变。变形前的图像称为参考图像，变形后的图像称为变形图像。1982 年，DIC 的概念首次被提出：来自美国南卡罗来纳州立大学的 Peters 和 Ranson 提出了用于试验应力分析的数字图像技术，通过获取待测物体变形前后的散斑图像，对比选定的子集区域进行灰度场计算并迭代，得到变形后的应变。与此同时，日本的 Yamaguchi 也提出了 DIC 的概念。

在数字图像相关法进行子区匹配时，用到了灰度的概念。灰度是指数字图像中每个像素的亮度级别，通常使用数字 0~255 表示，其中 0 代表黑色，255 代表白色。在灰度图像中，每个像素的颜色只有黑白两种，但它们的亮度可以根据灰度值的不同而呈现出不同的亮度级别。因此，在确定了待检测的区域后，我们假设图像灰度值与物体表面呈现一一对应的关系，可以通过对待检测区域变形前后的灰度值区域进行匹配，来获取物体表面实际的位移量。

数字图像相关法能够实现对结构物体表面应变和形变场的快速、全场、非接触式测量，可以为结构分析提供准确的边界条件和应变数据。在工程构件的设计过程中，数字图像相关法也可以用于验证设计方案的可行性，指导结构优化设计。

此外，数字图像相关法还可以用于实时监测，试验过程可追溯、可评估，相关图像数据可反复分析处理，以实现不同研究目的，而不需要重复试验，节约经济和时间成本。该方法可以揭示材料和结构动力学的全局演化过程，使材料试验专业人员能够在试验后对一些高级应变特性进行分析。

在仿生学领域，DIC 方法广泛用于动物骨质、血管、软组织的力学性能分析，图 3-18 所示为通过 DIC 方法获得的牛骨应力分布图像。

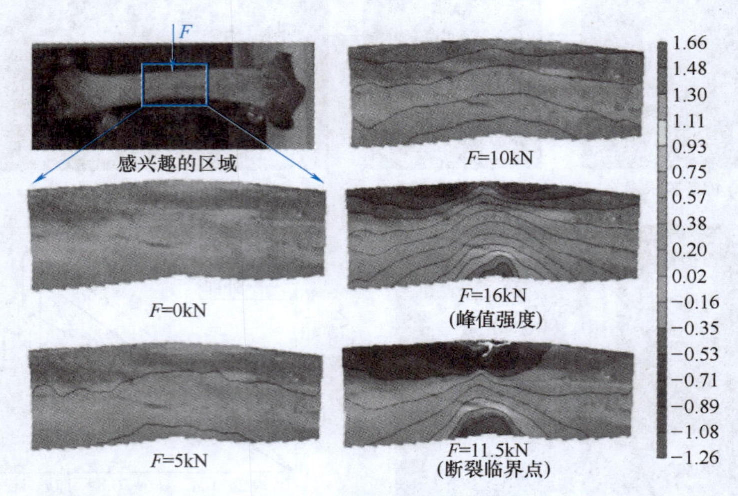

图 3-18 通过 DIC 方法获得的牛骨应力分布图像

3. 硬度

硬度测试是通过将较硬的材料压入测试材料中来测量材料表面对永久变形的抵抗能力。通过测量所产生的压痕情况，将其转换为相对于特定测试的硬度标准的硬度值。

在硬度测试中，一般要选定合适尺寸的压头，按规定的压力压入被测材料，这个过程通常还要考虑压紧时间的影响。虽然硬度不是材料的一个基本物理量，但其可以作为材料的强度和耐久性指标。

有许多不同的标准化硬度测试，每一种都有一个适用于不同类型材料的领域，如金属、陶瓷或橡胶。

常见的硬度测试方法有：

（1）洛氏硬度（Rockwell） 主要用于测试金属材料的硬度值，通过测量压痕产生的变形深度来区分硬度，较深的压痕意味着材料较软，较浅的压痕则表明材料较硬。

（2）布氏硬度（Brinell） 使用球形压头，根据产生压痕的直径确定硬度值，通常用于测试较大的样品，或者不均匀的样品。

（3）维氏硬度（Vickers） 使用一个相对面间夹角为 136°的金刚石正棱锥压头，用光学的方法测量压痕的对角线，并将其转换为硬度值，这种方法可适用于显微样品的测试。

（4）努氏硬度（Knoop） 与显微维氏硬度测量方法一样，使用一个细长的金字塔形状压头来产生压痕，通过测量压痕对角线的长度来计算努氏硬度，适用于测试薄、脆的材料。

（5）莫氏硬度（Mohs） 使用棱锥状金刚石针划过样品的表面，测量划痕的深度来确定莫氏硬度，硬度级别分为 10 级。

（6）肖氏硬度（Shore） 将硬度计压入材料样品中，将穿透深度转换为硬度值，适用于较软的材料，如弹性体和塑料。

生物材料力学性能测试一直是一个热点问题，然而对于尺度在100μm量级以下的样品，会给常规的拉伸和压缩试验带来一系列的问题。纳米压痕技术作为一种基于纳米硬度技术来检测材料微小区域力学性能的有效试验手段，其操作方便、测量和定位分辨力高、测试内容丰富、适用范围广，已经被大量地运用于多种材料的微尺度力学性能测试。纳米压痕技术（Nanoindentation），也称为深度敏感压痕技术，是最简单的测试材料力学性能的方法之一，可以在纳米尺度上测量材料的各种力学性能，如载荷-位移曲线、弹性模量、硬度、断裂韧性、应变硬化效应、黏弹性或蠕变行为等。下面介绍纳米压痕测试的基本试验原理。

纳米压痕测试是指在选定的矩阵区域内，将一个较小的尖端压头压入材料内部以获得其荷载与位移曲线，从而得到材料的纳观力学性能。纳米压痕测试过程包括加载阶段、持荷阶段和卸载阶段。加载阶段可以看作弹性变形与塑性变形的结合，持荷阶段是测量恒定加载力作用下的位移变化，而卸载阶段被认为是纯弹性变形的恢复过程。岩石材料可以根据纳米压痕测试获得的载荷-位移曲线计算其弹性模量和硬度。图3-19所示为纳米压痕测试中岩石材料的典型载荷-位移曲线，其中，h_{max}为最大压痕深度，h_f为完全卸载后的压痕深度，P_{max}为打点过程中的最大载荷，S为接触刚度。

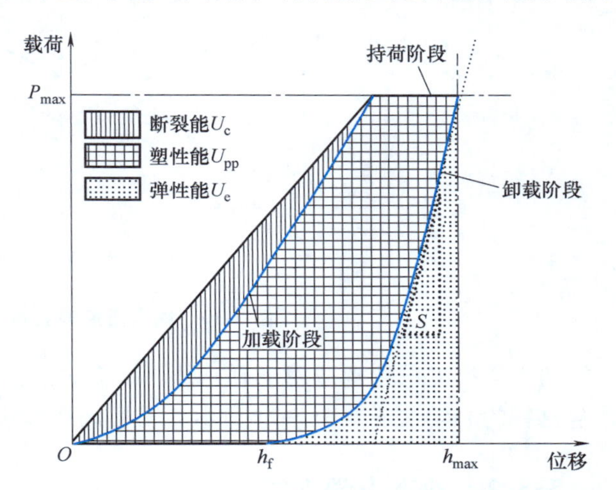

图3-19　纳米压痕测试中岩石材料的典型载荷-位移曲线

基于赫兹理论假定材料表面光滑无摩擦，其压头压入深度远小于材料的几何尺寸，从而得到载荷与压入深度的关系式为

$$P=B(h-h_f)^b \tag{3-9}$$

式中，B、b、h_f为最小二乘法拟合所得到的参数；h为接触位移。根据卸载曲线的斜率，可得到材料的接触刚度S：

$$S=\frac{\mathrm{d}P}{\mathrm{d}h} \tag{3-10}$$

材料的压痕模量E_r和压痕硬度H的计算公式为

$$E_r=\frac{\sqrt{\pi}}{2\beta\sqrt{A}}S \tag{3-11}$$

$$H=\frac{P_{max}}{A} \tag{3-12}$$

式中，β为与压头形状相关的矫正系数；A为压头与材料的接触面积。

压痕模量与材料弹性模量的关系可表示为

$$\frac{1}{E_r}=\frac{1-\nu^2}{E}+\frac{1-\nu_0^2}{E_0} \tag{3-13}$$

式中，E、ν 分别为压头的弹性模量与泊松比；E_0、ν_0 分别为被测材料的弹性模量与泊松比。

在纳米压痕测试过程中，根据持荷阶段的位移变化可计算岩石材料的蠕变能。纳米压痕蠕变和弹性后效原理图如图 3-20 所示，压头压入岩石内部，在岩石表面形成一个与压头形状相匹配的压痕。应力到达峰值时对应的压痕深度为 h_b，随着持荷时间的增加，会产生蠕变变形，压痕深度增大，增量用 h_k 表示。应力卸载后，一部分弹性变形恢复，对应的压痕深度为 h_d。随着卸载时间的增加，压痕的深度减小，减小量用 h_l 表示，这反映了岩石的弹性后效特性。

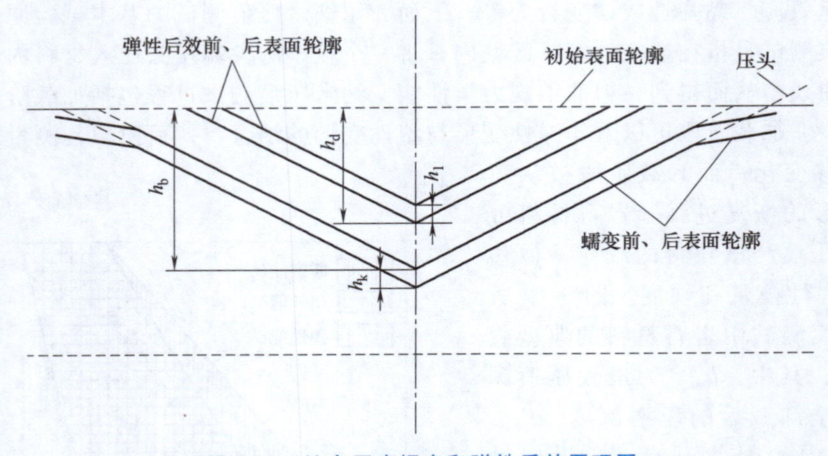

图 3-20　纳米压痕蠕变和弹性后效原理图

纳米压痕测试特别适用于研究分层结构的生物材料，也使得人们可以在微尺度上更好地了解材料的力学性能。图 3-21 所示为采用该技术获得的兔后腿软骨载荷-压入深度曲线。

3.3.2　动态力学性能

一般来说，弹性理论可以描述能够储存机械能而不能耗散能量的材料，但对于黏性材料，如牛顿流体，只能耗散能量，而不能储存机械能。那么以弹性材料和黏性材料为两个极端，性质介于两者之间的材料，当其受到动态应力应变作用时，一部分机械能能够储存起来，而另一部分机械能则转化为热量而耗散，这种材料称为黏弹性材料。大部分生物材料如血管、肌肉、纤维都可认为是黏弹性材料。

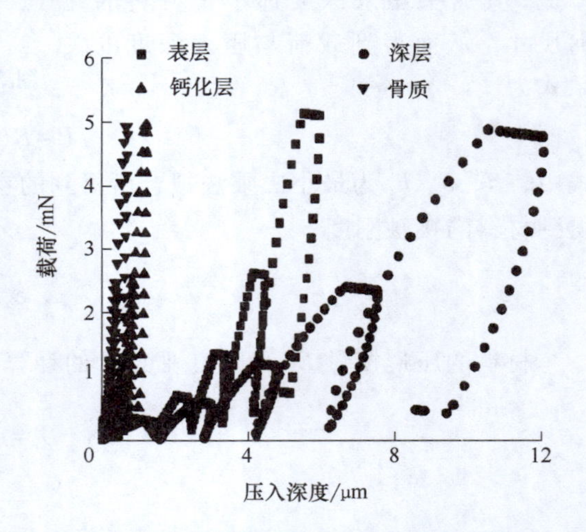

图 3-21　兔后腿软骨载荷-压入深度曲线

具体到分子尺度，高分子聚合物是由分子量较小的化学结构单元通过共价键重复连接集合而成，这些化学单元在空间各个方向上交联在一起。当受到外力作用时，分子链产生变形的同时分子链间也会产生相对滑移。当外力去除后，变形的分子链要恢复原位，恢复过程中释放外力所做的功，宏观上表现为黏弹性材料的弹性，即储能能力。但是分子链间的滑移不能完全回到初始状态，产生了永久变形，宏观上表现为黏弹性的黏性，即损耗能力，这一部分机械能转化为热能，耗散于周围环境中。对于处于黏弹态的硅橡胶来说，拉伸（压缩）时外力对硫化橡胶所做的功，一部分用来改变分子链的构象，另一部分用来提供链段间相对运动时克服链段间的内摩擦阻力所需的能量；释放时，硫化橡胶储存的能量对外做功，一部分使伸展的分子链重新卷曲起来，回复初始状态，另一部分用于克服链段间的内摩擦阻力。在一个拉伸（压缩）-释放循环中，链构象的改变完全恢复，不损耗能量，所消耗的能量都用于克服内摩擦阻力，损耗掉的能量转化为热量。

当黏弹性材料受到交变应力作用时，应变与应力不同相的现象称为滞后现象。由于发生滞后现象，在每一个循环过程中，都有能量耗散。如图3-22所示，把黏弹性材料在一个拉伸（压缩）-返回循环中的拉伸（压缩）*OAB*、返回*BCD*两条曲线与坐标轴*OD*构成的闭合曲线称为滞回曲线，滞回曲线所包围的面积即为每次循环过程中所损耗的能量。

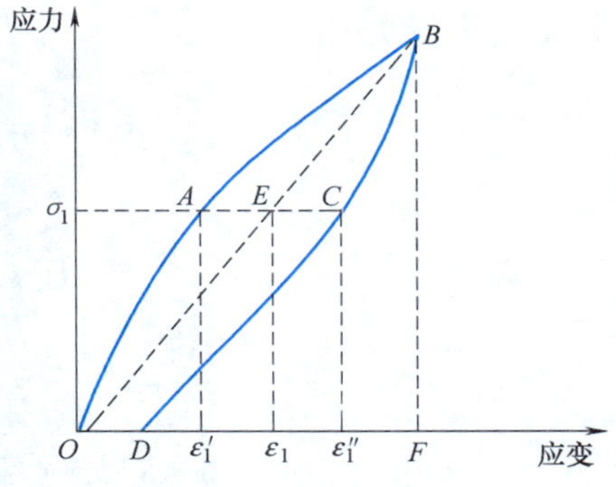

图3-22　黏弹性材料的滞回曲线

黏弹性材料分为线性黏弹性材料和非线性黏弹性材料，若黏弹性材料的性质表现为线弹性材料和理想黏性材料的组合，则这种材料称为线性黏弹性材料。线性黏弹性材料的本构模型主要有微分型和积分型两大类。微分型模型主要由两个或多个弹簧和阻尼元件通过不同的方式组合而成，主要有Maxwell模型、Kelvin模型、广义Kelvin模型和Poynting- Thomson（P-TH）模型。积分型模型是在微分型模型的基础上依据Boltzmann叠加原理建立起来的，它能够更具体地描述材料的受力-形变过程，并能够把材料老化、温度等实际因素考虑进去，在实际应用中灵活性较大。

动态热机械分析仪是测试材料力学性能和黏弹性能的重要方法，如图3-23所示，测量与研究材料的力学性能特性有储能模量（刚性）、损耗模量（阻尼）、黏弹性、蠕变与应力松弛、二级相变、玻璃化转变和软化温度等。该分析方法广泛应用于热塑性与热固性塑料、橡胶、涂料、金属与合金、无机材料、复合材料等领域。在DMA中，采用不同变形模式中的一种（弯曲、拉伸、剪切与压缩）对样品定期施加应力。测量模量与时间或温度的函数，并且能提供相变信息。此外，DMA技术用途极为广泛，甚至可在液体内或者特定相对湿度条件下研究材料的力学性能。

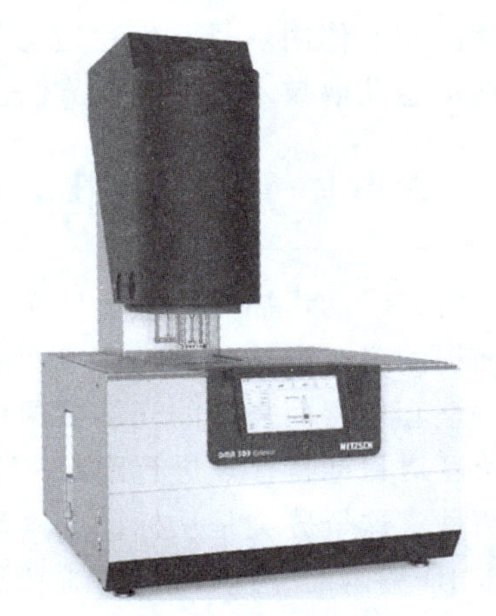

图3-23　DMA分析仪

Hanna E. Burton等人使用Bose ElectroForce 3200测试机与WinTest DMA软件一起对猪左前降支冠状动脉进行DMA分析，如图3-24所示。组织标本包裹在浸泡在林格氏液中的薄纸中并预装。对力和异相位移波进行了傅里叶分析，并确定了力的大小、位移的大小、相位滞后δ和频率。结果表明，猪左前降支冠状动脉储能模量范围为14.47~25.82MPa，与频率有关，随着频率的增加而减小。存储量大于损耗模量，损耗模量与频率无关，平均值为（2.10±0.33）MPa。

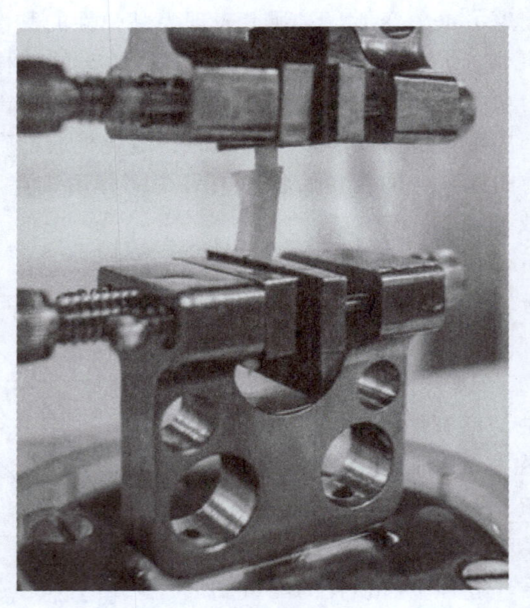

图 3-24　猪左前降支冠状动脉 DMA 分析样品装夹

3.4　生物运动信息获取技术

生物运动信息获取技术的核心是捕捉生物运动过程中肢体的位移、速度数据及与周围环境的相互作用。目前生物运动信息的获取主要依靠各种光学手段，本节主要介绍常用生物运动信息获取技术的原理及方法。

3.4.1　运动捕捉技术

光学动作捕捉，顾名思义，是通过光学原理来完成物体的捕捉和定位的，通过光学镜头捕捉固定在人体或是物体上面的标记点的位置信息来完成动作姿态捕捉。光学动作捕捉依靠一整套精密而复杂的光学摄像头来实现，它通过计算机视觉原理，由多个高速摄像机从不同角度对目标特征点进行跟踪来完成全身的动作的捕捉。光学动作捕捉可分为被动式和主动式两种，这个分类是从标记点（Marker）来区别的。主动式是指标记点是主动发光甚至可以自带 ID 编码的，这样镜头在视野中可以通过标记点自身发光来观测它，并记录捕捉到的运动轨迹；而被动式光学动作捕捉是通过镜头本身自带的灯板发出特定波长的红外光，照射到标记点上，标记点通过特殊反光处理，可以反射镜头灯板发出的红外光，这样镜头就能在视野里捕捉记录该标记点的运动轨迹。光学动作捕捉系统构成如图 3-25 所示。

惯性动作捕捉则是采用惯性导航传感器 AHRS（航姿参考系统）、IMU（惯性测量单元）测量被捕捉者或物体的运动加速度、方位、倾斜角等特性。惯性动作捕捉需要各类无线控件、电池组、传感器等一些配件。类似一件衣服穿在身上，通过各个部位的传感器来捕捉人体或物体的数据。

机械动作捕捉系统依靠机械装置来跟踪和测量运动轨迹。典型的系统由多个关节和刚性连杆组成，在可转动的关节中装有角度传感器，可以测得关节转动角度的变化情况。装置运动时，根据角度传感器所测得的角度变化和连杆的长度，可以得出杆件末端在空间中的位置和运动轨迹。

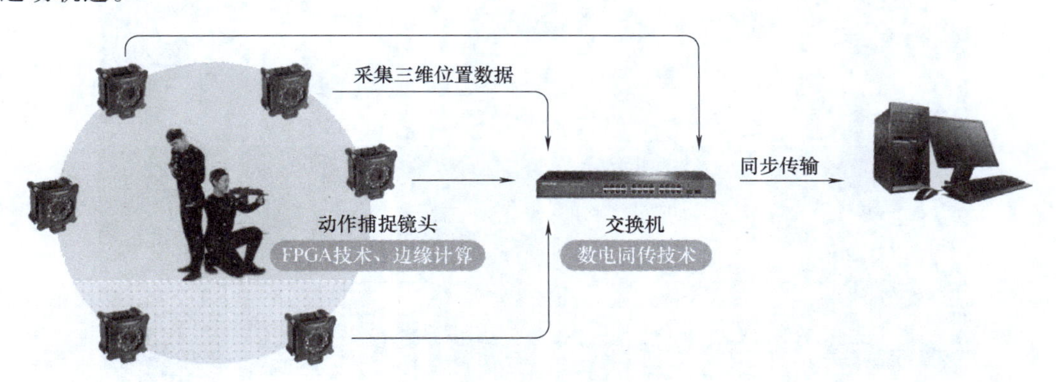

图 3-25 光学动作捕捉系统构成

下面以捕捉鸵鸟运动为例介绍步态运动捕捉的基本方法。

沙漠沙土颗粒细小且均匀，颗粒尺寸分布在较小的范围内，长期的流动使沙粒棱角被磨损而近似呈球形，易发生流动，故而承载能力较低。由于沙地环境中颗粒的物理力学性能复杂，普通车辆在沙土行驶过程中易产生滑转下陷，车轮滚动失去稳定，严重影响通过性，甚至无法通过。此外，人类在对火星进行探测时，曾出现例如美国“勇气”号和“机遇”号火星车因受到火星表面独特松软路面环境影响而严重沉陷的问题，以致探测车无法继续正常工作。而车辆在松软地面上的通过性能很大程度上取决于与地面直接相互作用的行走机构。因此，深入研究松软地面环境下，车辆行走机构与沙地面的相互作用方式和作用机理，设计新型越沙机构，对于提高松软沙地中车辆的通过性，从而保障沙漠车辆及沙地农业机械工作的可靠性具有重要意义。鸵鸟作为常年生活于沙漠中的步行鸟，不仅拥有惊人的耐力和很高的奔跑速度，而且是世界上现存唯一的一种足部仅存二趾的陆行鸟类。研究发现，鸵鸟体重较大，身体大部分质量多集中于髋骨，脖子和后肢都相对修长，独特的足部拥有永久提升的跖趾关节，这些均成为其具有如此优异性能的重要因素。

首先，使用双面胶将 9 个特殊设计的反光标记点黏贴在鸵鸟左足足趾的主要解剖关节位置处。接着，利用 CT 扫描技术扫描一只成年雌性鸵鸟的左足，通过 Mimics 10.0 软件处理成像，建立由跗跖骨、第Ⅲ趾和第Ⅳ趾构成的三维几何模型，标记点的位置参考足部三维模型确定。然后，使用由三个相机（240Hz/s）组成的运动追踪系统（Simi Motion 2D/3D® 7.5 软件）测试了 9 个反光标记点的三维坐标和上节定义的触地期内足趾趾骨间关节参数，记录了行走和奔跑两种步态下触地期内具有代表性的追踪视频的帧数，追踪开始于第Ⅲ趾刚触地时，即触地期的 0%时刻，如图 3-26 所示。在行走和奔跑试验中，触地中期为触地期的 50%时刻，第Ⅲ趾完全离地时为触地期的 100%时刻。最后，利用 Simi Motion 运动追踪系统分析标记点数据和关节运动学数据。并利用 Origin Pro 2015 软件对硬地面上鸵鸟行走和奔跑两种步态下的 4 种步态参数（触地期、摆动期、跨步周期和跨步长度）和 6 个关键指标（趾骨间关节角度和跖趾关节的垂直位移在刚触地、触地中期、离地时刻、最大值、最小值、变化范围时的数值）是否存在显著差异进行统计分析。

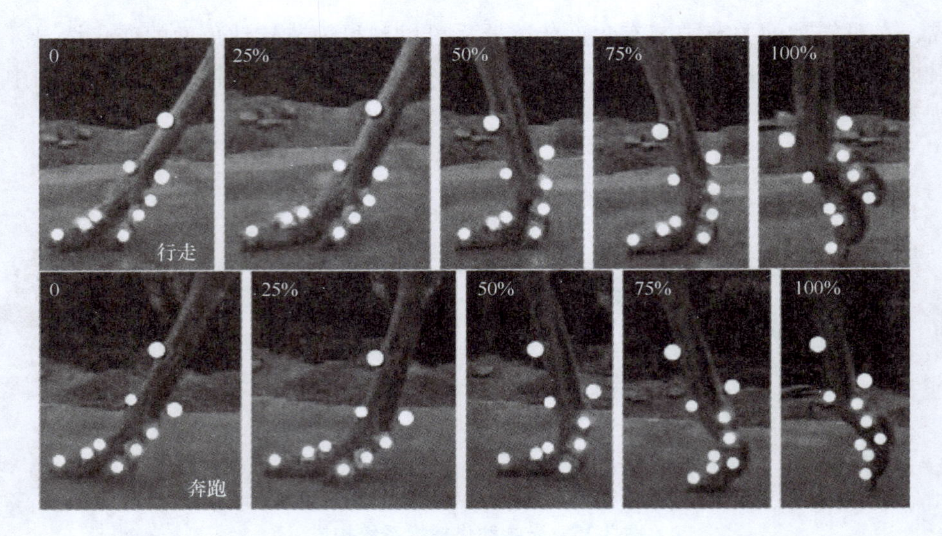

图 3-26　硬地面上行走和奔跑两种步态下触地期内高速相机视频记录

3.4.2　高速摄像技术

高速摄影或摄像是一种快速拍摄技术。1948 年，电影电视工程师协会（SMPTE）将高速摄影或摄像定义为拍摄速度每秒超过 128 帧，并且连续拍摄至少 3 帧。高速摄像技术是一种高速瞬发过程的测试记录手段，最早出现于 20 世纪 70 年代，该技术综合利用光、机、电、光电传感器与计算机等一系列技术，拍摄间隔时间在千分之一秒到几十万分之一秒之间，主要用于记录高速运动或变化过程中的某一瞬时状态或全部历程的手段。由于高速摄像技术具有精度高、速度快、拍摄信息量多等优点，能够直接测量和获得大量的准确时空信息，为研究高速运动的现象和运动规律提供了重要实验数据。目前广泛应用于流体和燃烧研究、飞行及武器研究、机械加工和工具设计、物理和化学过程光电工程研究、医药研究、天体物理学研究、材料学研究、原子能研究和爆破工程等研究领域。

精准记录动物各种行为过程，慢动作重现动物在各种生态环境下的真实反应，是研究仿生运动的关键技术，高速摄像技术是捕捉生物运动信息的重要手段。图 3-27 所示为利用高速相机在开窗 640×480 像素且曝光时间为 15μs 的条件下捕捉到的果蝇翅膀运动。

图 3-27　利用高速相机拍摄的果蝇翅膀运动

3.4.3　粒子图像测速

粒子图像测速（PIV）是一种用于教学和研究的可视化流动的光学方法（PIV 系统一般由示踪粒子、PIV 相机和 PIV 激光器组成），用于获取流体的瞬时速度测量值和相关属性。流体中注入了示踪粒子，如果示踪粒子足够小，则假定它们跟随流体流动（粒子跟随流体流动的程度由斯托克斯数给出）。充满粒子的流体被照亮，使得颗粒可见。示踪粒子的运动用于计算所研究的流体的速度和方向（速度场）。当颗粒浓度低到可以跟踪单个颗粒时，称为颗粒跟踪测速法；而当颗粒浓度高到难以观察图像中的单个颗粒时，则使用激光散斑测速法进行测量。典型的 PIV 设备由相机（在现代系统中通常是带有 CCD 芯片的数码相机）、闪光灯或激光器（通常是一条光线），以及限制物理照明区域的光学装置（它由一个可变形的柱面透镜组成）组成。同步器充当外部触发器，用于控制相机和激光、示踪粒子和所研究的流体。可以使用光纤电缆或液体光导将激光器连接到透镜装置。PIV 软件用于光学图像的后处理。用于测量流量的其他技术包括激光多普勒测速法和热线风速测定法。PIV 与这些技术之间的主要区别在于 PIV 生成二维或三维矢量场，而其他技术则测量单点速度。

（1）示踪粒子　根据 PIV 工作原理，开展流动测量使用的示踪粒子需要同时具备良好的跟随性和散光性。为避免示踪粒子对流场产生显著扰动，颗粒粒径应足够小，气体示踪粒子的粒径一般为 0.5~5mm，液体示踪粒子的粒径一般为 5~50mm；同时，颗粒外观应为具有各向同性特征的球形。沿流动方向，颗粒需要具有良好的频率响应以准确反映流体速度的时空变化。良好的颗粒频响能力要求颗粒密度与流体密度接近，或颗粒粒径足够小。散光性是指示踪粒子散射入射光线的能力，散光性越强，散射光线的强度越大，被相机记录的粒子图像质量越好。根据米氏散射理论，颗粒散光性主要取决于粒径和相对于流体的折射率，粒径及相对折射率越大，散光性越好。

（2）PIV 相机　PIV 相机所使用的图像传感器有 CCD 与 CMOS，两者成像质量无明显差异，由规则排列的像元矩阵组成，每个像元为独立感光单元，物理尺寸一般为 2~12mm，输出结果对应图像中的一个像素。PIV 系统使用的相机不同于普通消费级或工业相机。根据工作模式的不同，PIV 系统使用的相机有低速跨帧相机、高速相机与高速跨帧相机。

（3）PIV 激光器　激光是最为理想的 PIV 光源，根据工作模式的不同，PIV 系统使用的激光器有连续激光器和脉冲激光器之分，激光波长通常为 532nm 或 527nm 的绿光。连续激光器体积小巧，采用风冷技术，输出功率连续可调，但最大功率通常为 20kW；激光器与相机独立工作，粒子图像曝光时间及成像间隔由相机控制，需要较长曝光时间才能获得清晰粒子图像。脉冲激光器体积庞大，采用水冷技术，输出功率连续可调，单脉冲能量高达 500mJ；激光器与相机同步工作，需要配备信号同步器，粒子图像曝光时间等于脉冲宽度，粒子图像质量高。

PIV 广泛用于生物运动信息的获取，下面对用 PIV 捕捉鱼类游动动作的研究做简要介绍。

鱼类在水体中运动时，周身的瞬态压力场是无法通过仪器直接测量的。然而，压力场作为流场的重要组成部分，是分析鱼类游动行为及其游动动力形成的关键因素。因此，如何精确获取水生生物游动时所产生的力场这一问题，一直困扰着生物力学的研究者们，直至 20

世纪随着 PIV 技术的发展，答案才渐渐清晰。通过 PIV 量化鳗鱼游动动作，发现鳗鱼可以通过扭动身体构造负压场来产生持续推力，证实了鳗鱼压力场所产生的拉力比推力在向前游动的过程中更有效率。接着通过 PIV 技术，明确了箭鱼跳跃时尾迹射流产生的合力的推动作用，如图 3-28 所示。

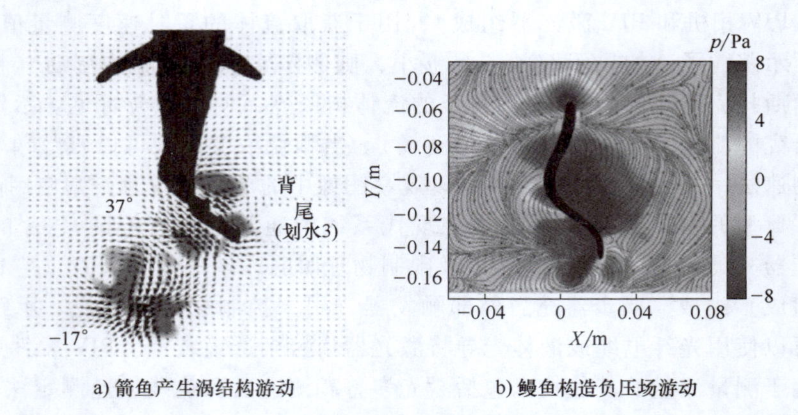

a) 箭鱼产生涡结构游动　　b) 鳗鱼构造负压场游动

图 3-28　PIV 广泛用于生物运动信息的获取

余英俊以草鱼幼鱼为研究对象，利用 PIV 分析其摆尾过程，构建静水与自由来流下其摆尾与环境水体压力场的响应关系，计算了静水下周围环境施加于鱼体的压力，统计值均以平均值±标准差（Mean±SE）表示（下同），如图 3-29 所示。结果表明：第一阶段，尾鳍对上下两侧流体并未有持续的作用力，在 x 和 y 方向上（下同），压力为（−3. 44±1. 40）mN/cm、（6. 64±1. 71）mN/cm；第二阶段，尾鳍向上运动导致尾鳍上方和下方的流体具有相同趋势，压力为（1. 79±0. 38）mN/cm、（−4. 99±0. 47）mN/cm；第三阶段，压力为（−0. 68±0. 75）mN/cm、（−0. 06±0. 15）mN/cm。

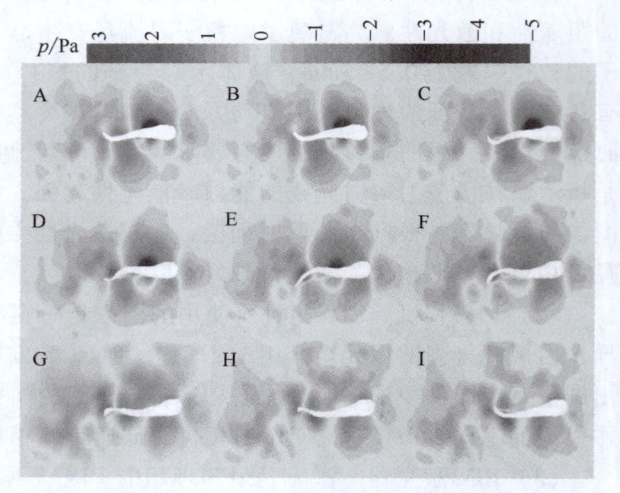

图 3-29　通过 PIV 技术获取的草鱼游动过程及周围水体的压力场

3.5　生物感知信息获取技术

感知信息是无形的，获取感知信息首先要判断、辨别生物特殊感知功能的类别、存在形式与作用机制，其次是分析生物器官特殊感知能力的实现原理与组织结构。感知信息的获取需要综合运用生物行为实验和组织信息，感知信息的获取可大体分为如下两个步骤：

1）辨别生物特殊感知功能的感知信息种类。

2）明确感知能力的作用机制及生物学原理。

排除法是确定生物感知信息类别的基本手段。蝙蝠超声回声定位功能的发现是排除法的典型案例。蝙蝠可在黑夜里飞行而不会迷失方向，起初人们认为蝙蝠具有超强的视觉，但将蝙蝠眼睛蒙住之后，它依旧能够自由飞行，这排除了蝙蝠依靠视觉定位的可能。接着将蝙蝠耳朵堵上之后，蝙蝠便会迷失方向，撞向障碍物。这表明，蝙蝠定位不是依靠视觉而是依靠听觉。

3.5.1　听觉信息

听觉是最重要的感觉之一，它不仅为人们交流知识、沟通感情所必需，而且使人们感知环境，产生安全感。随着科技的发展，科学家对于听觉的研究在医学、军事、生活、学习方面都有很多的成果。

典型的依据听觉信息进行仿生设计的实例有：水母的顺风耳的结构和功能，指导仿生学家仿照水母耳朵的结构和功能，设计了水母耳风暴预测仪，相当精确地模拟了水母感受次声波的器官；蝙蝠能在完全黑暗的环境中飞行和捕捉食物，在大量干扰下运用回声定位，进行正常飞行，论述了雷达的仿生原理及其在军事、生活等方面的应用；夜蛾特殊的耳朵——鼓膜器，论述了仿照夜蛾的反探测系统，人们已制成了反雷达系统，还有可能设计出新型的通信装置。分析人耳听觉系统的生理结构及其对声音的感知过程，普林斯顿大学科学家已经成功制造出能够接收无线电波的仿生耳。3D 仿生耳可用于恢复和增强人的听力，仿生耳产生的电子信号可连接至患者的神经末梢，达到类似助听器的作用。

在自然界中还存在着许多感知信息，例如声波，人类能听到的声波频率在 20~20000Hz 之间，超声波是高于 20000Hz 的，次声波则是低于 20Hz 的。自然界常见的风、水流、闪电、地壳运动等这些内部都含有超声波，而海上风暴、火山爆发、海啸、核爆炸、导弹发射等这些都能产生次声波，两者都有一个共同的特点，那就是人类听不到，但是动物可以听到，这也是为什么在一些自然灾害面前，动物们基本不会受到伤害，因为它们可以听见这些地震、海啸发出的声波，然后及时逃离避难。

利用人耳听不到的超声波（20000Hz 以上）来作为探测源进行探测的设备称为超声波探测器，一般用于探测移动物体。超声波探测器的工作原理是利用超声波发射，通过被测物体的反射、回波接收后的时差来测量被测距离的，是一种非接触式测量仪器。

20 世纪 40 年代美国哈佛大学的皮尔斯设计出了可以探测超声波（频率高于 20000Hz，超过人的听力范围）的设备，蝙蝠的嘴能够发出超声波，其耳朵可以接收遇到障碍物反射回来的超声波，从而进行导航和定位。1944 年，格里芬将蝙蝠的这种本领命名为“回声定位”。

人类通过模仿蝙蝠的回声定位系统发明了雷达，利用了波被物体反射可以测定方位的原理。只不过蝙蝠回声定位使用的是超声波，超声波是一种声波，其本质是物体的振动在空气等介质中的传播，如果没有了介质，例如在真空环境下，声波是无法传播的，回声定位就无法实现。雷达使用的是无线电波，其本质是电磁波，电磁波既可以通过介质传播，也可以在真空中传播。

雷达所起的作用跟眼睛和耳朵相似，无论是可见光还是无线电波，在本质上是同一种东西，都是电磁波，在真空中传播的速度都是光速 c，差别在于它们各自的频率和波长不同。

雷达工作原理：雷达设备的发射机通过天线把电磁波能量射向空间某一方向，处于此方向上的物体反射碰到的电磁波；雷达天线接收此反射波，送至接收设备进行处理，提取有关该物体的某些信息。

被动声学监测（Passive Acoustic Monitoring，PAM）技术是指将声音传感器（以下称为自动录音机）安装在野外环境中收集野生动物及其所在环境的声音信号的监测方法。自动录音机的数量可以是单一的，也可以是多个的，自动录音机矩阵能同步收集声音信号数据。PAM 技术在野外应用时能够根据需求选择特定时间段进行声音数据的收集。与耗费大量的人力、物力和财力并且会侵扰动物的传统的距离抽样法和标志重捕相比，PAM 技术具有非侵入性，监测成本更低，调查物种（尤其是对人类敏感的、种群密度低的濒危物种）范围更广、时空尺度更大等优势。

3.5.2 嗅觉信息

在人类漫长的进化过程中，始终保持着对周围环境的气味刺激进行感知并做出适当反应的能力。目前已知，嗅觉的产生是由多个嗅觉细胞密切配合对气味进行“合力攻关”的结果。具体而言，我们闻到的气味并不是哪一个嗅觉细胞感知的，而是成千上万的嗅觉细胞通过不同的组合感知得到的，而且组合方式多种多样。

舌苔上有味蕾，可尝遍酸甜苦辣，鼻腔内敏感的细胞可对气体味道进行一对一的仔细甄别。与它们相类似的是，仿生嗅觉中的传感器阵列就好比是广泛排布的感觉细胞，可对进入系统的气体微粒进行吸附，并产生电信号。嗅觉作为最古老的基本感觉之一，是动物与外界化学物质世界交流与互动的重要基础。不同的化学物质暗示了环境中的食物、配偶、幼崽和天敌等多种信息，与动物摄食、交配、育婴、躲避天敌等生存攸关的行为息息相关，因此嗅觉是动物繁衍生息、预警威胁的重要感觉基础。此外，嗅觉还能调控情绪，保障正常的社会交往。嗅觉受体通过“组合编码”的方式来识别气味分子，使得动物能识别并辨别数以万亿计的气味分子。

有两种通路会帮助我们感知环境中的气味分子：一种称为鼻前通路，是指环境中散发的气味，如食物散发出来的气味分子，在我们吸气时顺着空气沿嗅裂攀升，接触到鼻腔末端的嗅觉感觉神经元，进而诱发嗅知觉的途径；另外一种称为鼻后通路，是指我们咀嚼使得食物散发出来的气味分子，在我们吞咽和呼气的时候，顺着连通口腔和鼻腔的鼻后通路又回到了鼻腔，然后接触到位于鼻腔末端的嗅上皮，进而诱发我们的嗅觉体验。这个时候，发挥作用的虽然是嗅上皮，但是由此引发的嗅知觉，通常被我们体验成食物的风味。由于人类的味觉受体种类很有限，这条鼻后通路对我们感知食物味道便显得至关重要。

嗅觉受体可以分为三个类别。第一类是气味受体 OR 家族，在人类中约有 400 名成员；第二类是痕量胺相关受体 TAAR 家族，在鱼类中有大量的扩增（如在斑马鱼中有 108 名成员）[OR 和 TAAR 都属于 G 蛋白偶联受体（GPCR）家族]；第三类是非 GPCR 嗅觉受体 MS4A 家族等。第一类和第二类嗅觉受体主要是 Richard Axel 和 Linda Buck 发现的，相关工作也获得了 2004 年诺贝尔生理或医学奖。自从嗅觉受体家族被发现后，近三十年的研究使我们对嗅觉受体的表达模式、嗅觉受体的信号通路和嗅觉受体介导的神经元投射谱等均有了深入的理解，然而我们对嗅觉受体和气味分子的匹配关系还知之甚少，同时，嗅觉受体异位表达在心脏和肾脏等非嗅觉组织中并调控重要的生理功能。综上，从分子层面解析嗅觉受体如何识别不同配体，对于理解嗅觉感知产生的机制及靶向嗅觉受体的新药研发具有重要意义。

3.5.3　触觉信息

触觉一般是指分布于全身皮肤上的神经细胞接收来自外界的温度、湿度、疼痛、压力、振动等方面的感觉。狭义的触觉是指刺激皮肤，触觉感受器所引起的皮肤觉；广义的触觉还包括增加压力使皮肤部分变形所引起的皮肤觉。

2021年诺贝尔生理学或医学奖颁给了美国加州大学旧金山分校的David Julius和斯克利普斯研究所的Ardem Patapoutian，以奖励他们分别独立发现了温度和触觉的受体。这一发现揭示了人体皮肤感知温度、压力及疼痛的分子机制，回答了有关人类触觉感知的一个根本问题：外部的温度和机械刺激是如何转化为内部的神经冲动的。在我国经史子集中，对触觉的描述不一而足：《易传》有“寒暑相推而岁成也”，在冷热感知之上建立起朴素的时间观；《荀子》有“温润而泽，仁也”，以冷暖知觉对仁定义；《孟子》有“文王视民如伤”，以痛为爱。在西方哲学的起源时期，亚里士多德更为系统地阐述了触觉感知，他把触觉置于经验感官的中心，认为触觉很可能是各种感觉能力的综合，是最基本、最重要的感觉。19世纪，生理学的发展和观测手段的进步将触觉研究从哲学思辨推向了实验哲学的阶段，尤其是帕西尼小体（Pacinian Corpuscle）和默克尔细胞（Merkel's Cell）等触觉感受器的发现，揭开了触觉生理学研究的序幕。奥地利物理学家、哲学家恩斯特·马赫（Ernst Mach）的《感觉的分析》一书也在这一时期完成，他认为各种感觉因素的集合才形成物体和自我，而触觉是其中的一个重要因素，并对触觉空间性和视觉空间性的一致性关系做了一定的分析。但之后长达一个世纪的时间，相较于视觉、听觉等其他感觉，触觉的研究似乎陷入了沉寂，主要原因在于其感知机制、复现和数字化进程困难重重。

在触觉受体发现之前，触觉发生机制尚未清晰，触觉量化主要以“表征+计算”的范式进行，即把整个触觉感知系统作为黑匣子，仅讨论输入输出相关性，这显然不利于触觉的精确定量。而温度受体和触觉受体的发现，有望实现建立外部刺激与相应兴奋细胞产生的神经冲动之间的精确定量关系。Piezo蛋白自2010年被发现以来，被证明广泛分布在人体不同组织和器官中。在特定的机械刺激下，以Piezo蛋白为亚单位构成的离子通道会做出响应并打开，允许带正电荷的离子流入细胞。Piezo蛋白家族中两种离子通道Piezo1与Piezo2的激活方式不同，Piezo1可以由正压或负压激活，而Piezo2仅能被正压激活。它们在体内的分布也不相同，Piezo1多存在于流体动态压力环境中的非感觉组织，赋予非兴奋性细胞机械敏感性，如参与红细胞体积调节及感知剪应力、感知流经肾脏的液体等；Piezo2主要在感觉神经细胞中被表达，在轻触和本体感觉、神经元及环境间的机械特性感知等方面起作用；而对一些特定部位（如关节软骨细胞）的应力感知，Piezo1和Piezo2均有参与。目前，研究人员已经开发出多种体外刺激Piezo蛋白离子通道的技术，如基于膜片钳电生理学的“拉伸”和“戳”，基于原子力显微镜技术的压痕及剪切力测试，以及基于化学激动剂或磁性纳米颗粒的方式等。由于每种技术在易用性、采样通道数量及刺激和响应的量化方面都有各自的优势和劣势，目前还没能阐明机械力与离子通道的激活相耦合的机制。

3.5.4 视觉信息

人眼视觉具有两个不同的感知通道，分别对应两块不同的大脑区域。一块大脑区域负责从视觉信号中识别物体，看清楚后再理解环境信息；而另一块大脑区域则主要负责运动感知和空间感知，即使在没有物体识别感知的情况下，也可以根据运动信息直接判断出碰撞情况，通过本能下意识地避开障碍物。

（1）视觉感知　视觉感知是眼睛最基本的功能。光线通过角膜、瞳孔、晶状体等结构的折射作用，聚焦在视网膜上，激活光感受器产生神经冲动。神经冲动通过视神经传递到大脑皮层的视觉中枢，最终形成我们所看到的清晰图像。

（2）光线调节　眼睛能够根据光线的强弱自动调节瞳孔大小，以保证光线进入眼睛的量适中。当光线较强时，瞳孔会缩小；当光线较弱时，瞳孔会扩大。

（3）色彩识别　眼睛中的视网膜含有两种光感受器，即视锥细胞和视杆细胞。视锥细胞主要负责感知色彩，有三种不同的视锥细胞，分别对应红、绿、蓝三种颜色，它使我们能够看到丰富多彩的世界。

（4）深度和距离感知　眼睛能够感知物体的深度和距离，这主要依赖于双眼视觉。当双眼注视物体时，两个眼睛的光感受器会产生略有差异的神经信号，大脑会将这些差异进行整合，判断物体的距离和深度。

习　题

3-1　请将如下仿生信息与对应的类别连线。

荷叶表面微结构	结构信息
关节运动副界面	力学信息
肌肉束收缩	感知信息
鱼类流线形体型	表面形貌信息
叶脉分布	运动信息

3-2　请列出至少三种牙齿所包含的生物信息。

3-3　简述高速摄像技术与 PIV 技术获取的运动信息有何异同。

3-4　体视显微镜、干涉显微镜与显微 CT 获得的三维信息有何不同？分别给出一种适合应用上述测量方法的测量对象。

3-5　分析测试牙齿的强度与肌肉的黏弹性分别应采用哪种方法。

第4章 仿生信息处理方法

生物信息对于生物的功能具有重要作用。由于种种原因，绝大多数直接获取到的生物模本信息，不能在仿生设计中直接应用，需要将这些生物模本信息按照一定原则进行简化、筛选、替代等处理，使其成为目标设计功能有用的仿生信息的过程，称为仿生信息的处理，它是目标产品/样件仿生设计成功的关键。在前两章中我们介绍了生物模本信息及相应的获取技术，本章主要介绍生物模本的仿生信息处理方法。

4.1 仿生信息处理原则

仿生信息的处理遵循一定的原则，具体如下：

（1）功能性原则　生物功能与生物所特有的生物信息密切相关，仿生设计的第一要素即为功能，这也是进行目标产品/样件仿生设计的第一目标。因此，仿生信息处理应遵循的首要原则为功能性原则，即将所获取到的与生物模本功能密切相关的生物信息，在保证其功能原理的前提下，对它们进行解析、筛选、改进，使其成为目标产品/样件仿生设计过程中能够直接应用的、简单仿生设计要素。

（2）相似性原则　与仿生模本选取时所要遵循的相似性原则类似，仿生信息处理过程也要重点考虑这一原则。对获取到的生物信息，在保证功能的情况下，对获取如形貌、结构、化学组分等的生物信息尽可能保真的情况下，对它们进行简化、替代、改进，使其成为目标产品/样件仿生设计过程中能够直接应用的仿生设计要素。

（3）经济性原则　生物所具有的功能一般由单一或是多种生物信息共同作用而体现，对这些生物信息进行筛选、处理也就是对上述信息进行仿生信息处理的过程中，其经济性也是仿生信息处理所必须遵循的原则之一。经济性原则包括两个方面，一方面是需要处理的信息量要少，即要优选对目标产品/样件功能贡献最大的信息，或者说能用单因素信息就能满足目标产品功能的设计预期，绝不考虑多因素信息；另一方面是信息处理方法简单，即能用简单方法或是加工手段对生物信息进行处理的，绝不采用手段繁杂的处理方法。满足上述两个条件，即符合经济性原则。

（4）工程化原则　仿生信息处理还要遵循工程化原则，以便基于该仿生信息进行的仿生设计目标产品/样件易于工程应用转化。遵循工程化原则，仿生信息的处理必须满足：

1）可行性。结合当前的技术手段，通过合理的筛选、简化、替代、仿真等处理方法，可以保证方案合理、经济节约、操作可行。

2）规范性。仿生信息虽然源于自然，但绝不是简单的“拿来主义”，更不是形而上学的机械式的照搬、照抄，要注意对各学科理论的综合应用，因此在仿生信息处理时，尽量注重与国家和行业制定的标准、规范和指南相结合，才能使仿生设计目标产品/样件具有工程化的可能。

3）可重复性。仿生信息处理时，要与实际的设计制备紧密联系，确保处理后的信息，在具有相同工况的不同产品/样件的仿生设计中，可重复利用。

通过上述仿生信息处理原则，配合不同的处理方法，合理有效地对仿生生物模本信息进行处理，从而指导目标产品/样件的仿生设计及制备。下面将着重介绍仿生信息处理过程中比较常用的几种方法，主要包括简化法、替代法、可拓层次分析法、耦合分析法、建模法和拓扑法。

4.2 简化法

生物模本一般是比较复杂的有机形态，需要通过规则化、条理化与秩序化、几何化、删减补足、变形夸张、组合分离等手段对其进行简化。对描述生物模本的主要信息简化、组合，对次要信息采取删除、精简等手段，实现仿生信息处理的方法，称为简化法。简化法是在仿生信息处理时常用的方法，根据简化内容通常可以分为形态简化法、结构简化法、功能简化法。

4.2.1 形态简化法

形态简化法一般是基于功能性、相似性等原则，对于复杂的生物有机形态，通过筛选、删除、简化等手段，提取生物模本的形态特征，进而获得其简化后的仿生形态信息的方法。简化后的仿生形态信息，不仅依然保留原生物模本的功能及特征，还可使得目标产品/样件满足消费者的情感需求。例如，奔驰概念商务车 Bionic Car，它的仿生设计就是基于箱鲀流线形的外形具有减阻功能，采用形态简化法，在保留箱鲀流线形特征基础上，将不必要的鱼鳍、鱼尾等生物信息进行删减，对描述其流线形的箱壳进行简化及流线形化，这也满足了消费者对速度及美学外形的情感需求。

以德国戴姆勒-克莱斯勒公司设计的 Bionic 仿生概念车——箱鲀形 M. Benz-Bionic 为例介绍相关形态简化设计流程。奔驰概念商务车 Bionic Car 的仿生设计，选取热带海洋里的箱鲀为生物模本，如图 4-1a 所示，它具有良好的流线形，它的身体虽然呈立方体，但却具有出色的流线减阻特征。其形态简化处理过程如下：

1）通过逆向工程，利用三维扫描软件获得箱鲀生物特征的几何点云数据。

2）删除鱼鳍、鱼尾等次要点云数据，保留箱鲀流线形主体特征点云数据。

3）采用补充、修正等手段，对箱鲀主要流线特征进行点云数据的流线形化，利用三维造型软件造型，如图 4-1b 所示。

4）进行简化后的泥塑模型造型，通过流体试验，如图 4-1c 所示，进行试验分析验证，获得关键性指标测试数据。

5）通过仿真软件，对简化后的模型进行模拟验证对比，以验证其流线形减阻功能得以保留，在此过程中遵循流线形减阻功能最优原则，不断优化调整适配的减阻模型，获得设计的仿生形态优化设计参数，如图 4-1d 所示。

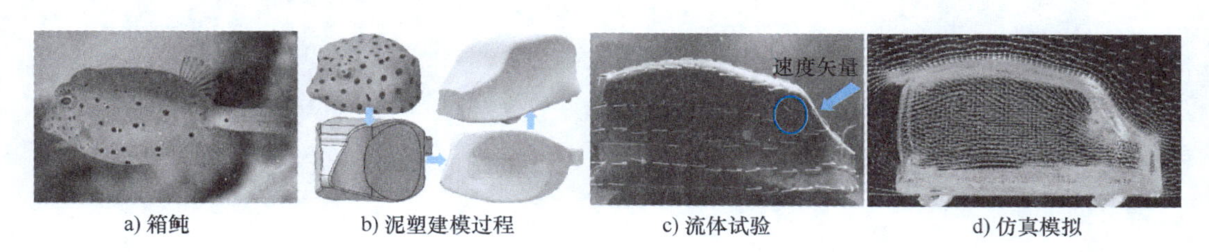

a) 箱鲀　b) 泥塑建模过程　c) 流体试验　d) 仿真模拟

图 4-1　受箱鲀启发的 Bionic Car 仿生形态设计过程

对于形态简化法实例——受箱鲀启发的 Bionic Car 仿生设计，采用形态简化法时不仅遵循了相似性原则，还同样考虑了功能性这一重点原则。此外，在仿生信息处理阶段，考虑到可行性，还与实际的工程化生产应用相结合，遵循了一定的工程化原则，这里不再赘述。

4.2.2　结构简化法

与形态简化法类似，结构简化法是基于生物模本复杂结构特征，按照功能性、相似性、经济性等原则，筛选、提取、简化某些具有特征功能的结构信息，获得可用于目标产品/样件的仿生生物模本信息。这里，结构简化不仅可以对生物模本本身生物特征结构信息进行简化，还能够对某些生物模本在特定环境下的运动结构信息进行简化。

例如，为了设计出具备防污功能的材料表面，受海洋中珊瑚能够依靠触手结构实现动态防污功能启发，选取海洋中的花环肉质软珊瑚作为生物模本进行仿生设计时，发现珊瑚能够依靠触手结构实现动态防污功能，而触手末端结构复杂，与当前实际应用环境和条件相结合，考虑功能及经济性等原则，简化触手结构，从而成功设计出具有动态防污结构的功能表面，实现动态防污功能需求。这里涉及的结构简化就是针对珊瑚触手末端进行的，属于生物模本本身固有的结构，其中受珊瑚触手启发的谐动防污功能表面仿生结构设计中涉及的结构简化处理过程如下：

1）通过花环肉质软珊瑚在流体中弹性触手产生谐动，进行驱赶污损生物的动态观察试验，获得关键功能部位触手的监测信息。

2）通过逆向工程，利用三维扫描软件获得花环肉质软珊瑚触手部位特征的几何点云数据，采用通用测量方法补充触手主体结构的几何数据。

3）以功能性、相似性原则为指导，删除触手末端复杂结构数据，保留触手实现谐动功能的主体结构特征数据。

4）采用补充、修正等手段，对珊瑚触手主要结构特征数据进行三维造型软件造型。

5）进行结构简化后的触手结构功能表面，通过仿真软件，对简化后的模型进行模拟，以验证其简化结构能否实现动态防污。在此过程中遵循防污损功能最优原则，不断优化调整适配的结构模型，获得设计的仿生结构优化设计参数，具体如图 4-2 所示。

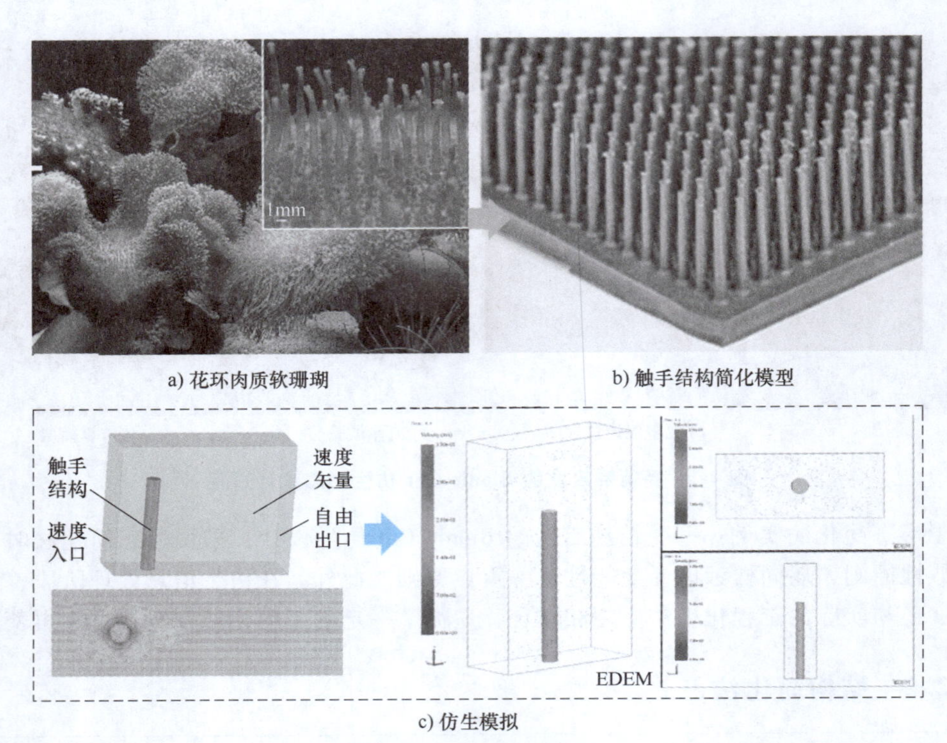

a) 花环肉质软珊瑚　　b) 触手结构简化模型

c) 仿生模拟

图 4-2　谐动防污功能表面设计及试验

而对于生物模本行为表现的运动结构特征信息，在整体上进行相关结构信息简化时，除重点遵循功能性原则以外，还需着重考虑其动作过程与生物模本的运动相似性。首先，要分析生物模本的运动过程，从其动作行为特点入手，设计出满足生物模本运动功能特点的结构，在对仿生运动系统进行设计时，要尽可能地做到保真，以便仿生设计出的结构可以模拟生物模本的运动特征。

例如，墨鱼除在逃脱时采用高频、高速的喷射推进运动外，在巡游和捕食时均采用高机动性的慢速游动，为此有研究者模仿墨鱼慢速游动时的低频率喷射运动结构进行仿生机器鱼喷射系统结构的设计，即仿生进水膜采用柔性材料制作，与外套膜相吻合，采用被动运动原理，利用外套膜扩张回复时形成的负压打开，利用喷射压力和自身的回弹力实现闭合。仿生机器鱼喷射推进系统包括仿生外套膜、仿生进水膜、仿生喷嘴和基体如图 4-3 所示。基体是仿生机器鱼喷射推进系统的主体结构，仿生外套膜、仿生进水膜和仿生喷嘴都固定在基体上，各部分运动系统保持相似性的同时，是通过墨鱼生物模本各部位结构筛选简化而来的。以上运动过程中的仿生设计就涉及运动结构简化：

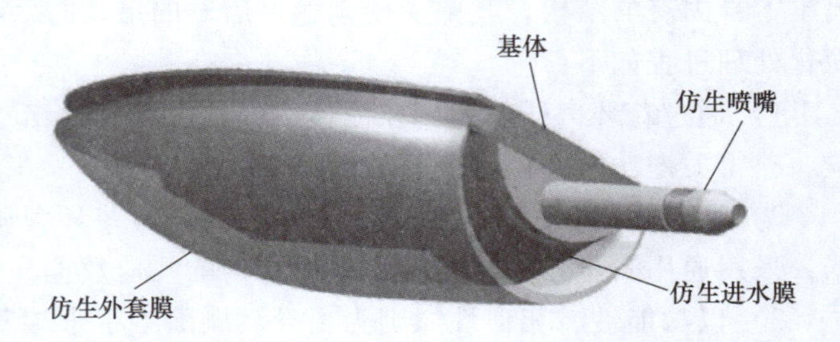

图 4-3　仿生机器鱼喷射推进系统简化结构

1）仿生外套膜截面为半圆形，可模仿墨鱼外套膜的均匀收缩和回复动作。模仿墨鱼低速游动时的肌肉纤维运动原理，通过主动收缩运动实现仿生外套膜收缩，而扩张回复时则利用收缩时仿生外套膜内存储的弹性能来实现被动回复。受仿生外套膜结构厚度限制，难以模仿墨鱼外套膜中放射肌纤维的收缩运动，故简化运动过程，仅模拟环状肌纤维的收缩动作。

2）墨鱼外套膜肌肉结构属于肌肉性静水骨骼结构，具有较大的柔性，且难以压缩，受现有技术限制难以实现像墨鱼外套膜那样的纯柔性、耐压结构，故采用在不可压缩弹性材料中嵌入可变形骨架支撑方式实现柔性大变形收缩运动。这里材料的选择涉及了下节中所要介绍的替代法。

4.2.3 功能简化法

功能简化法是指在生物模本信息获取中发现，生物模本的功能并不是单一的，而是多种生物功能耦合叠加的，但基于实际设计需求，并不需要将所有功能考虑。因此，在进行仿生设计时，需要重点考虑经济性、工程化等原则对一些功能进行取舍，从而获取有效的、简洁的功能信息。

例如，鲨鱼能够依靠皮肤结构实现减阻、防污等功能，但在实际应用中，在某些设计中仅侧重考虑防污功能实现，因此在设计时，只需通过鲨鱼皮防污功能信息进行提取、筛选，从而获得具备该功能的特征参数，为后续目标产品/样件的设计奠定夯实基础。这里，鲨鱼皮的前处理过程通过简化法获得一定模型，如图 4-4 所示，其中涉及的功能简化内容如下：

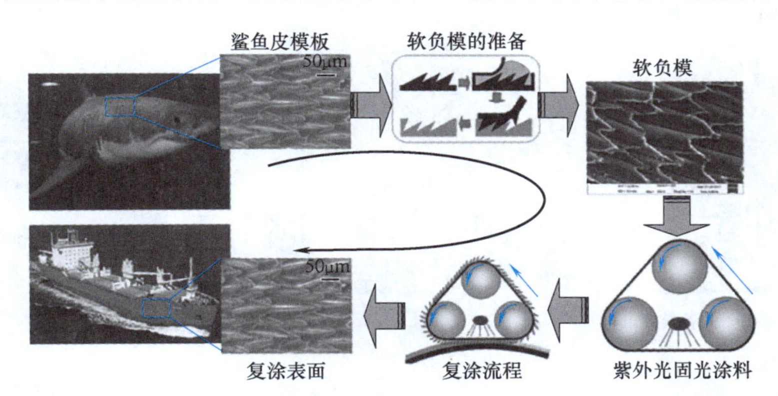

图 4-4 仿鲨鱼皮表面仿生设计过程简图

1）采用逆向工程方法及遗态法获得鲨鱼皮生物体表结构特征模型与几何数据信息。

2）以相似性、功能性原则为指导，对相关结构信息进行辨别、合理简化，修整，获得侧重于具有防污功能的表面结构信息。

3）遵循经济性、工程化原则，与实际条件相结合，进一步简化、优化、调整结构参数，获得最终适用于工程应用的表面结构参数信息。

4.3 替代法

通过对生物材料的理化分析，探索其分子结构的组装机制及其功能，直接制备与生物相似结构或功能的人工材料来替代天然材料，这种替代方法，对高新技术的发展起着重要的推动和支撑作用，尤其在航空航天、医疗健康、建筑制造等领域具有广阔的应用前景。替代法是以功能性原则为前提来实现替代这一目标需求的。

例如，目前国际上用于组织修复与替代的仿生骨、仿生皮肤、仿生肌腱和仿生血管，以及人工心脏、人工肾、人工肝、人工胰和人工血液等的研究十分活跃。其中水凝胶材料是近年来材料科学领域的研究热点，具有出色的柔性、延展性和生物相容性，因此在生物医学领域具有重要的应用价值。鉴于此，美国加利福尼亚大学洛杉矶分校的贺曦敏教授团队受天然生物材料肌腱结构的多尺度微纳结构及各向异性特性启发，成功制备了综合力学性能优异的水凝胶材料，具有强韧且抗疲劳性能，甚至可以媲美天然肌腱，并在相关生物医学领域加以应用。

此外，在建筑制造领域，为了使建筑材料更加牢固稳定，人们通常使用黏结剂将不同的原料粘接在一起形成块状材料。为了更加绿色环保，目前使用的天然的黏结剂包括细菌矿化黏结剂、酶矿化黏结剂与生物高分子黏结剂等。这些黏结剂虽然能实现比较好的粘接效果，但是制作而成的块状材料的强度比较低，在实际使用时受限。

沙塔蠕虫被称为生物界的“超级胶水”，它们可以分泌带有正负电荷的蛋白质黏液，通过电荷的相互作用实现沙粒的粘连，最终构筑成坚固的巢穴。受此启发，科学家们利用带有正电的季铵化壳聚糖和带负电的海藻酸钠替代带有正负电荷的蛋白质黏液制作成天然黏结剂，利用相异电荷之间及氢键等的相互作用完成沙粒等各类固体颗粒的粘接，最终形成仿生低碳建筑材料的聚集体，如图 4-5 所示。此外，科学家们将这些聚集体进一步在模具中进行

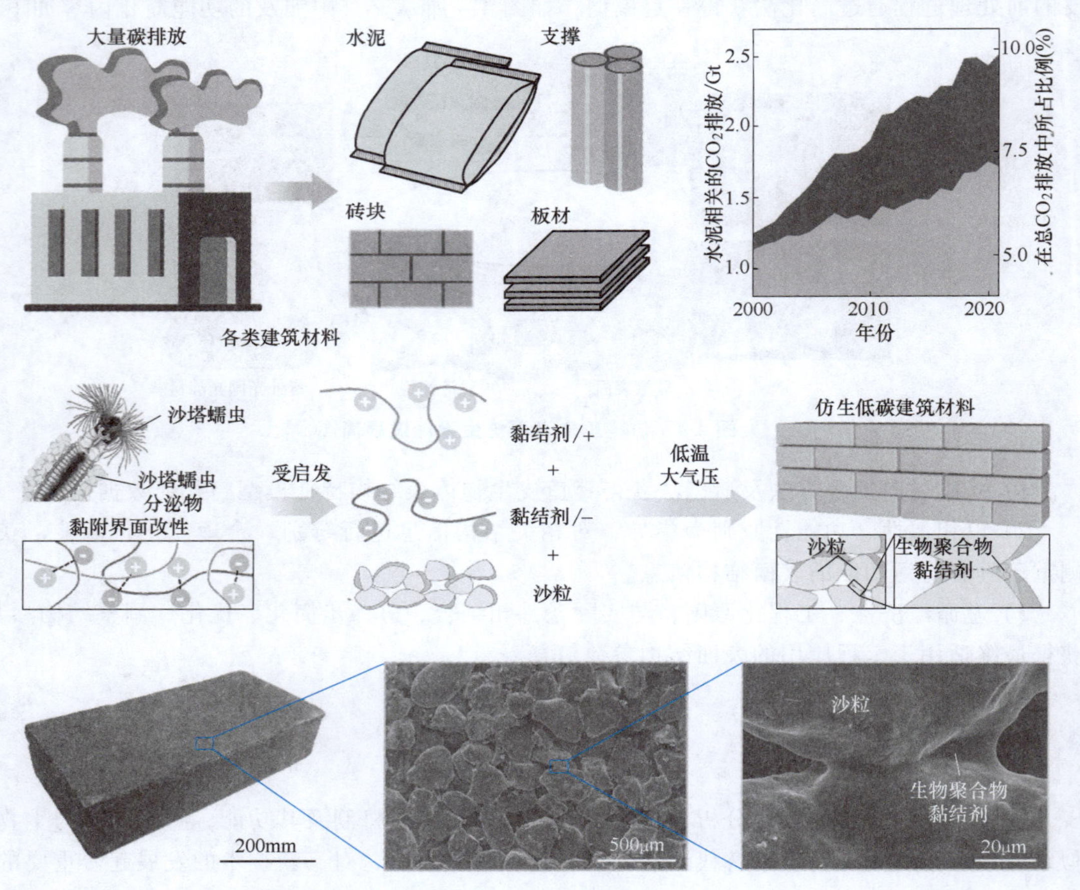

图 4-5　仿生低碳建筑材料的设计与结构

固化，2天的时间就能得到可供使用的天然仿生低碳建筑材料，该材料的制备效率要比在建材中使用的水泥提高10倍以上，而在制造过程中不会产生污染环境的废气，同时实现了对环境保护这一目标。

4.4　可拓层次分析法

可拓层次分析法（EAHP）是基于可拓集合理论与方法，研究生物模本中各仿生信息因素相对重要性程度不确定时通过构造判断矩阵并进行评价的方法。该方法考虑了人思维判断的模糊性，已成功应用于某地区电网扩展规划问题。本节将可拓层次分析法用于仿生设计时各仿生信息因素贡献度分析，具体分析步骤如下：

1）构造可拓判断矩阵。对于特定生物耦合功能系统，将其生物功能作为目标层，该目标唯一，记为A层；而影响生物功能发挥的各层则作为准则层，记为B层，因为考察目标为各耦元因素对多元耦合功能的贡献度，所以仅需求出准则层对目标层的层次单排序权重向量即可。应用EAHP，建立层次结构，如图4-6所示，针对A层目标，由专家将B层与之有关的全部n个耦元，通过两两比较给出判断值，利用可拓区间数定量表示它们的相对优劣程度（或重要程度），从而构造一个可拓区间数判断矩阵$\boldsymbol{M}'$。

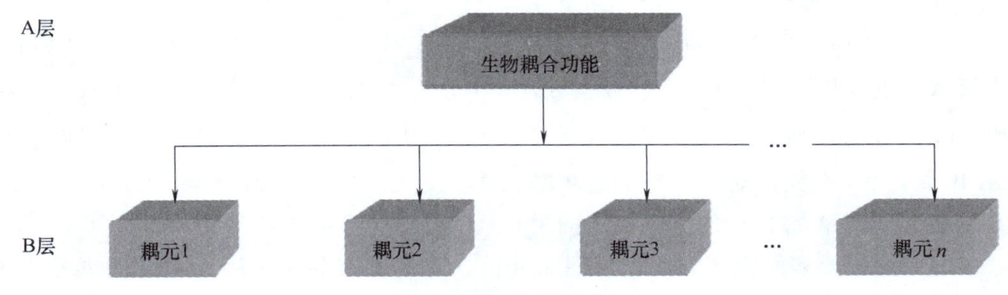

图4-6　层次结构示意图

矩阵$\boldsymbol{M}'=(m_{ij})_{n\times n}$中的元素$m_{ij}=(m_{ij}^{-}, m_{ij}^{+})$是一个可拓区间数，为了把可拓区间数判断矩阵中的每个元素量化，可拓区间数的中值$(m_{ij}^{-}, m_{ij}^{+})/2$就是AHP（层次分析）方法中比较判断所采用的1~9标度（见表4-1）中的整数。

表4-1　判断矩阵标度及其含义

标度	含义
1	表示两个因素相比，具有同样重要性
3	表示两个因素相比，一个比另一个稍微重要
5	表示两个因素相比，一个比另一个明显重要
7	表示两个因素相比，一个比另一个强烈重要
9	表示两个因素相比，一个比另一个极端重要
2、4、6、8	表示上述两相邻判断1-3、3-5、5-7、7-9的中值
倒数	若因素b_i与b_j比较得判断b_{ij}，则因素b_j与b_i比较的判断为$b_{ji}=1/b_{ij}$

可拓区间数判断矩阵 $\boldsymbol{M}'=(M_{ij})_{n\times n}$ 为正互反矩阵，即 $m_{ii}=1$，$m_{ij}{}^{-1}=\left(\dfrac{1}{m_{ij}^{+}},\ \dfrac{1}{m_{ij}^{-}}\right)$（$i=1$，2，…，$n$；$j=1$，2，…，$n$）。

2）计算综合可拓判断矩阵和权重向量。设 $m_{ij}^{t}=(m_{ij}^{-t},\ m_{ij}^{+t})$（$i$、$j$ = 1，2，…，n；t= 1，2，…，T）为第 t 个专家给出的可拓区间数，结合公式

$$\boldsymbol{M}_{ij}^{b}=\frac{1}{T}\otimes(m_{ij}^{1}+m_{ij}^{2}+\cdots+m_{ij}^{T})\tag{4-1}$$

求得 B 层综合可拓区间数，并建立 B 层全体因素（耦元）对 A 层目标的综合可拓区间数判断矩阵。

对 B 层综合可拓区间数判断矩阵，求其满足一致性的权重向量，即

① 求解 M^{-}、M^{+} 的最大特征值所对应的具有正分量的归一化特征向量 x^{-}、x^{+}。

② 由 $\boldsymbol{M}^{-}=(m_{ij}^{-})_{n\times n}$，$\boldsymbol{M}^{+}=(m_{ij}^{+})_{n\times n}$ 计算

$$k=\sqrt{\sum_{j=1}^{n}\frac{1}{\sum_{i=1}^{n}m_{ij}^{+}}},\quad m=\sqrt{\sum_{j=1}^{n}\frac{1}{\sum_{i=1}^{n}m_{ij}^{-}}}\tag{4-2}$$

③ 计算权重向量 $\boldsymbol{S}^{b}=(S_{1}^{b},\ S_{2}^{b},\ \cdots,\ S_{n}^{b})^{\mathrm{T}}=(kx^{-},\ mx^{+})$。

3）层次单排序。设 $S_{i}^{b}=<S_{i}^{-},\ S_{i}^{+}>$，$S_{j}^{b}=<S_{j}^{-},\ S_{j}^{+}>$，其中 S_{i}^{-}、S_{i}^{+}、S_{j}^{-}、S_{j}^{+} 分别表示两个单层权重矢量可拓区间数的上下端点。用 $V(S_{i}^{b},\ S_{j}^{b})$ 表示 $S_{i}^{b}\geqslant S_{j}^{b}$ 的可能性程度，则 $i=j$ 时，$P_{i}^{b}=1$；$i\neq j$ 时，$V(S_{i}^{b}\geqslant S_{j}^{b})=2(S_{i}^{+}-S_{j}^{-})[(S_{j}^{+}-S_{j}^{-})(S_{i}^{+}-S_{i}^{-})]^{-1}$，式中 $i=1$，2，…，n；P_{i}^{b} 表示 B 层上第 i 个元素对于 A 层目标的单排序，进行归一化得到 $\boldsymbol{P}_{i}^{b}=(P_{1},\ P_{2},\ \cdots P_{n})^{\mathrm{T}}$，即为 B 层各元素对 A 层目标的排序权重向量。

以蜣螂减黏脱土多元耦合为例进行耦元分析，其蜣螂减黏脱土多元耦合的耦元为头部/爪趾的表面形态、构形及其表面材料，该耦合进行可拓层次分析的具体步骤如下：

1）构造可拓区间数判断矩阵。结合功能目标，将形态、构型、材料耦元分别记为 O_1、O_2、O_3，由专家对影响功能的形态、构形、材料耦元进行两两比较打分，得到耦元层对目标层的可拓区间数判断数据，见表 4-2。

表 4-2 耦元层对目标层的可拓区间数判断数据

	O_1	O_2	O_3	O_1	O_2	O_3	O_1	O_2	O_3
O_1	<1,1>	<1.67,2.33>	<2.43,3.57>	<1,1>	<1.9,2.1>	<4.3,5.7>	<1,1>	<3.6,4.4>	<4.4,5.6>
O_2	<0.43,0.60>	<1,1>	<1.35,2.65>	<0.48,0.53>	<1,1>	<3.9,4.1>	<0.23,0.28>	<1,1>	<1.7,2.3>
O_3	<0.28,0.41>	<0.38,0.74>	<1,1>	<0.18,0.23>	<0.24,0.26>	<1,1>	<0.18,0.23>	<0.43,0.59>	<1,1>

2）据表 4-2 构造综合可拓区间数判断矩阵 $\boldsymbol{M}$。

$$\boldsymbol{M}=\begin{pmatrix}<1,1> & <2.37,2.94> & <3.71,4.96>\\ <0.38,0.47> & <1,1> & <2.32,3.02>\\ <0.21,0.29> & <0.35,0.53> & <1,1>\end{pmatrix}$$

所以有

$$M^{-}=\begin{pmatrix}1 & 2.37 & 3.71\\ 0.38 & 1 & 2.32\\ 0.21 & 0.35 & 1\end{pmatrix},\ M^{+}=\begin{pmatrix}1 & 2.94 & 4.96\\ 0.47 & 1 & 3.02\\ 0.29 & 0.53 & 1\end{pmatrix}$$

计算得

$$x^{-}=(0.6,0.28,0.12)^{T},\ x^{+}=(0.59,0.28,0.13)^{T},\ k=0.95,m=1.02$$

从而有

$$S_1^b=<0.57,0.602>,\ S_2^b=<0.266,\ 0.2856>,S_3^b=<0.114,\ 0.1326>$$

$$P_1^b=V(S_1\geqslant S_3)=19.288,\ P_2^b=V(S_2\geqslant S_3)=8.9375,\ P_3^b=1$$

归一化得到各耦元对功能目标影响的权重向量

$$P=(0.66,0.306,0.034)^{T}$$

由此，形态、构形、材料耦元的贡献度分别为0.66、0.306和0.034，可得出结论，蜣螂减黏脱土功能耦合的形态耦元为主耦元、构形耦元为次耦元、材料耦元为一般耦元，从而可对工程仿生的耦合研究进行量化分析，为进一步的仿生设计、试验与测试提供参考。

当应用EAHP进行生物耦元因素贡献度分析时，应结合具体问题选择合适的样本量，同时，最好结合前述现有的方法及后续的耦合方法，在单因素对功能影响测试数据的基础上，进行可拓评判矩阵的构建，以得到量化的权重向量，明晰后续仿生设计重点。

4.5 耦合分析法

生物体适应外部环境所呈现的各种功能，不仅仅是单一因素的作用或多个因素作用的简单相加，而是由多种互相依存，互相影响的因素通过一定的机理耦合、协同作用的结果。生物功能源自生物耦合作用的现象，是多元仿生的重要生物学基础，也是仿生学领域的重要发现。耦合分析法是基于生物耦合的机理与规律而对仿生信息进行处理的方法，它是进行多元耦合仿生设计的基础，也是构建结构智能化、功能系统化、材料多元化的仿生耦合体系的关键。

为实现从自然界的生物模本到工程界的仿生耦合，需要进行生物耦合分析和仿生耦合分析，限于篇幅，本节仅选择常用的生物耦合分析法作简单介绍。

在仿生信息的处理过程中，生物耦合分析应重点做好明晰目标、分析耦元、确定耦联模式、寻求生物耦合功能实现模式、揭示生物耦合功能机理和建立生物耦合模型等关键步骤。

4.5.1 明晰目标

首先应确立明确的生物功能目标。同一个生物体或生物群可能同时具有多个具有工程意义的功能。因此，应该根据研究目的与任务，先确定研究对象的一个或两个生物功能。这里的生物功能可以是同种生物模本的不同功能，也可以是不同生物模本的相同或不同功能。

例如，蝴蝶和蛾的翅膀表面为抵御雨、雾、露及尘埃等不利因素的侵袭，经过长期的进化，形成了反黏附、非润湿的超疏水自清洁功能，选择蝴蝶和蛾的翅膀作为研究对象，是定性和定量研究润湿性的理想生物模本。

4.5.2 分析耦元

根据已明确的目标和研究任务、内容及相关专业知识，全面分析可能影响生物功能的各种因素；按贡献大小或重要程度，将耦元排序，并找出主耦元、次耦元。下面以鳞翅目昆虫（蝴蝶和蛾）翅膀的超疏水自清洁功能为例进行简要介绍。

1. 形态耦元分析

鳞翅目昆虫的翅膀均覆盖着覆瓦状排列的微米级小鳞片，鳞片排列方向与翅脉方向一致，沿翅脉平行方向鳞片有重叠。鳞片形状可分为窄叶形、圆叶形、阔叶形和纺锤形四种。蝴蝶鳞片长65~150μm、宽35~105μm、重叠鳞片间距48~170μm、厚0.5~2.4μm；蛾鳞片长121~454μm、宽44~182μm、重叠鳞片间距18~145μm，不同种属间鳞片尺寸没有明显规律，如图4-7、图4-8所示。

图4-7 柳裳夜蛾翅膀表面形貌

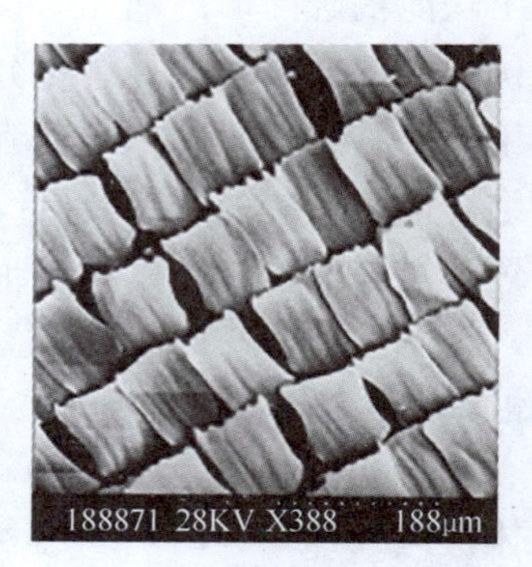

图4-8 蝴蝶翅膀鳞片微观形态

用软毛笔刷沿翅脉方向轻轻刷去翅膀表面鳞片，避免破坏其表面组织结构，鳞翅目昆虫翅膀表面疏水性能明显降低（接触角90.0°~125.9°），最多减少73.1%，且液滴在其表面停留10min后，接触角明显变小，如图4-9、图4-10所示，表明鳞翅目昆虫翅膀表面鳞片形态耦元对疏水性能起着关键作用，且是一个重要耦元。

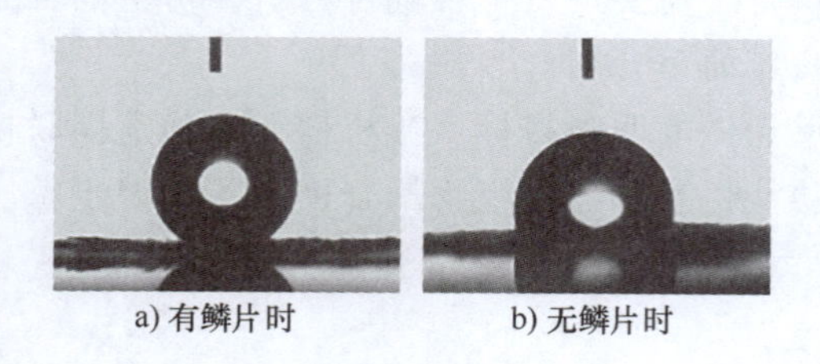

图4-9 宽胫夜蛾翅膀接触角

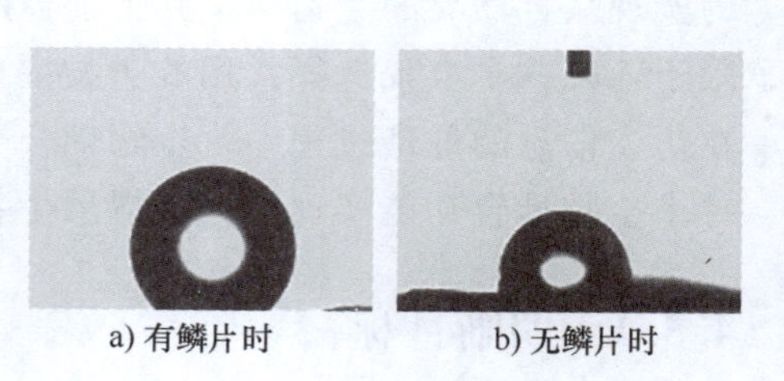

图4-10 老豹蛱蝶翅膀接触角

2. 结构耦元分析

对蝴蝶、蛾翅膀表面的平铺、纵切和横切样品进行扫描电子显微镜分析，发现鳞片表面沿翅脉方向规则分布有纵肋和凹槽，纵肋和凹槽贯穿整个鳞片。相邻梯形纵肋之间由横膈相连，横膈位置比纵肋低，纵肋与横膈组成不同的贯穿孔结构，在梯形纵肋边缘还分布着纳米级抛物线形肋条，如图4-11、图4-12所示，不同种属鳞片上纵肋的尺寸不同。

图 4-11　淡剑夜蛾翅膀表面结构

图 4-12　蝴蝶翅膀鳞片横切微观结构

3. 材料耦元分析

通过傅里叶红外光谱仪对鳞翅目昆虫翅膀表面鳞片和基底成分进行了定性定量研究，其红外光谱特征峰值差别不大，可以认为鳞片与基底的组成成分一致，如图 4-13、图 4-14 所示。鳞片成分主要由蛋白质、脂类和几丁质构成，这些有机物质具有疏水性能，是鳞翅目昆虫翅膀表面具有疏水性能的重要原因，属于材料耦元。

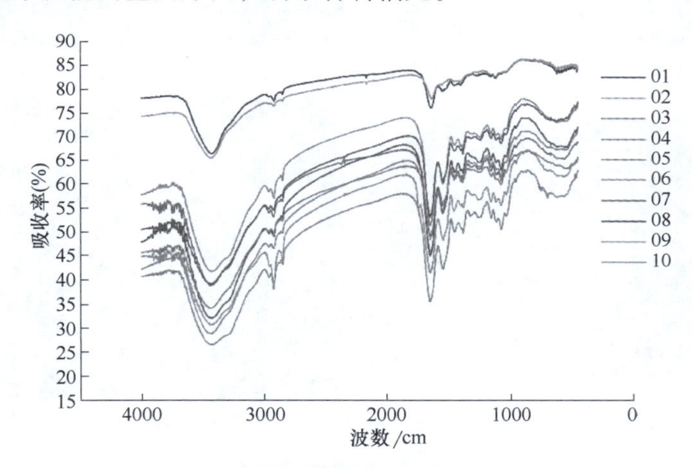

图 4-13　夜蛾翅膀鳞片的红外光谱图

彩图

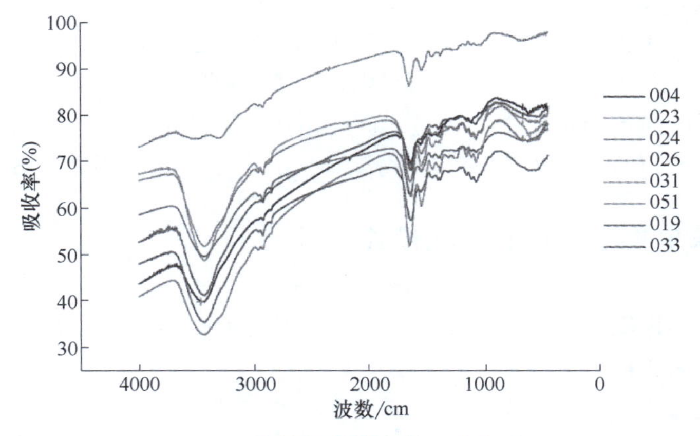

图 4-14　夜蛾翅膀基底的红外光谱图

彩图

4.5.3 确定耦联模式

针对已确认的主耦元，并结合其他耦元，从生物耦合（生物个体或其部分）的构成、结构、运动学、动力学及其生命过程，探索并揭示耦元间的相关关系，即耦联模式。

例如，在研究土壤动物蝼蛄（图 4-15）的耐磨功能时，已确认蝼蛄的前足为主耦元，是挖掘的主要部件；中足和后足为次耦元，起到辅助挖掘作用；躯干关节为一般耦元，只是在需要改变所挖掘的地道方向时起到转向作用。

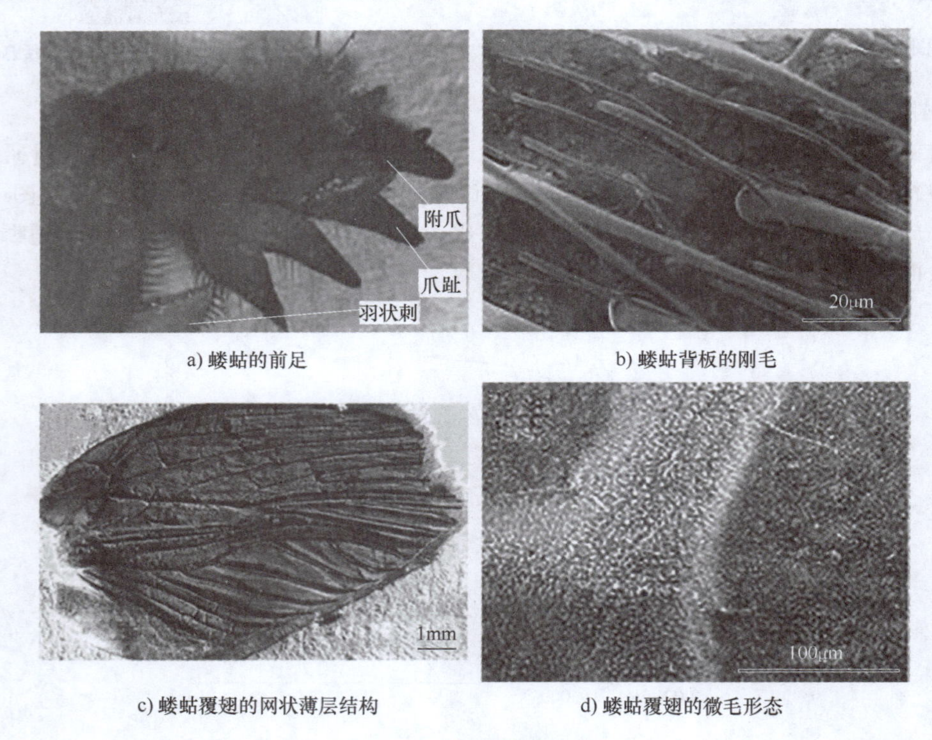

a) 蝼蛄的前足　b) 蝼蛄背板的刚毛

c) 蝼蛄覆翅的网状薄层结构　d) 蝼蛄覆翅的微毛形态

图 4-15　蝼蛄体表形貌

按耦联的具体方式分，蝼蛄挖掘功能的耦合实现为动态耦合，在运动中达到功能的实现；耐磨功能的实现在各个部位如前足、胸背板和覆翅为静态耦合，是由物性耦元这样的静态耦元耦合实现的；而各个部位之间的相互耦合为方位耦合。

蝼蛄在挖掘土壤的运动过程中，各足之间运动关系的耦联为动态耦联，使蝼蛄各部分实现耐磨功能的耦元之间的耦联为静态耦联，各部分组合在一起的耦联为方位耦联。

4.5.4 寻求生物耦合功能实现模式

从生物功能与生物耦合（耦元+耦联）关系，以及耦合的运动规律、作用方式出发，寻求生物功能得以实际展现并取得成效的模式。

例如，蝼蛄挖掘功能的实现模式为非完全均衡并行式，即前足、中足、后足及体节在挖掘运动中的作用方式不同，耦合体功能的实现是通过相互之间的复合实现的，即复合式非完全均衡并行实现。这是由于挖掘运动时耦元同时进行耦合功能实现，但不同的足和体节采取不同的实现方式，且缺一不可。

蝼蛄耐磨功能的实现模式为组合式非完全均衡并行实现，这是由于在土壤中前行时，系统中不同部位同时进行生物耦合功能的实现，且不同部分各自可分别看作一个耦合。例如蝼蛄前足和爪趾是一个耦合，有其独特的耐磨实现方式，覆翅和前胸背板是一个耦合，系统中两个耦合可以方位关系有机组合，实现耐磨功能。其中，挖掘功能实现为动态耦合，耐磨功能是在挖掘功能实现的同时具有的一种静态耦合，属于动态耦合。

4.5.5　揭示生物耦合功能机理

用试验研究（观察、测试、试验等）和理论研究（数学建模、模拟仿真）相结合的方法，分析生物耦合类型及其与生物功能和环境因子间的关系，揭示生物体不同层级的形态、结构及材料等耦元相互耦合而发挥功能作用的机理与规律。

例如，蝼蛄耐磨功能的实现是由于具有减小磨损的体表形态、身体结构及构成材料。蝼蛄前足与土壤间的作用为主动性的挖掘，背板与覆翅被动地受到来自土壤的冲击和摩擦。这三部分分别形成了三个耦合：①蝼蛄前足耐受土壤磨损的功能是由爪上相互配合的结构、爪各结构单元有利于楔土与减小应力集中的构型和爪表面的刚毛形态耦合在一起共同实现的；②背板耐土壤冲击磨损的功能是由其表面具有柔性的刚毛形态、垂直分层的组织结构和由硬到软的构成成分耦合实现的；③覆翅耐土壤冲击磨损的功能是由质轻且具有足够强度的网状薄层结构、由硬到软的分层结构及翅表面的微毛形态耦合实现的。

4.5.6　建立生物耦合模型

利用相应的技术手段量化生物耦合信息，建立关于生物功能与耦元、耦联及其实现模式间的物理模型，并进一步运用数学语言进行抽象表述，使其成为具有普遍意义的数学模型，这是耦合仿生研究的基础。

生物耦合模型可以采取各种不同的形式，按照模型的表现形式可以将其分为生物耦合物理模型、生物耦合数学模型、生物耦合结构模型和生物耦合仿真模型等。

（1）生物耦合物理模型　将研究所得的生物耦合信息进行加工、简化，把生物耦合研究对象信息进行抽象化而构建出的实体模型，即为生物耦合物理模型。

例如，长耳鸮体表耦合具有吸声降噪特性，长耳鸮体表覆羽、绒毛、真皮层、空腔及皮下组织共同作用，构成多层次的形态与结构相互耦合的吸声降噪体系。长耳鸮体表覆羽层柔软蓬松，单根羽毛上羽枝沿羽轴相互松散扣覆，且覆羽和皮肤表面之间分布有很密实的绒毛，羽毛间存在比较均匀的大量相互连通的空气缝隙。因此，长耳鸮通过体表覆羽、绒毛、真皮层、空腔及皮下组织的耦合作用，构成多孔形态和多层次特殊结构。长耳鸮飞行时，声波产生的振动引起覆羽、绒毛及真皮层的小孔或间隙内的空气运动而造成空气和孔壁的摩擦，靠近孔壁和纤维表面的空气受孔壁的影响不易流动，因摩擦和黏滞力的作用，相当一部分声能转化为热能，从而使声波衰减，反射声减弱，起到吸声降噪的作用。通过分析长耳鸮体表耦合所形成的吸声降噪耦合特性，建立其物理模型，即长耳鸮体表覆羽和绒毛层可类比微缝板（微缝板具有吸声特性），长耳鸮皮肤真皮层与皮下空腔可类比为柔性微缝板与空腔。通过将长耳鸮体表耦合信息与工程微缝板吸声特性信息相类比并结合，建立长耳鸮体表生物耦合吸声物理模型，如图 4-16 所示。

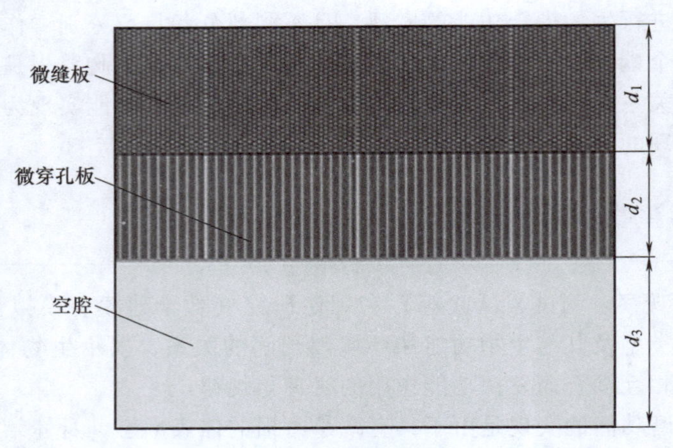

图 4-16　长耳鸮体表生物耦合吸声物理模型

（2）生物耦合数学模型　将提取的生物耦合信息，运用适当的数学工具描述，得到的数学结构即为生物耦合数学模型。

例如，根据微穿孔板吸声结构精确理论，针对长耳鸮的胸部皮肤和覆羽耦合特征，对耦合模型的吸声性能进行分析，建立如下的吸声生物耦合数学模型。

微穿孔板声阻抗率表示为

$$Z_1=R_1+\mathrm{j}\omega M_1=\rho_0c_0(r_1+\mathrm{j}\omega m_1) \tag{4-3}$$

式中，Z_1 为微穿孔板声阻抗率；R_1、r_1 为声阻率部分；$\mathrm{j}\omega M_1$、$\mathrm{j}\omega m_1$ 为声抗率部分；ω 为角波声频率；c_0 为声速；ρ_0 为空气密度。

微缝板吸声特性与微穿孔板相似，其声阻抗率为

$$Z_2=R_2+\mathrm{j}\omega M_2=\frac{12\eta t}{d_2^2}\sqrt{1+\frac{k_2^2}{18}}+\mathrm{j}\omega\rho_0t(1+\sqrt{25+2k_2^2}) \tag{4-4}$$

式中，Z_2 为微缝板声阻抗率；R_2 为声阻率部分；$\mathrm{j}\omega M_2$ 为声抗率部分；d_2 为微缝宽；t 为板厚；ω 为角波声频率；ρ_0 为空气密度；η 为空气的黏滞系数。

微穿孔板层后的薄空腔声阻抗率为

$$Z_{\mathrm{D}}=-\mathrm{j}\cot(\omega D/c_0) \tag{4-5}$$

式中，D 为空腔深度；c 为声速。

生物耦合吸声结构可看作由微缝板、微穿孔板和板后空腔串联形成，其声阻抗率为

$$Z_{\mathrm{b}}=Z_1+Z_2+Z_{\mathrm{D}} \tag{4-6}$$

耦合吸声结构的相对声阻抗率为

$$Z_{\mathrm{b}}=\frac{Z_{\mathrm{b}}}{\rho_0c_0}=r_{\mathrm{b}}+\mathrm{j}\omega m_{\mathrm{b}} \tag{4-7}$$

基于以上声阻抗率及微穿孔板吸声系数的计算方法，即式（4-3）~式（4-7），耦合吸声

结构在声波垂直入射时的吸声系数的计算公式为

$$\alpha=\frac{4r_{\mathrm{b}}}{(1+r_{\mathrm{b}})^{2}+\left[\omega m_{\mathrm{b}}-\cot\left(\frac{\omega D}{c}\right)^{2}\right]} \tag{4-8}$$

在式（4-7）和式（4-8）中，r_{b} 与 ωm_{b} 分别表示相对声阻率和声抗率。

（3）生物耦合结构模型　在生物耦合中，耦元间只有通过一定的耦联方式相互连接，才能展现出特定的生物功能。有效、合适的耦联方式可以使耦元的功能得到有效发挥。因此，揭示出耦合体系的耦联方式，根据耦元相关性，把复杂、多样的耦联方式转化为直观的结构关系，构建出的模型即为生物耦合结构模型。

例如，通过对蝴蝶鳞片微观结构的观察与分析，以及对鳞片表面形态与横截面结构建模，发现蝴蝶结构色鳞片是具有周期性分布的多层薄膜耦合纳米结构。尽管不同颜色鳞片的多层膜结构形态、尺寸不同，但都由几丁质层和空气介质层交替规律分布组成。基于此，建立的蝴蝶鳞片多层膜耦合结构模型如图 4-17 所示。图 4-17a 所示为凹坑形多层膜结构，表面规律分布凹坑形单元体（耦元），横截面呈周期性角度变化的层状多层薄片层结构（耦元）；图 4-17b 所示为棱纹形多层膜结构，表面周期性分布塔状单元体（耦元），横截面呈周期性平行多层薄片层结构（耦元）。

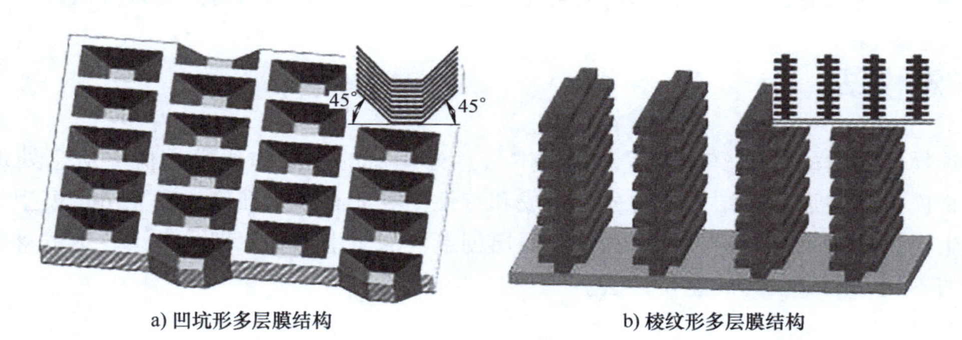

a) 凹坑形多层膜结构　　b) 棱纹形多层膜结构

图 4-17　蝴蝶鳞片多层膜耦合结构模型

（4）生物耦合仿真模型　将生物耦合信息用适当的计算机程序描述和表达出的模型即为生物耦合仿真模型。在构建生物耦合仿真模型时，按照生物耦合信息，构建出生物耦合物理模型、生物耦合数学模型或生物耦合结构模型，是建立生物耦合仿真模型的基础环节。然后，将已建立的生物耦合物理、数学或结构模型转化成适合计算机处理的形式，对其进行仿真分析。当所研究的系统造价昂贵、试验的危险性大、试验难以控制、生物模本取样困难或需要很长的时间才能了解生物系统参数变化所引起的后果时，建立仿真模型进行仿生分析是一种特别有效的研究手段。

例如，通过长耳鸮体表生物耦合类比物理模型建立仿真模型，经仿真分析可知，耦合吸声体系具有良好的声波削弱作用，在声反射面处的声压分布与耦合吸声结构关系紧密，经耦合吸声结构吸收后反射回的声波的声压明显降低。从图 4-18 中可以看出，不同频段的声波反射后的声压级图颜色显示不同，耦合吸声结构对高频段的声波吸收能力较强，而对低频段声波也具有一定的吸声性能。

对生物耦合体系建立仿真模型进行仿真分析，可以快速、有效地分析其与环境介质相互

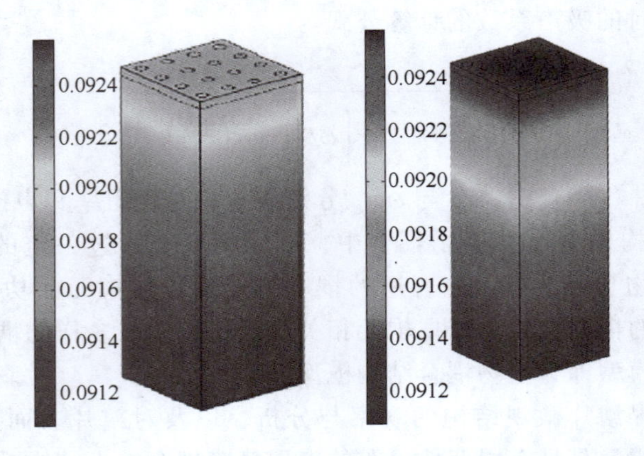

图 4-18 长耳鸮体表生物耦合仿真模型

作用时所展现的功能特性，从而方便寻找最优的仿生耦合设计方案。

仿生设计学研究内容广泛，所涉及的仿生模本也多种多样，针对不同的研究对象也都有其常规的和特殊的信息处理方法。运用适当合理的信息处理方法能更便利地剖析更深层次的模本机理。与此同时，对仿生模本的研究也会促使和催生一些新的信息处理方法。

4.6 建模法

在选择了合适的仿生模本之后，对模本信息处理后的表征和建模是仿生信息处理的关键。生物模本关键形态、结构、构成、组成和特性的表征有利于准确地建立仿生模型，而准确的仿生模型的提出有利于设计者总结和提出创新性的仿生设计原理与方法。本节将根据建模内容的不同归纳出不同的建模方法。

4.6.1 结构模型

结构模型是将单元生物构成视作构件，耦联视作结构关系而构建的一种模型。例如，蝴蝶膜翅通过特殊的形态、巧妙的结构和轻柔的材料等因素耦合展现出了超强的飞行能力和良好的力学性能，为飞机机翼提供了天然的生物模本。

此模型主要以采自我国吉林省山区的具有鲜艳颜色的典型蝴蝶——绿带翠凤蝶为研究对象。绿带翠凤蝶翅面形状、分布及形态如图 4-19、图 4-20 所示。

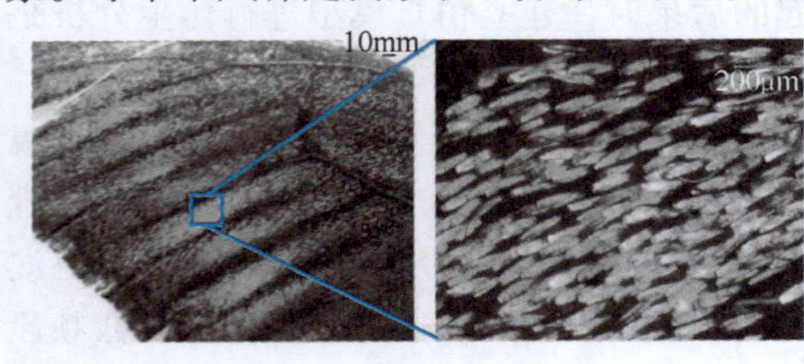

a) 前翅

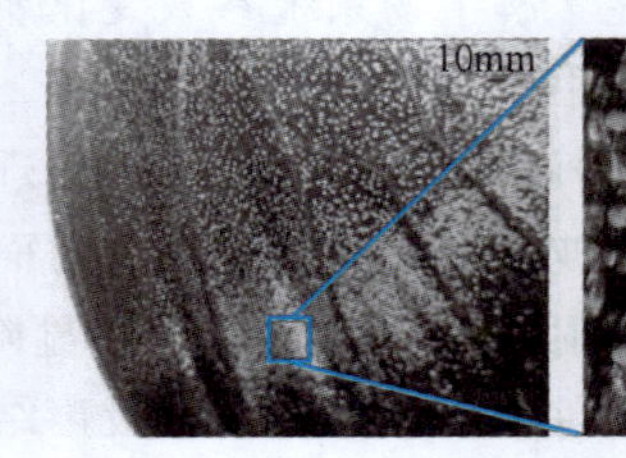

b) 后翅

图 4-19 绿带翠凤蝶前后翅面鳞片形状与分布

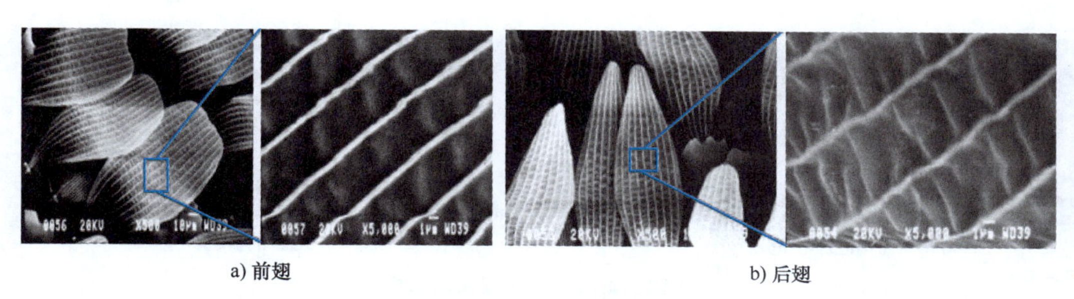

图 4-20　绿带翠凤蝶前后翅面鳞片形态

由形态与结构分析可知，蝴蝶翅面不同的鳞片形状、分布、结构等相互组合，会产生不同的色彩效应。例如，如果多个塔状多层膜结构按照一定的分布周期排列，可以形成平行脊纹状非光滑表面形态；如果塔状多层膜按一定周期分布于平行多层膜结构上，两者组合可以形成凹坑形非光滑表面形态。可见，采用不同的组合方式，则具有不同的变色结果。根据蝴蝶鳞片变色特性分析，运用 NX 三维绘图软件，构建典型鳞片结构模型。

（1）鳞片表面形态结构模型

1）平行脊纹形。平行脊纹形是指鳞片表面由向上突起的平行脊脉结构组成，图 4-21a 所示为此类表面结构的三维简化模型，最具代表性的蝴蝶鳞片是柳紫闪蛱蝶的亮紫色鳞片。由图 4-21a 可知，白色部分是脊脉，脉与脉之间排布紧凑，间距较小，脉间结构形态不显著，横向交叉的肋状结构基本不可见或隐约见于脊脉根部。这类结构表面的平行脊脉近似等宽等间距分布，脉间距与脉宽比值≤1。

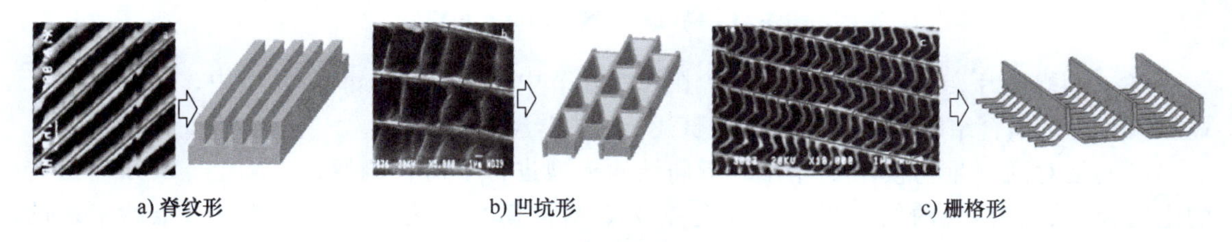

图 4-21　蝴蝶鳞片表面形态结构模型

2）凹坑形。凹坑形是指整个鳞片表面呈现凹坑形近似窗格状结构，表面分布有等间距平行分布的纵向平行脊脉和在相邻脊脉间的平行交错分布的横向短肋，且以相邻脊脉和短肋为侧壁，以鳞片表面为底面形成一个凹坑，如图 4-21b 所示，这是此类蝴蝶的典型结构。

3）栅格形。栅格形是指鳞片表面的脊脉和横肋结构都十分显著，脊脉与横肋相交织将表面分割成栅格状，如图 4-21c 所示，这类结构多见于蝴蝶的基层鳞片和色素色鳞片。

（2）蝴蝶鳞片横截面结构模型

1）塔状结构。塔状结构是指截面规律分布近似塔状或树枝状脊脉结构群，脊脉与脊脉相互独立，具有一定的间距。每一个纵向脊脉都分布有向两侧伸展的多层薄层结构，图 4-22a 中用线条描述了单个塔状脊脉结构的多层薄片结构形状与分布位置，图 4-22b 所示为相应的三维截面结构模型。

2）层状结构。由蝴蝶鳞片横截面结构观察发现，有的蝴蝶鳞片的横截面具有连续的平行分布的多层薄片层结构，有的多层结构近似水平平行分布，有的多层结构呈一定角度曲面

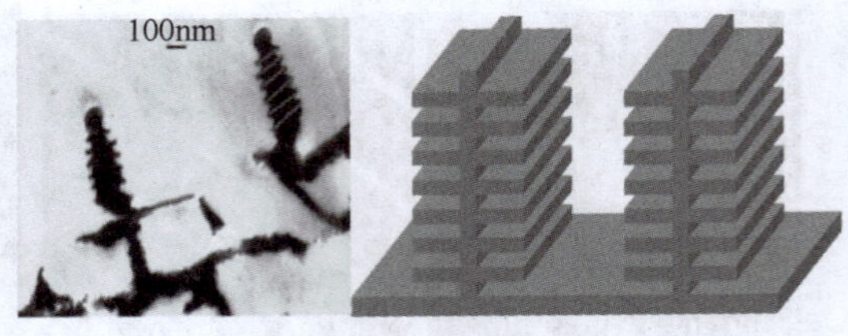

a) 塔状结构透射电镜分析　　b) 截面结构模型

图 4-22　蝴蝶鳞片横截面结构模型

平行分布。根据工程仿生设计理论，可以将此类层状结构优化为图 4-23 所示的结构模型，其中，图 4-23a 所示为蝴蝶鳞片横截面层状结构的透射电镜分析图，图 4-23b 所示为优化的三维层状结构模型。

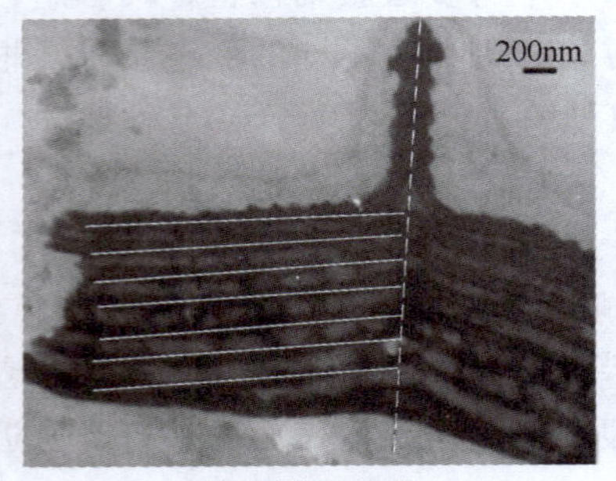

a) 透射电镜分析图

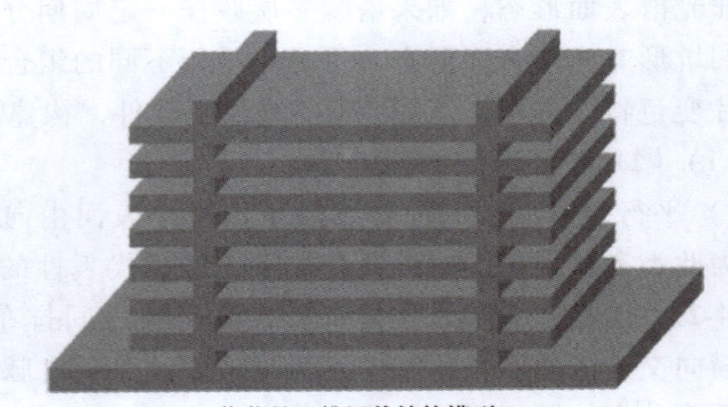

b) 优化的三维层状结构模型

图 4-23　蝴蝶鳞片横截面层状结构

（3）蝴蝶鳞片变色耦合结构模型　在 4.5.6 节中建立的生物耦合模型中，详细阐述了蝴蝶鳞片变色耦合结构模型，这里不再赘述。

以上是对同一生物模本中存在的不同结构模型进行了简单概括，实际上，对于所选定的生物模本，其体现的结构模型不仅包括宏观结构模型，还包括各种微观乃至纳米级的模型。

4.6.2　物理模型

物理模型是指通过对生物的基本形态进行简化或按比例缩小（放大）而构建出来的实物模型，模型与生物模本要有共通之处，具有可比性，所研究出的结果更贴近模本原型。

例如，无绳微型游泳机器人在生物医学和环境监测和修复应用中必不可少，尽管现有的无绳微型游泳机器人已经显示出灵活的移动性，但是由于可行的小型化机载组件的局限性，随着机器人尺寸的变小，无绳微型游泳机器人的功能显著降低，为此有研究者受水母幼体启发研制出了一种不受束缚的游泳软体微型机器人，如图 4-24 所示。它具有与水母幼体相似的大小和流体流动产生行为，可以通过操纵其周围的流体流动来实现多样化的物理功能和机器人任务。通过利用其磁性复合弹性体圈在其身体周围产生各种受控流体流，从而实现中等雷诺数的多种功能，这些流体由外部振荡磁场驱动。该机器人物理模型模仿了水母巧妙地控制身体周围的流体流动，以实现推进、捕食，以及混合周围流体等多种功能，其柔软的身体与机器人身体运动引起了流体流动之间的相互作用，并利用这种物理相互作用来实现不同的捕食启发的物体操作任务。

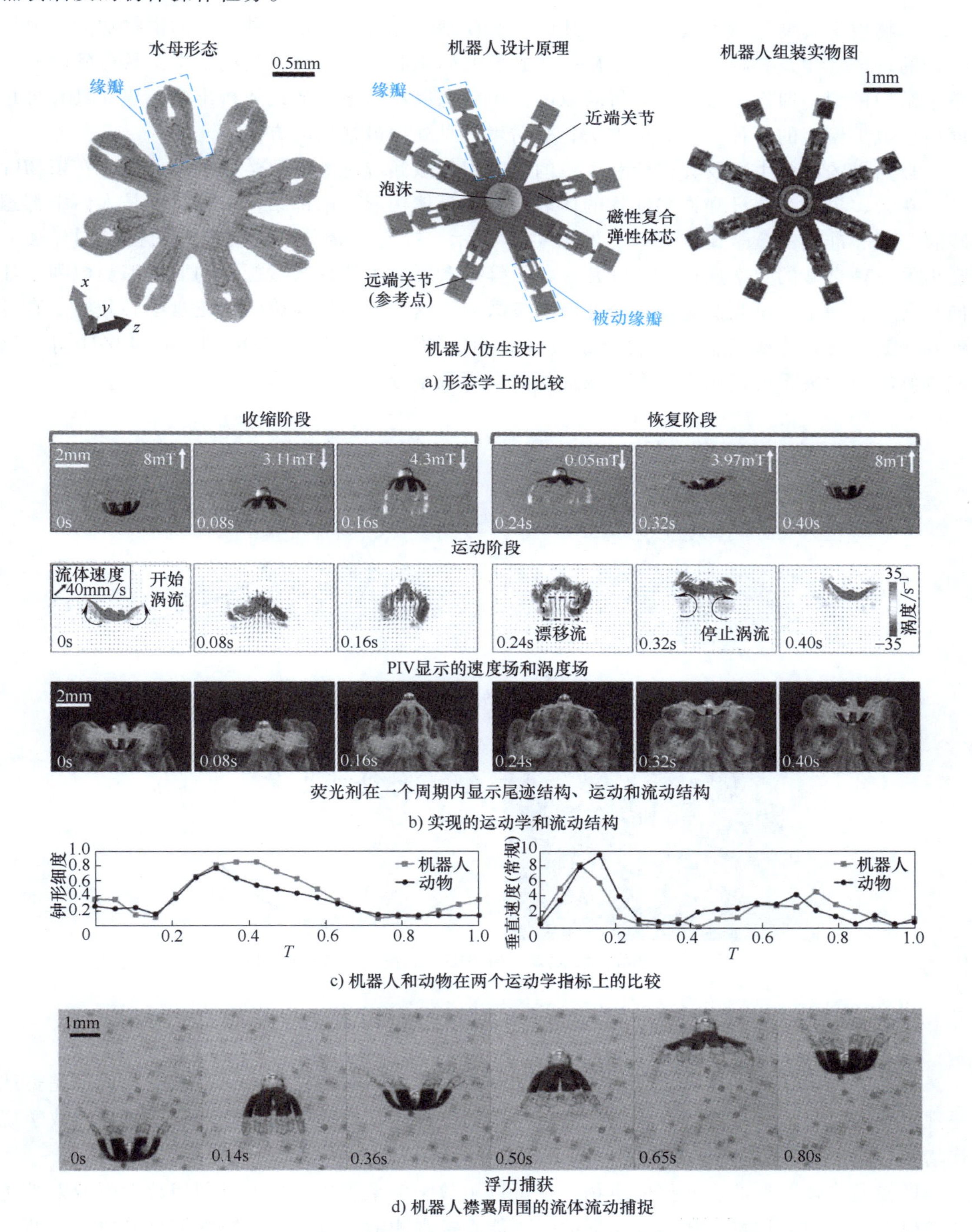

图 4-24 受水母幼体启发的游泳软体微型机器人的物理模型和游泳行为

4.6.3 数学模型

生物数学模型是指用数学语言描述的一类模型，即为了描述某种特定的生物功能，根据生物的特征规律及其相互关系，做出一些必要的简化假设，运用适当的数学工具得到的一个数学结构模型，即运用数学知识将获取的仿生信息以数与量的形式解析出来，建立具有可量度属性数学模型的一种科学分析方法，是仿生信息处理最常用的方法。

自然界的许多生物及其生活和生境的模本中都蕴涵着奇妙的数学关系。例如，在植物叶片、花朵、果实、茎秆和许多动物的体表形态、身体构形、内部结构中，特别是人体中都蕴藏着丰富、准确的黄金比例关系，如图 4-25 所示。拥有黄金分割旋转样式的植物同样还表现出另一种奇妙的数学属性，即叶片、种子等排布形成了斜列线数旋转的斐波那契数列，如向日葵中心种子的排列图案就符合斐波那契数列，这个序列以螺旋状从花盘中心开始一直延伸到花瓣，葵花籽数量恰恰也符合了黄金分割定律：2/3、3/5、5/8、8/13、13/21 等，这些奇妙的数学关系可以用生物数学或应用数学等数学分析手段揭示。

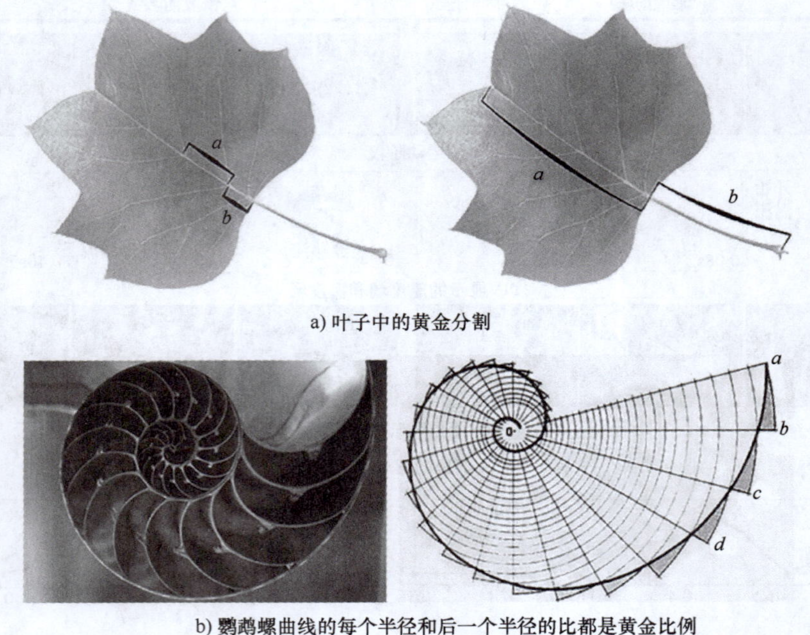

a) 叶子中的黄金分割

b) 鹦鹉螺曲线的每个半径和后一个半径的比都是黄金比例

图 4-25　黄金分割 $b:a=0.618$

自然界的植物大多拥有优美的造型，如花瓣对称排列在花托边缘，整个花朵近乎完美地呈现出辐射对称形状，叶子有规律地沿着植物的茎秆相互叠起……这些形态所包含的数学规律均与“曲线方程” $x^2+y^2+3axy=0$ 有着密切的关系。

即使是许多无形的、间接的事物，也可以用数学关系表述，如可以利用数学模型来描述人类思考、学习、记忆、遗忘等无形的、不能直接观测的过程，这一数学模型的建立有助于人们更好地理解人类复杂的思维过程。

4.6.4　仿真模型

生物仿真模型是指通过数字计算机模拟计算机运行程序来描述和表达生物模型。采用适当的仿真语言或程序使得生物物理模型、生物数学模型或生物结构模型转变为生物仿真模型。

例如，蜣螂鞘翅通过形态、结构和材料等耦元耦合具有良好的力学性能，在对其进行力学测试时，如果直接在蜣螂鞘翅上进行，在完成一项力学测试后，可能会破坏鞘翅耦合系统，而影响力学测试的结果。因此，建立生物仿真模型，可对其进行不同的力学测试。在选定了合理的建模类别之后，需要对仿生模本进行建模，从而对目标力学性能进行测试分析，如图 4-26 所示。

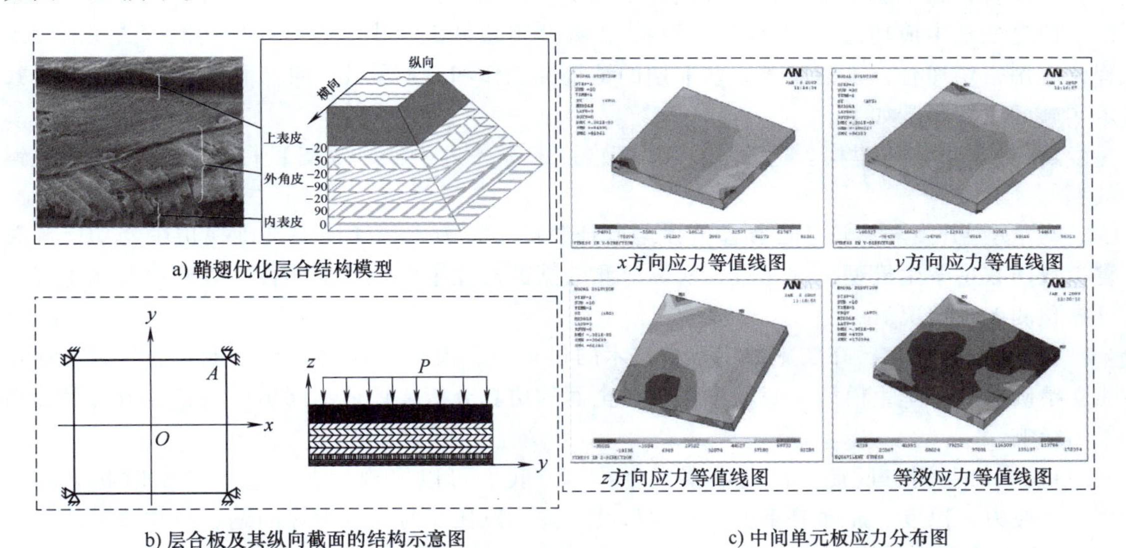

图 4-26　鞘翅优化结构力学仿真模型

在建立仿真模型时，根据所获取仿生信息的类型，所建模型可以是物理模型或数学模型、静态模型或动态模型、连续模型或离散模型等。所建仿真模型的准确性、科学性及系统性等至关重要，它会直接影响后续仿真分析的科学性。因此，应对仿真模型的精确性进行分析与评估。仿真分析是利用模型复现实际系统中发生的本质过程，并通过对系统模型的试验来研究实际存在的或模型中的系统，同时，通过试验可观察模型各变量变化的全过程。

对于仿生研究而言，仿真分析法有着巨大的优越性，它可以求解模本的许多复杂而又无法用数学手段解析的问题，是求解高度复杂问题的重要科学手段，是仿生信息处理不可或缺的重要建模方法。

4.6.5　数字孪生模型

在当前社会经济可持续发展的需求下，以新能源为主体的新型电力系统“双高”“双峰”特征凸显，亟待运用数字化技术手段面对电力系统平衡和安全稳定的挑战。作为盛行的“元宇宙”概念重要基础的数字孪生（Digital Twin，DT）技术，融合了物联网、大数据、建模仿真、人工智能和自动控制等技术，实现现实与虚拟空间的映射交互，正推动全社会进入数字化时代。数字孪生作为实现数字化转型和促进智能化升级的重要使能途径，一直备受各行各业关注，目前已从理论研究走向了实际应用阶段。

数字孪生以多维虚拟模型和融合数据双驱动，通过虚实闭环交互，来实现监控、仿真、预测、优化等实际功能服务和应用需求，其中数字孪生模型构建是实现数字孪生落地应用的前提。数字孪生模型包括五维模型，即物理实体、虚拟模型、服务、孪生数据及它们之间的连接交互，其主要功能是对物理实体或复杂系统全要素进行多维、多时空尺度和多领域描述与刻画。它是现实世界实体或系统的数字化表现，可用于理解、预测、优化和控制真实实体或系统。因此，数字孪生模型的构建是实现模型驱动的基础。

可以说，数字孪生模型在仿生设计中其实是前期各种方法融合后的综合体现，要实现在仿生信息处理中成功建立数字孪生模型，需要严格遵循工程化原则，并与其他方法及后续工程化应用密切切合，不能脱离这些前期的铺垫性工作和后期的建设性工作。目前数字孪生技术实施的主要步骤如下：

1）数据采集与建模。通过 ROV、遥感技术等先进手段，收集目标各仿生信息等关键数据。

2）模型开发与验证。在模型开发与验证阶段，致力于构建能够准确模仿生物功能等关键参数的数字孪生模型，并通过与实际监测数据的对比来验证其准确性，以确保其在工程中可靠预测各种情况。

3）模拟与优化。在实施数字孪生技术的过程中，模拟与优化是至关重要的步骤。通过建立精确的数字孪生模型，我们可以进行全面的仿真分析，评估不同仿生信息参数对目标结果的影响。

4）实时监测与反馈。借助数字孪生技术，我们可以实现对各信息参数实时状态的监测，如应力、温度、屈曲等重要指标的持续监控，以便及时发现潜在问题和异常情况。

5）决策支持与管理。通过基于数字孪生技术提供的仿真结果和实时监测数据，可以为设计提供关键的决策支持，及时调整计划、优化方案等。

4.7 拓扑法

拓扑法是在仿生生物模本拓扑变换中，有关生物模本的大小、形状等度量将发生变化，而有关图形的点、线、面、体之间的关联、相交、相邻、包含等关系将保持不变，在这种拓扑关系的前提下进行的一种仿生设计方法。这种方法一般多应用于形态仿生设计。

在用拓扑法进行仿生设计过程中遵守 4.1 节中的设计原则。此外，在拓扑设计中还需注意：拓扑性质是知觉组织中最稳定的性质，那么在产品/样件形态或结构仿生设计中要尽可能地保持这种性质的稳定性，即遵循稳定性原则。

不同于前几种方法，拓扑法的设计步骤如下：

1）确定研究目标。首先以设计流程为线索，对产品/样件仿生设计的核心过程（生物形态特征的分析、提取、简化、生成环节）进行分析，探寻其中较为模糊及不确定的点，将其锁定为研究目标。

2）理论分析。针对研究目标，尝试以拓扑学研究中的拓扑性质作为理论依据进行理性约束。

3）提出策略。针对具体的研究目标，建立相应的拓扑性质约束策略。分别在生物形态特征的分析、提取、简化、生成环节进行分析，并提出约束策略。

4）策略校验。对于上述约束策略（可能存在疑虑）进行试验设计及校验。

5）设计实践。将拓扑性质在产品/样件形态仿生设计过程中的约束策略进行实践运用，将拓扑性质约束策略运用到设计实践中。

例如，仿生设计中对螳螂特征的认知信息获取及处理：对螳螂摄影图片进行搜索，依据图片拍摄角度呈现的趋势选出常态角度，然后去除干扰背景。按螳螂形态特征在认知中的稳定性进行排序。

第一层级是受知觉所把握的整体组织，即螳螂模本原型。

第二层级划分时，考虑到螳螂前足为“显著特征”，因此列于拓扑结构之前。

第三层级划分时，是对螳螂拓扑结构的划分，将第二层级的拓扑结构（颈部、躯干、下肢、翼部、尾部）分别看作整体，进行局部特征的寻找。寻找依据是与同纲“标杆”生物进行比较，如图4-27所示，根据多种标杆的比较判断，其中螳螂的头部（三角形）、躯干（躯干细长）、腹部（腹部下垂）具有特色。

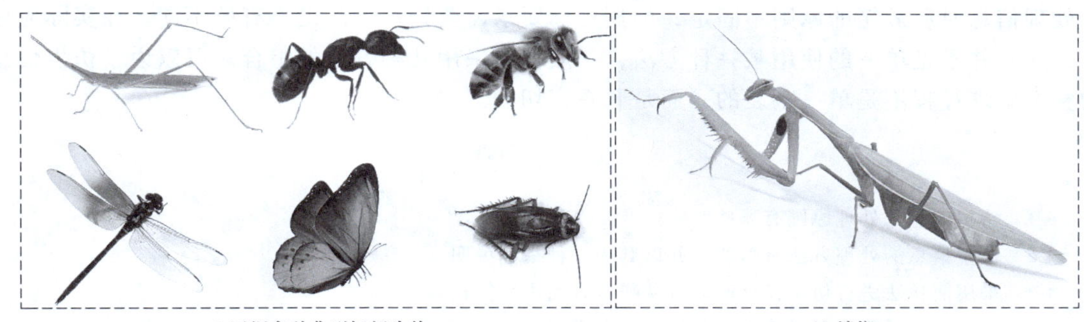

a) 同纲多种典型标杆生物　　b) 螳螂

图 4-27　同纲多种典型标杆生物比较

第四层级划分时，是跟同科（目）内的标杆生物进行比较，由于螳螂已为本科中较为典型的生物，在受众知觉中具备较为稳定的形象，所以继续以同纲生物为主，此时有针对性地选择形态比例上跟螳螂差不多的蟋蟀和蚱蜢进行细节比较，如图4-28所示，发现螳螂的眼睛、口器具有特色。

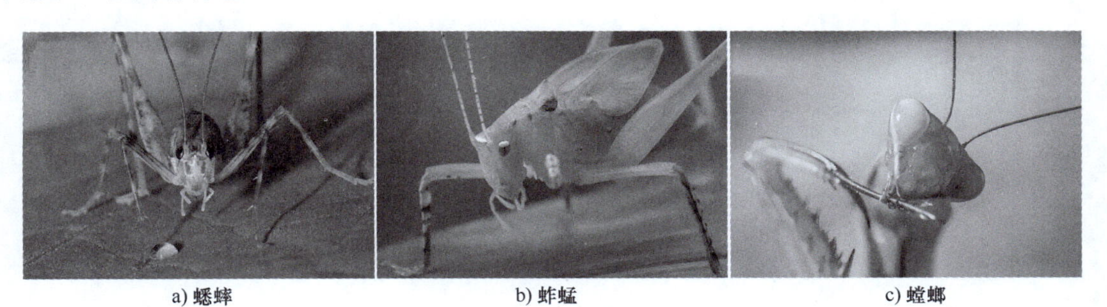

a) 蟋蟀　　b) 蚱蜢　　c) 螳螂

图 4-28　同科形态相近的标杆生物比较

第五层级划分时，主要依据视知觉对于物体转折处、轮廓发生变化的地方、三角形等敏感程度，将眼睛、口器、胸部、腹部、翅膀、六足分别看作整体进行剖析，此时未发现明显特征，故截至第四层。

图 4-29 所示为以螳螂为模本的形态仿生产品，其中图 4-29b 所示为由 David Goncalves 设计的代步工具——Grasshopper，而图 4-29c 所示为结合螳螂外形进行仿生设计的座椅。

a) 仿生模本

b) 仿生自行车

c) 仿生座椅

图 4-29　以螳螂为模本的形态仿生产品

通过上述章节中对仿生信息处理方法的介绍，我们了解到对于不同的生物模本，其不仅在处理信息时所遵循的原则不固定，根据目标要求需要处理方法也将有所不同。在实际应用中，通常并不是单一的使用某一种方法，一般都会采用几种方法的组合。可以说，仿生信息的整个处理过程不是单一割裂的，而是联系密切的。

习　题

4-1　仿生信息的处理原则有哪些？

4-2　仿生信息的处理方法有哪些？并以其中一种举例说明。

4-3　采用简化法进行仿生设计时，可从哪些方面进行简化？

4-4　耦合分析过程中，可建立哪些生物耦合模型？

4-5　在进行仿生设计时，有哪些建模方法？并以其中一种举例说明。

4-6　请举出一例仿生设计案例中所涉及的仿生信息处理方法。

第5章 仿生样件设计及其制备方法和技术

在对生物信息进行处理获得仿生信息后，需要设计并制备仿生样件用以对仿生设计原理及可行性进行验证。因此，仿生样件的设计及制备是仿生设计的重要环节之一。本章详细介绍仿生样件设计基本方法，并结合实例介绍常用仿生样件制备技术的原理、特点和适用范围。

仿生样件是指根据仿生信息设计并制备用于验证仿生设计有效性的材料、零件及部件（装配体）。

仿生样件设计的基本步骤如下：

（1）尺度设计　仿生样件特征尺度相比仿生模本可以是等比例、缩小或放大的，如图5-1所示。尺度设计应考虑仿生样件实际工作需求与相似原则。需要注意的是，某些仿生特征的功能仅在特定尺度下有效，此时应避免过度的尺度缩放。

a) 等比例设计：鲨鱼皮泳衣表面

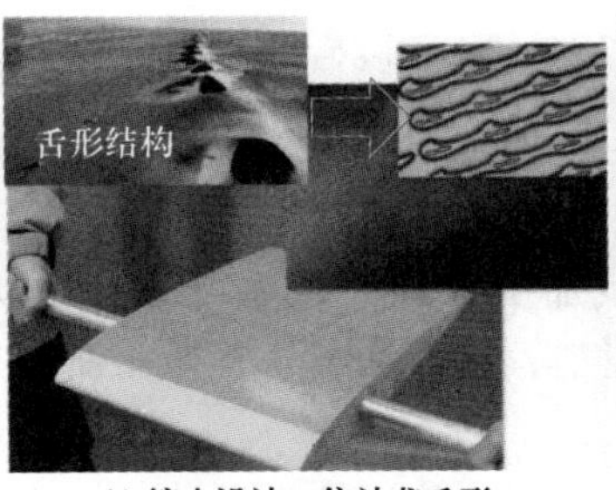

b) 缩小设计：仿沙垄舌形多层分形减阻微纳结构

c) 放大设计：机翼设计

图5-1　尺度设计

（2）维度设计　原则上仿生样件的维度应与仿生模本相同，也可以通多离散、复制和阵列等方法将生物低维信息扩展为高维信息。

（3）材料选择　仿生样件制备时，通常使用工程材料，包括金属、聚合物、陶瓷等。当仿生特征只与几何特征相关时，仿生样件材料可与生物材料完全不同；当仿生特征与材料特性相关时，仿生样件的材料要尽量与生物材料相似。

（4）结构简化与扩充　仿生信息可能存在多种结构，但在设计仿生样件时要按需设计，避免全盘照搬；当按照单一生物模本设计仿生样件无法满足功能需求时，可以增加其他基于物理、化学等基本原理的设计，或耦合多种仿生信息开展仿生样件设计。

（5）样件具象设计　仿生样件设计的交付物是可用于样件制备的图样、三维模型，如图 5-2 所示。对于某些样件特征，无法用几何或数学描述，此时应提供结构示意图与加工工艺路线。

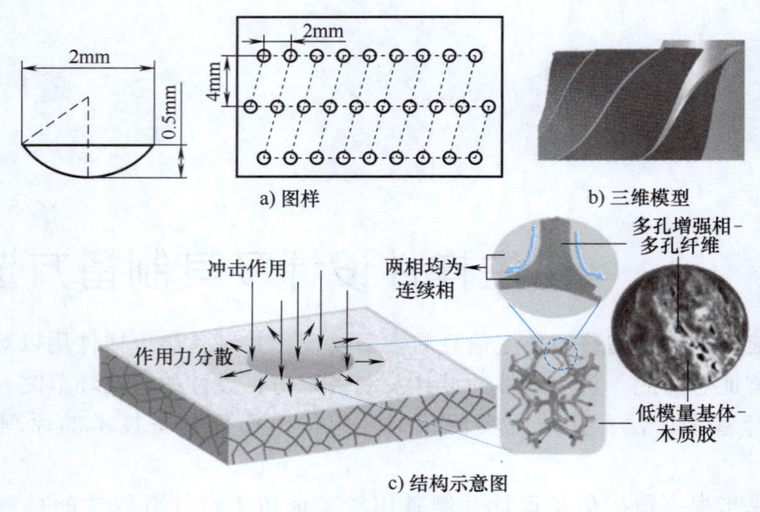

图 5-2　仿生样件设计交付物

（6）制备工艺设计　设计仿生样件时应考虑制备工艺的精度及可行性。不同的制备工艺所获得的仿生样件性能会有差异。如果有必要，可将仿生样件设计与制备工艺并行开发。

5.1　机械加工方法

机械加工是一种用加工机械对工件的外形尺寸或性能进行改变的过程。按被加工的工件处于的温度状态，机械加工可分为冷加工和热加工。在常温下加工，并且不引起工件的化学或物相变化的加工方法，称为冷加工。在高温状态下加工，会引起工件的化学或物相变化的加工方法，称为热加工。冷加工按加工方式的差别可分为切削加工和压力加工，主要有车削、铣削、刨削、磨削、钻削、镗削、齿面加工、复杂曲面加工和特种加工。热加工常见有热处理、锻造、铸造和焊接。

机械加工效率高、成本低，便于快速验证仿生设计，加速仿生产品的市场化。当加工精度允许时，且仿生样件几何拓扑可以准确地通过机械零件图样所定义时，采用机械加工是制备仿生样件的首选方法。此外，机械加工还用于其他精密加工方法的基板、基材的初步成形，是先进加工方法的前序工艺。

机械加工常用于仿生形态及仿生表面的加工，以模仿典型流体生物流线形外形制备旋成钝体样件为例，由于流线形外形具有明确的几何参数，因此可将几何信息经过编程，通过数控机床车削而成，其次旋成钝体表面的凹坑等仿生特征通过钻铣工艺加工而成，如图 5-3 所示。

大部分仿生样件的制备需要综合运用多种机械加工工艺。以加工仿生旋耕-碎茬通用刀片为例，考虑到作为碎土及碎茬刀具，在田间作业中受力较复杂，切削土壤或根茬时既受到冲击又承受磨损，如图 5-4 所示。因此，材质要求高，既需具有高强度，又需具备好的韧性及耐磨性，即使碰到砖头、石块等也不致折断和弯曲。而刀片的加工不仅需选定合适的材质，且需配备适当的热处理工艺，以得到所要求的显微组织和足够的力学性能。若采用普通碳素钢制造通用刀片，力学性能差，寿命短，无法满足作业需求。因此，旋耕刀一般采用 GB/T 699—2015 规定的 65Mn 和 GB/T 1222—2016 规定的 60Si2Mn 钢，以及其他品质相当的材料制造，经下料、冲剪、锻压、热处理、机加工等 16 道工序制成。刀片、刀身与土壤、砂石、作物秸秆及根块等接触，故要求其耐磨；而刀柄起固定作用，刀背支撑刀身，故刀柄及刀背需足够的抗折性能。因此，刀身部分热处理后硬度为 48~54HRC，显微组织为回火马氏体，保证刀身有足够的耐磨性；刀背和刀柄部分热处理后硬度为 38~45HRC，为回火屈氏体组织，以获得足够的抗折强度，作业时不易弯曲、折断，即使碰到砖头或石块也能适应。

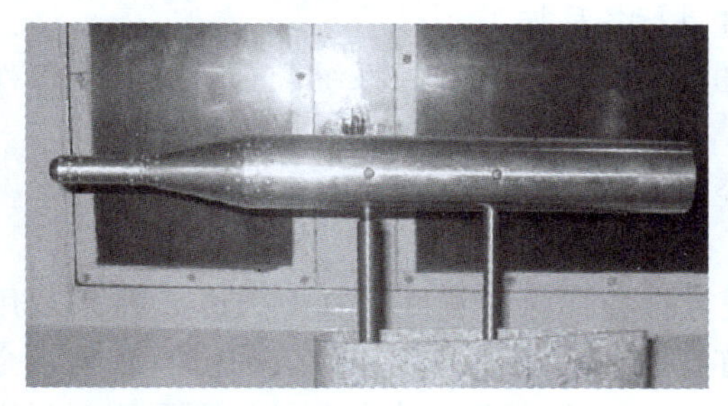

图 5-3　通过机械加工制备的仿生旋成钝体样件

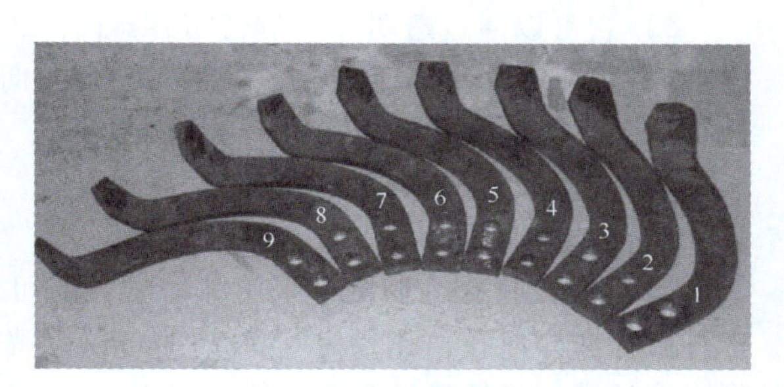

图 5-4　多工序批量生产的仿生刀片

5.2　精密、超精密加工技术

仿生表面的精细结构难以通过传统机械加工工艺实现。精密、超精密加工技术是在现有材料加工技术基础上进行更高精度的优化加工技术，是一种“极致”加工技术。精密、超精密加工技术是延长产品的使用寿命，增加产品性能和节省资源的一种重要方法手段。随着高精尖行业对高性能、高精度器件的需求越来越高，在生产中所需要用到的加工设备精度要求也随之大幅度提高，精密、超精密加工技术是未来加工发展的方向。

5.2.1　激光加工

激光加工是指利用激光束投射到材料表面产生的热效应来完成加工过程，包括激光焊接、激光切割、表面改性、激光打标、激光钻孔和微加工等。用激光束可以对材料进行各种加工，如打孔、切割、划片、焊接、热处理等。激光能适应任何材料的加工制造，尤其是在一些有特殊精度和要求、特别场合和特种材料的加工制造方面起着无可替代的作用。

1. 激光加工的原理

激光加工是将激光束照射到工件的表面，以激光的高能量来切除、熔化材料及改变物体表面性能。由于激光加工是无接触式加工，工具不会与工件的表面直接摩擦产生阻力，所以激光加工的速度极快、加工对象受热影响的范围较小而且不会产生噪声。由于激光束的能量和光束的移动速度均可调节，因此激光加工可应用到不同层面和范围上。

2. 激光加工的特点

激光具有的宝贵特性决定了激光在加工领域存在的优势：

1）由于它是无接触加工，并且高能量激光束的能量及其移动速度均可调，因此可以实现多种加工的目的。

2）它可以对多种金属、非金属加工，特别是可以加工高硬度、高脆性及高熔点的材料。

3）激光加工过程中无刀具磨损，也无切削力作用于工件。

4）激光加工过程中，激光束能量密度高，加工速度快，并且是局部加工，对非激光照射部位没有影响或影响极小。因此，其热影响区小，工件热变形小，后续加工量小。

5）它可以通过透明介质对密闭容器内的工件进行各种加工。

6）由于激光束易于导向、聚集实现各方向的变换，极易与数控系统配合，对复杂工件进行加工，因此是一种极为灵活的加工方法。

7）使用激光加工，生产率高，质量可靠，经济效益好。

3. 激光加工的应用

（1）激光打孔、切割　采用脉冲激光器可进行打孔，脉冲宽度为0.1~1ms，特别适用于打微孔和异形孔，孔径为0.005~1mm。激光打孔已广泛用于钟表和仪表的宝石轴承、金刚石拉丝模、化纤喷丝头等工件的加工。在造船、汽车制造等工业中，常使用百瓦至万瓦级的连续CO_2激光器对大工件进行切割，既能保证精确的空间曲线形状，又有较高的加工效率。对小工件的切割常用中、小功率固体激光器或CO_2激光器。

（2）激光雕刻　采用中、小功率激光器除去电子元器件上的部分材料，以达到改变电参数（如电阻值、电容量和谐振频率等）的目的。激光微调精度高、速度快，适用于大规模生产。利用类似原理可以修复有缺陷的集成电路的掩模，修补集成电路存储器以提高成品率，还可以对陀螺进行精确的动平衡调节。在微电子学中，常用激光切划硅片或切窄缝，因其速度快、热影响区小。用激光可对流水线上的工件刻字或打标记，并不影响流水线的速度，刻画出的字符可永久保存。

（3）激光焊接　激光焊接强度高、热变形小、密封性好，可以焊接尺寸和性质悬殊，以及熔点很高（如陶瓷）和易氧化的材料。激光焊接的心脏起搏器，其密封性好、寿命长，而且体积小。

（4）激光热处理、强化　用激光照射材料，选择适当的波长和控制照射时间、功率密度，可使材料表面熔化和再结晶，达到淬火或退火的目的。激光热处理的优点是可以控制热处理的深度，可以选择和控制热处理部位，工件变形小，可处理形状复杂的零件和部件，可对盲孔和深孔的内壁进行处理。例如，气缸活塞经激光热处理后可延长寿命；用激光热处理可恢复离子轰击所引起损伤的硅材料。

激光表面强化技术基于激光束的高能量密度加热和工件快速自冷却两个过程。在金属材料激光表面强化中，当激光束能量密度处于低端时可用于金属材料的表面相变强化，当激光束能量密度处于高端时，工件表面光斑处相当于一个移动的间隙，可完成一系列的冶金过程，包括表面重熔、表层增碳、表层合金化和表层熔覆。这些功能在实际应用中引发的材料替代技术，将给制造业带来巨大的经济效益。

随着激光的功率密度和扫描速度的不同，激光表面处理可以分为激光相变强化（主要指激光淬火）、表面熔凝处理（此时工件表面不发生明显成分改变）、激光合金化或激光表面涂覆工艺（如在工件表面先涂覆特殊的涂层，在激光辐照后表面化学成分将发生变化）。其中，相变强化和熔凝处理都可使晶粒显著细化，因为加热和冷却的速度极快，熔化了的金属原子排列的均匀性可以在超急冷的条件下保持下来的表面晶核数目增多，而晶粒长大速度受到限制，因此可以使晶粒显著细化。

本节以在高速钢轧辊模型表面加工凹坑形态为例，介绍利用激光加工仿生形态的基本方法：利用激光表面熔凝处理技术加工轧辊模型试样上非光滑形态。其基本原理是将调制好的高能量密度和高频脉冲激光，等间隔地逐点辐照在按一定速度运动着的试样表面，使得试样表面金属在很短时间内熔化和凝固，并在其上扫描成所需密度的斑点，形成微小熔坑。在激光加工过程中，光斑对试样的加工可以由以下几种方法来实现：

1）试样不动，激光束动。

2）激光束不动，试样动。

3）两者都动。

本实例的激光加工是采用第二种方式，即激光束不动，试样动。由于光束照射到物体表面是局部的，对非照射部位影响甚微，从而试样材料的热影响区很小，试样基本无变形。由于光束的能量和移动速度都是可以调节的，故它可以实现微细精密加工，这是一般机械加工所不具备的。

激光表面熔凝处理是一个瞬时加热、超快速冷却的复杂过程，其中涉及光学、力学、材料学等多学科知识，最终将光能转化为热能。从目前的研究水平来看，通过理论分析还难以建立起激光加工参数与所确定的非光滑形态之间确切的参数对应关系，切实可行的方法是通过理论与试验验证相结合的方式，在激光加工理论的指导下通过大量的工艺试验得到对应于不同激光参数条件下的不同非光滑表面形态，并通过它们之间的比较分析确定出所需非光滑形态最优工艺参数，从而加工出所需的非光滑形态，如图5-5所示。

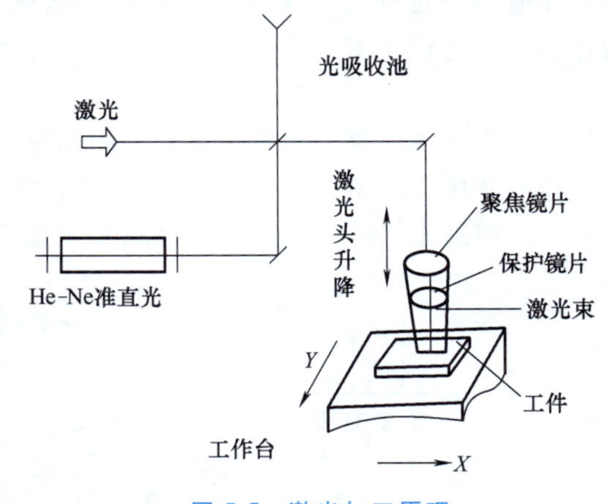

图 5-5 激光加工原理

在对55钢试样和W9Cr4V高速钢轧辊模型试样表面进行脉冲激光加工的过程中，由于激光加工参数具有很大的可控性，所以要加工出之前确定出的非光滑形态，就需要对电流、脉宽、频率及速度等激光加工参数进行细致的分析、研究及反复的调试。在激光加工过程中，首先根据对激光加工参数的分析和以往的激光加工经验，调试出一组激光加工参数，然后用显微图像电脑分析系统，测量试样上凹坑的直径，如与设计的直径不符合，则需重新调整激光加工参数，调好直径尺寸后，再通过控制试样的移动速度，来调整凹坑的分布密度，如图5-6所示。

a) 凹坑直径150μm，间距150μm

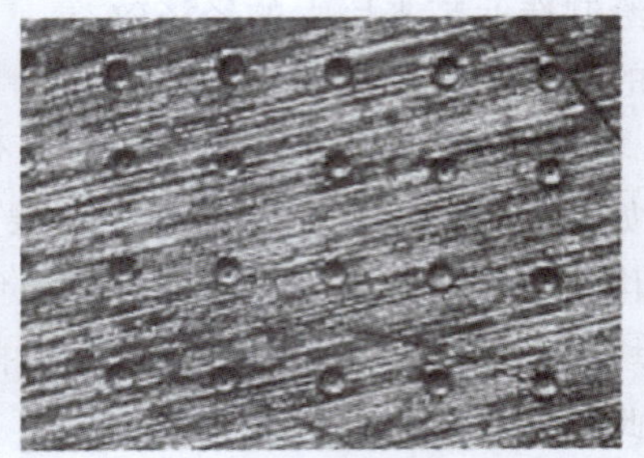

b) 凹坑直径150μm，间距350μm

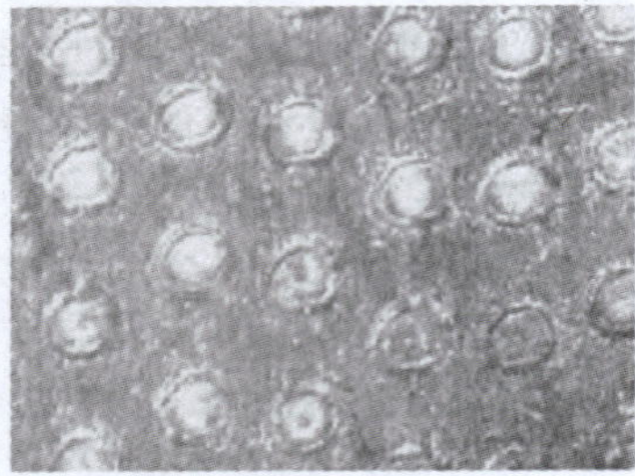

c) 凹坑直径250μm，间距150μm

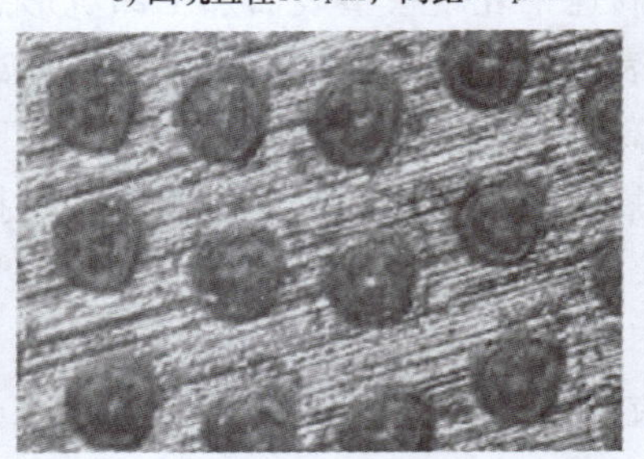

d) 凹坑直径350μm，间距150μm

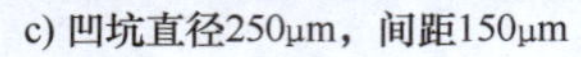

图 5-6　W9Cr4V 高速钢凹坑形非光滑表面形态（放大倍数为 90）

5.2.2　光刻技术

光刻技术是一种在薄膜或基板上对零件图形化的精密加工工艺。光刻技术利用光将几何图形从光掩模（也称为“光罩”）转移到基板上的感光（即光敏）化学光刻胶上。通过一系列化学处理将曝光图形蚀刻到材料中，或者将新材料以所需图形沉积在光刻胶下方的材料上。

目前光刻技术主要分为掩模版光刻和无掩模光刻。如图 5-7 所示，掩模版光刻方法受制于掩模版的通用性较差，意味着不同情况下会有高昂的掩模版加工成本。为了克服此类缺点，开发简单易用、适应性广的无掩膜光刻技术成为未来发展的趋势。

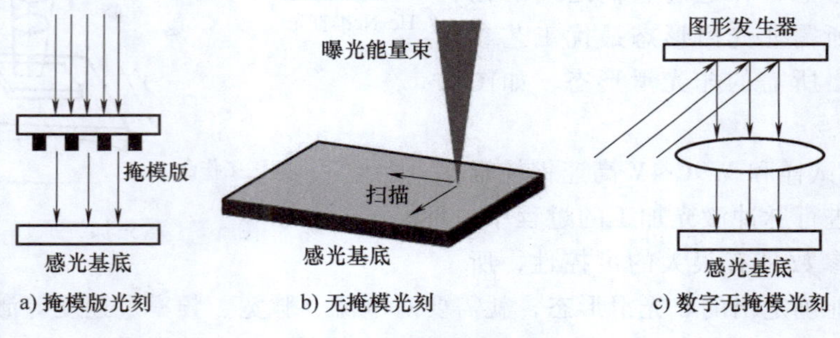

图 5-7　光刻技术分类

光刻加工的基本步骤如下：

(1) 衬底的准备　在涂抹光阻之前，硅衬底一般需要进行预处理。一般情况下，衬底表面上的水分需要蒸发掉，这一步通过脱水烘焙来完成。此外，为了提高光阻在衬底表面的附着能力，还会在衬底表面涂抹化合物。目前应用的比较多的是六甲基二硅氮烷（Hexa methyl disilazane，HMDS）、三甲基硅烷基二乙胺（Tri methyl silyl diethyl amime，TMSDEA）等。

（2）光阻的涂抹　在这一步中，需要将光阻均匀、平整地涂抹在衬底表面上。

首先，将硅片放在一个平整的金属托盘上，托盘内有小孔与真空管相连。由于大气压力的作用，硅片可以被“吸附”在托盘上，这样硅片就可以与托盘一起旋转。涂胶工艺一般分为三个步骤：

1）将光阻溶液喷洒在硅片表面。

2）加速旋转托盘（硅片），直到达到所需的旋转速度。

3）达到所需的旋转速度之后，以这一速度保持一段时间。以旋转的托盘为参考系，光阻在随之旋转时受到离心力，使得光阻向着硅片外围移动，故涂胶也可以称为甩胶。经过甩胶之后，留在硅片表面的光阻不足原有的1%。

（3）软烘干　完成光阻的涂抹之后，需要进行软烘干操作，这一步骤也称为前烘。

在液态的光阻中，溶剂成分占65%~85%。虽然在甩胶之后，液态的光阻已经成为固态的薄膜，但仍有10%~30%的溶剂，容易沾污灰尘。通过在较高温度下进行烘焙，可以使溶剂从光阻中挥发出来（前烘后溶剂含量降至5%左右），从而降低了灰尘的沾污。同时，这一步骤还可以减小因高速旋转形成的薄膜应力，从而提高光阻在衬底上的附着性。

在前烘过程中，由于溶剂挥发，光阻厚度也会减薄，一般减薄的幅度为10%~20%。

（4）曝光　在这一步中，将使用特定波长的光对覆盖衬底的光阻进行选择性的照射。光阻中的感光剂会发生光化学反应，从而使正光阻被照射区域（感光区）、负光阻未被照射的区域（非感光区）化学成分发生变化。这些化学成分发生变化的区域，在下一步中能够溶解于特定的显影液中。

在接受光照后，正性光阻中的感光剂DQ会发生光化学反应，变为乙烯酮，并进一步水解为茚并羧酸（Indene-Carboxylic-Acid，CA），羧酸在碱性溶剂中的溶解度比未感光部分的光阻高出约100倍，产生的羧酸同时还会促进酚醛树脂的溶解。利用感光与未感光光阻对碱性溶剂的不同溶解度，就可以进行掩模图形的转移。

（5）显影　通过在曝光过程结束后加入显影液，正光阻的感光区、负光阻的非感光区，会溶解于显影液中。这一步完成后，光阻层中的图形就可以显现出来。为了提高分辨率，几乎每一种光阻都有专门的显影液，以保证高质量的显影效果。

（6）硬烘干　光阻显影完成后，图形就基本确定了，不过还需要使光阻的性质更为稳定。硬烘干可以达到这个目的，这一步骤也称为坚膜。在这个过程中，利用高温处理，可以除去光阻中剩余的溶剂、增强光阻对硅片表面的附着力，同时提高光阻在随后刻蚀和离子注入过程中的耐蚀性。另外，高温下光阻将软化，形成类似玻璃体在高温下的熔融状态。这会使光阻表面在表面张力作用下圆滑化，并使光阻层中的缺陷（如针孔）减少，修正光阻图形的边缘轮廓。

（7）刻蚀或离子注入　刻蚀是利用化学途径选择性地移除沉积层特定部分的工艺。离子注入是一种将特定离子在电场里加速，然后嵌入到另一固体材料之中的技术手段。使用这个技术可以改变固体材料的物理化学性质。

（8）光阻的去除　这一步骤简称去胶。刻蚀或离子注入之后，已经不再需要光阻作保护层，可以将其除去。去胶的方法分类如下：

1）湿法去胶。

2）有机溶剂去胶。利用有机溶剂除去光阻。

3）无机溶剂去胶。通过使用一些无机溶剂，将光阻这种有机物中的碳元素氧化为二氧化碳，进而将其除去。

4）干法去胶。利用等离子体将光阻剥除。

除这些主要的工艺以外，还经常采用一些辅助过程，如进行大面积的均匀腐蚀来减小衬底的厚度，或者去除边缘不均匀的过程等。

光刻技术可用于制备仿生疏水表面，用 MDA-400M 光刻机对玻璃片进行光刻，改变光刻间距 d 分别为 5μm、10μm、20μm、50μm，再分别进行 2 滴、5 滴和 10 滴氧化铝的匀胶拉膜，然后用 0.4%的十二酸乙酯浸泡 1h；同样条件下使用未光刻的普通玻璃片进行匀胶和十二酸乙酯浸泡形成仿生疏水表面，最后测量其接触角。光刻玻璃和普通玻璃在不同滴数氧化铝匀胶下的接触角如图 5-8 所示。

从图 5-8 中可以看出经光刻处理再匀胶、修饰的玻璃片比普通玻璃的接触角小，光刻间距和匀胶滴数均对玻璃片的接触角影响较大。当光刻间距 $d=10\mu m$、2 滴匀胶，光刻间距 $d=20\mu m$、5 滴匀胶，光刻间距 $d=20\mu m$、10 滴匀胶，以及光刻间距 $d=50\mu m$、10 滴匀胶时，接触角都能超过 140°。因此通过调控光刻机的光刻间距和匀胶滴数，再经溶胶凝胶法处理后能得到疏水性较好的微纳米结构。

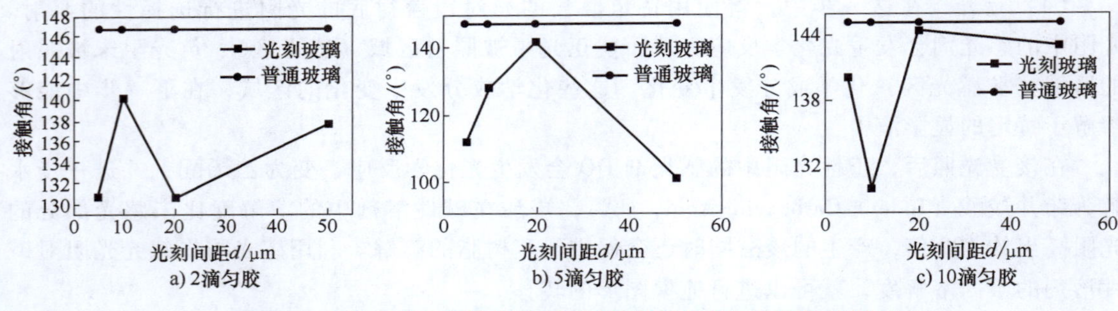

图 5-8　光刻玻璃和普通玻璃在不同滴数氧化铝匀胶下的接触角

5.2.3　等离子刻蚀技术

等离子刻蚀是在加工需求的特征尺度不断减小的趋势下发展而成的一种重要的刻蚀加工方法。等离子刻蚀技术一般分为反应离子刻蚀（Reoctive Ion Etching，RIE）、电感耦合等离子体（Inductively Coupled Plasma，ICP）刻蚀等。等离子刻蚀是等离子体中大量的带电粒子经由电场加速后垂直入射到基材表面进行的物理刻蚀。在此过程的同时也产生了化学反应并且生成的产物会被抽走形成一个“反应—剥离—排放”的循环，以此往复基材得以被刻蚀到设定好的深度。在干法加工技术中，等离子刻蚀是目前加工能力最强和应用范围最广的技术。

等离子刻蚀的机理十分复杂难以彻底研究，为了辅助进行研究及降低加工难度，刻蚀模型成为等离子刻蚀重要的一部分。刻蚀模型的应用让操作者更易了解整个刻蚀的流程，并且为技术迭代做出重要贡献。刻蚀模型主要分为粒子方法模型和动力学方法模型两种。

粒子方法模型中包含直接模拟蒙特卡洛方法和质点网格方法及两者的结合方法。

直接模拟蒙特卡洛方法（Direct Simulation Monte Carlo，DSMC）由 G. A. Bird 提出，思想可以被概括为将计算机软件中的仿真分子视为真实分子，通过设定参数来进行仿真模拟真实条件下的分子碰撞来得出结果。质点网格方法是模拟多组分等离子体和离子束的方法，思想可概括为设定具有初速度的带电粒子分布在不同的位置，通过麦克斯韦方程组进行力的计算，再由模拟者自行对需要的数据进行统计和分析来得出特性和结论。

动力学方法模型包含反应位点模型、分子动力学模型和混合层动力学模型。动力学方法模型主要通过离子的流量、能量等参数来计算刻蚀速率等参数。三种模型各有优劣，如反应位点模型对机理过于简化，会导致进行比较复杂情况的模型计算时让模拟结果与实际结果会有较大的数值偏差；分子动力学模型为微观等离子表面提供了细致的支持，但由于需要的参数太多及计算机计算能力的限制也对模型的尺度有了更严苛的要求；混合层动力学模型相较于反应位点模型计算更为精确，相较于分子动力学模型计算量更小，适合使用，属于较为折中的模型，模拟结果也与实际结果具有较为良好的一致性。

下面以制备有直筒结构的微米级硅基阴模为例，介绍等离子深硅刻蚀在仿生样件制备领域的应用。由于硅基阴模较铜基模板更为精细，普通的光学显微镜已经无法准确观测其结构，这里采用 SEM 观察三种等离子刻蚀孔阵列硅的表面形貌。以直径 15μm、间距 30μm 的孔阵列硅模板为例，其平面、剖面电子显微镜图片如图 5-9a、b 所示。从图 5-9a 中可以看出，孔阵列表面的微孔分布均匀、整齐。从图 5-9b 中可以看出，孔深基本相同，但孔径在等离子刻蚀的过程中略有变化。显然，相对于这里的微机械加工样品（铜基一级刚毛模板）来说，等离子刻蚀样品（孔阵列硅模板）的精度明显提高。喷金后，层级刚毛样品 1、2、3 的表面形貌可用 SEM 观测。以直径 15μm、间距 30μm 的阴模浇注的刚毛阵列为例，其平面、剖面电子显微镜图片如图 5-9c、d 所示。图 5-9c 显示清晰的层级结构，在一级结构的脚掌上存在许多更为精细的刚毛。从图 5-9c 中可以看出，多数刚毛处于倒伏、粘连状态，只有少数刚毛直立。其原因可能是：①硅橡胶基刚毛阵列需要喷金，目的是增强其基体的导电性，以进行 SEM 观测，在喷金的过程中，微小的金粒子流的冲击和放热有可能促使相邻的刚毛阵列粘连在一起；②刚毛阵列是通过湿法化学刻蚀单晶硅而成的，在其表面水分子失去过程中，相邻的刚毛阵列由于大的毛细张力而粘连在一起。图 5-9d 显示了这部分直立的刚毛阵列。从图 5-9d 中可以看出，刚毛的平均直径为 13μm，略小于其阴模的孔径，刚毛之间的平均间距为 39μm，略大于阴模的间距。

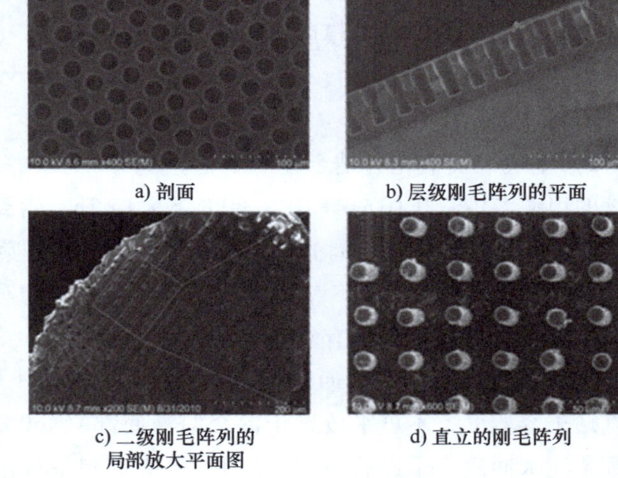

a) 剖面　b) 层级刚毛阵列的平面　c) 二级刚毛阵列的局部放大平面图　d) 直立的刚毛阵列

图 5-9　等离子刻蚀孔阵列硅模板的平面、剖面电子显微镜图片

5.2.4 精密仿生样件制备实例

在实际研究中，单一制备方法无法满足仿生样件的制备，需要综合运用多种制备技术。下面以荷叶仿生微纳结构表面的构建为例，介绍复杂精密仿生样件的制备方法。

研究表明，荷叶依靠表面二级微纳结构实现“抗细菌黏附-结构杀菌”双功能抗菌性能，如图 5-10 所示，逐次采用等离子刻蚀技术、水热合成方法、化学表面改性技术制备仿生二级结构超疏水表面。

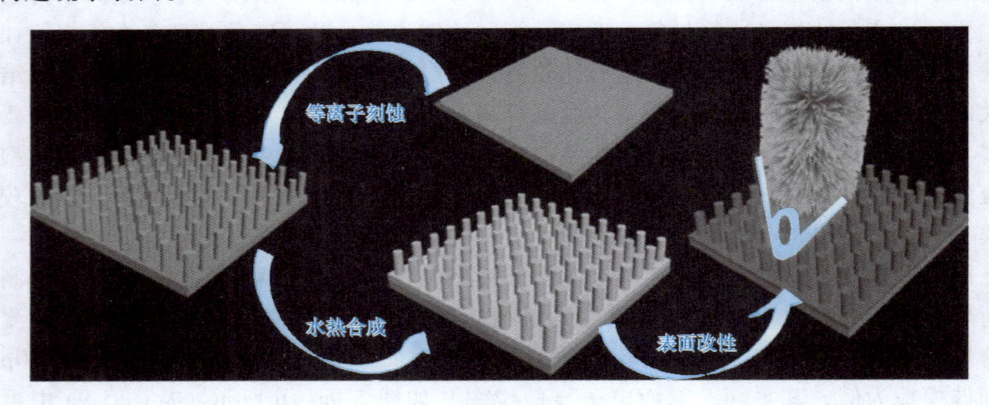

图 5-10　荷叶仿生微纳结构构建流程

1）硅片基底表面微米阵列的构建。利用紫外软刻蚀的方法在硅片基底表面构建出预设微米阵列的俯视图案后，在没有光刻胶的空隙中沉积一层 1μm 厚的二氧化硅涂层，以此作为接下来等离子刻蚀的掩模版。之后交替利用 C4F8（190sccm）和 SF6（450sccm）对基底进行处理，结构的刻蚀速度为 5μm/min。之后通过大量清洗步骤，得到微米级的硅阵列结构，所得表面记作 MS。

2）基底表面氧化锌纳米柱的制备。NaOH 的甲醇溶液（0.03mol）逐滴加入到等体积醋酸锌的甲醇溶液（0.01mol）中，60℃下搅拌 2h，得到颜色澄清的氧化锌种子液（此种子液在 4℃冰箱中可以保存两周）。将得到的种子液分别旋涂（3000r/min，20s）在等离子体处理过的硅片及微米级的 MS 表面，然后放入 400℃的马弗炉中退火处理 30min，旋涂和退火步骤重复四次后便得到含有氧化锌结晶种子的基底。之后将带有种子晶体的基底放入含有六水合硝酸锌（4mol）及 NaOH（4mol）的混合溶液中（注意：放置种子基底的时候应将基底竖直贴于容器壁，不可平放置于混合溶液底部），60℃保温 80min。基底从溶液中取出后用大量超纯水冲洗、干燥后备用。其中 MS 表面制备氧化锌纳米结构所形成的微纳复合结构记作 DS 表面，平面硅片表面构建氧化锌纳米结构记作 NS 表面。

3）表面疏水化处理。将 MS、DS、NS 三种不同的表面真空干燥后，放置于三甲氧基（1H，1H，2H，2H-十七氟癸基）硅烷的乙醇溶液（2.0%质量分数）中室温浸泡 2h。将溶液移除后，三种基底表面 80℃保温 60min，所得到的表面分别记作 MSF、DSF、NSF，表征后的形貌如图 5-11 所示。

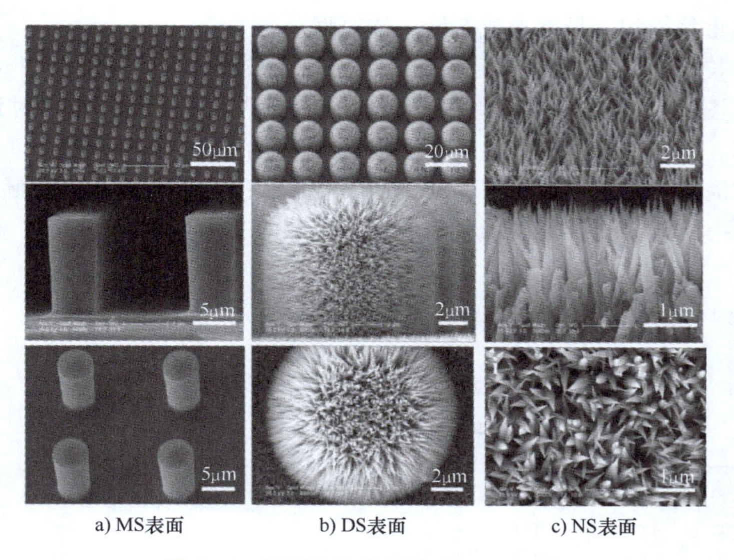

图 5-11　不同结构表面形貌 SEM 图片

5.3　3D 打印技术

3D 打印（3D Printing），又称为立体打印、增材制造（Additive Manufacturing，AM）、积层制造，可指任何打印三维物体的过程。3D 打印主要是一个不断添加的过程，在计算机控制下层叠原材料。3D 打印的内容可以来源于三维模型或其他电子数据，其打印出的三维物体可以拥有任何形状和几何特征。3D 打印这个词的原意是指将材料有序沉积到粉末层喷墨打印头的过程。近来 3D 打印的含义已经扩展到包含各种技术，如挤压和烧结过程。技术标准一般使用“增材制造”这个术语来表达这个广泛含义。3D 打印技术可实现具有复杂结构的材料快速制备，不再受限于模具与加工工艺限制，3D 打印技术已成为极具前景的仿生材料加工技术。

目前在仿生材料方面的 3D 打印技术有陶瓷膏体光固化成型（SLA）技术、熔丝沉积成型（FDM）技术、激光选区烧结（SLS）技术、激光选区熔化（SLM）技术和三维印刷成型（3DP）等。每种技术在原材料、打印精度、固化方法上都有所区别。

5.3.1　陶瓷膏体光固化成形技术

陶瓷膏体光固化成型（Stereolithography Apparatus，SLA）是基于液态光敏树脂的光聚合原理工作的，其成型过程如图 5-12 所示。储液槽中盛装液态光敏树脂，成型开始时，工作台处在树脂液面下的某一深度，如 0.05~0.2mm。然后成型机中的紫外光扫描器按照数控指令和分层的截面信息进行扫描，被照射的液态光敏树脂因为吸收了能量，发生聚合反应从液态变成固态，形成零件的一个薄层。一层固化完成后，未被紫外光扫描的树脂仍然是液态的，工作台下降一个层厚的距离，以使在原先固化好的树脂表面再敷上一层新的液态树脂，刮板将黏度较大的树脂液面刮平，然后进行下一层的扫描加工，新固化的一层牢固地黏结在上一层上，如此重复堆积，最终形成三维实体原型。

光固化成形技术还有成型精度更高的数字光投影技术（Digital Light Projection，DLP）。DLP 成型过程如图 5-13 所示，计算机根据切片图像控制数字微镜，光照射到数字微镜上生成二维截面轮廓，光束传输系统将二维轮廓投射到树脂面上，使树脂按零件的截面轮廓固化成型。一层制作完成后，工作台向下移动一层厚度的距离，新的液态树脂覆盖在已制作的结构上方，继续下一层的制作。层层堆叠完成三维模型的制作。

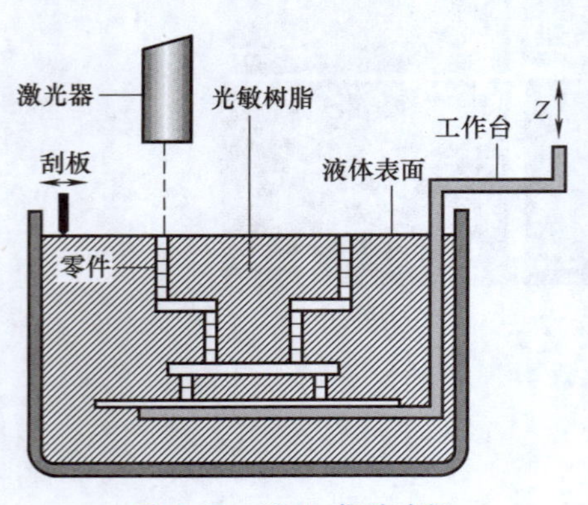

图 5-12　SLA 成型过程

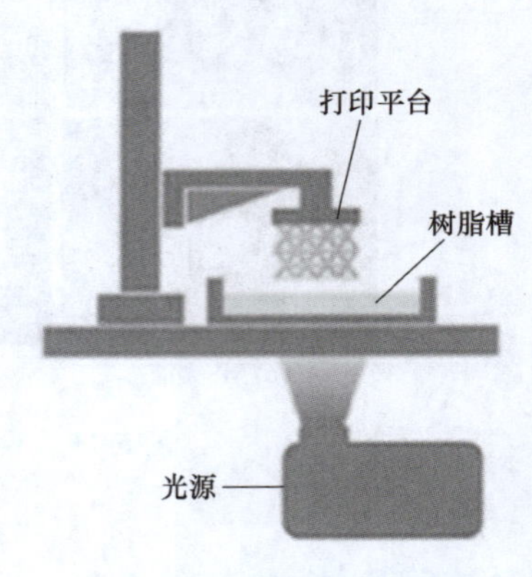

图 5-13　DLP 成型过程

将陶瓷粉末混入光固化树脂，还可以用于打印陶瓷材料。下面以利用打印仿生多孔碳化硅为例介绍光固化 3D 打印技术制备仿生样件的基本方法。首先取适量的刚性光敏树脂，然后向光敏树脂中添加碳化硅、高岭土、分散剂（KOS110），最后利用搅拌机进行充分的混合。前驱体溶液黏度将直接决定陶瓷打印的成功率，因此在进行光固化之前需测定前驱体溶液的黏度。在测定前将碳化硅、高岭土、氧化铝和氧化钇作为前驱体溶液固体部分，用 A 表示，且碳化硅和高岭土的质量配比始终为 40∶5；光敏树脂作为液体部分，用 B 表示。

在进行测试时取适量混合均匀后的前驱体溶液，采用数字式黏度计测定前驱体溶液的黏度。图 5-14 所示为前驱体溶液的黏度随固含量降低的变化规律。由图 5-14 可知，固含量的增加会使前驱体溶液的黏度增大，这主要是因为增多的粉末颗粒会与光敏树脂低聚物、稀释剂吸附形成物理交联点，阻碍高分子链段的运动，使得光敏树脂黏度逐渐增加。经过多次光固试验发现，当前驱体溶液的黏度大于 2590 时，利用 DLP 打印机很难打印出梯度等级孔。

为了提高等级孔骨架固含量，在本案例中选用固含量与光敏树脂配比 1∶0.5 进行打印。目前已经利用光固化打印机打印出形式各样的仿生多孔陶瓷如图 5-15 所示。

在进行光固化过程中由于光敏树脂含量较高，脱脂烧结中光敏树脂的碳化过程将直接影响脱脂素坯的质量。因此为得到合适的脱脂工艺，需对立体光固化成型的素坯进行 TG 与 DSC 分析。如图 5-16 所示，样品在 400～500℃剧烈失重，对应位置的 DSC

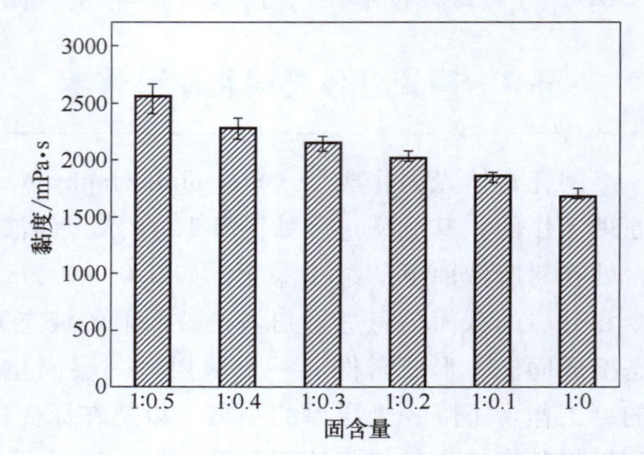

图 5-14　黏度随固含量变化的规律

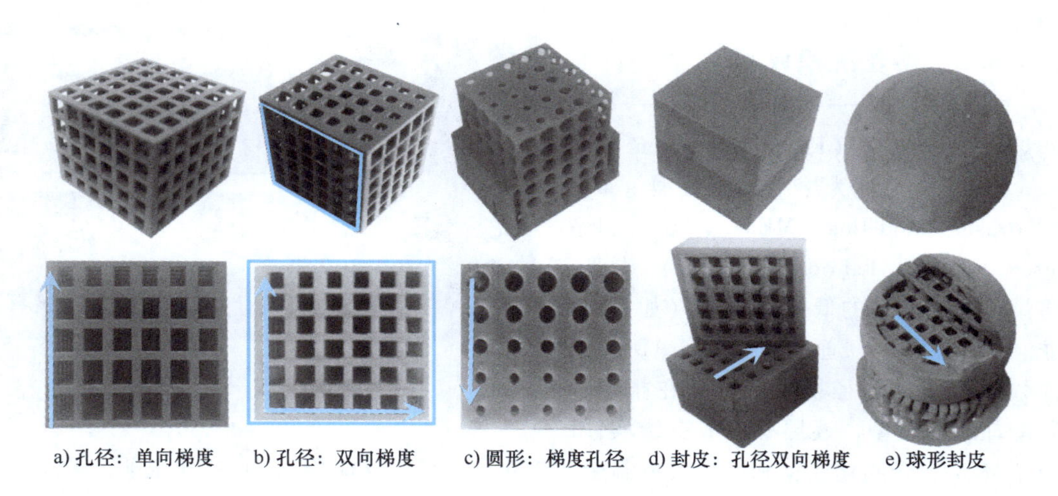

图 5-15　光固化打印的仿生多孔陶瓷

曲线也存在明显的热反应，说明光敏树脂的热解过程主要集中在 400～500℃。此外 100℃附近存在较小的吸热峰，对应位置样品重量无明显变化，这表明立体光固化过程中光敏树脂固化不完全，在加热过程中出现了热固化。因此，脱脂工艺确定为以 1℃/min 的升温速度升温至 600℃，降低光敏树脂固化与热解过程的应力，600℃之后提高升温速度完成脱脂。

图 5-17 所示为脱脂烧结后样品非增材方向（X、Y）与增材方向（Z）的宏观收缩率。脱脂后的线收缩率低于 5%，且非增材方向的收缩明显大于增材方向。结合光固化的成型过程可知，单层浆料曝光时同步固化，层间浆料的铺展过程会使树脂固化存在时间差，导致了样品层间树脂的结合强度较弱。结合强度的方向性差异导致了脱脂过程收缩率的不同，单层树脂结合强度高，脱脂过程树脂热解收缩，有利于非增材方向上的碳化硅颗粒相互聚集，表现为收缩率偏高；层间树脂结合强度低，脱脂过程树脂生产的热解碳更倾向于在层间发生微观断裂，从而降低层间的收缩应力，表现为收缩率偏低，如图 5-18 所示。这也说明 DLP 光固化成型的陶瓷前驱体溶液在脱脂过程中更容易造成层间破坏。

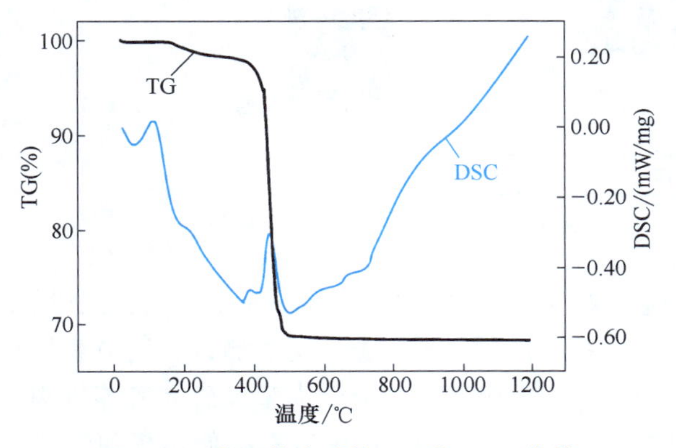

图 5-16　前驱体溶液的 TG 和 DSC 曲线

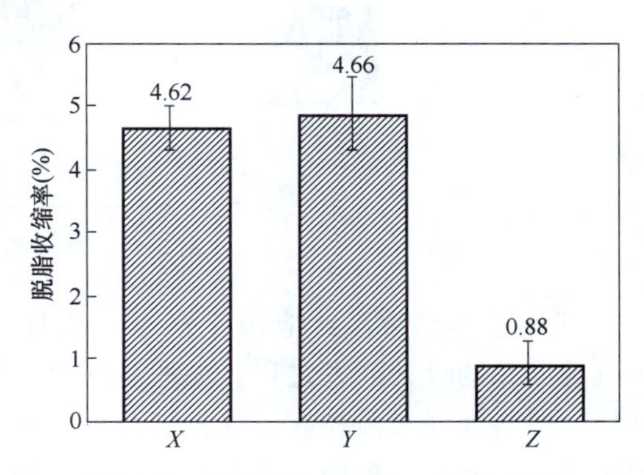

图 5-17　非增材方向（X、Y）与增材方向（Z）的脱脂收缩率

5.3.2 熔丝沉积成型

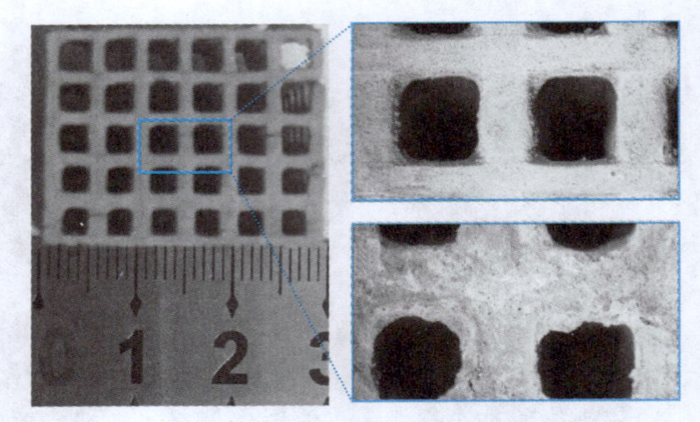

图 5-18 N_2 气氛下烧结素坯的表面形貌

熔丝沉积成型（Fused Deposition Modeling，FDM），又称为熔融挤压成型（Melted Extrusion Modeling，MEM）、熔丝制造（Fused Filament Fabrication，FFF）成形，是将熔化后半流动的低熔点材料（如石蜡、尼龙、ABS、PLA）通过喷头按 CAD 分层截面数据控制的路径挤压、沉积在指定的位置冷却凝固成型，逐层叠加成三维实体。FDM 技术是除光固化成型和叠层实体制造工艺外另一种广泛应用的 3D 打印工艺。

在计算机控制下，电动机驱动送料机构使丝材不断地向喷头送进，丝材在喷头中通过加热器加热成熔融态，计算机根据分层截面信息控制喷头沿一定路径和速度移动，熔融态材料从喷头中不断被挤出，随即与前一层黏结在一起。每成型一层，喷头上升一截面层的高度或工作台下降一个层的厚度，继续填充下一层，如此反复，直至完成整个实体造型。

为了节约材料成本和提高成型效率，目前很多 FDM 设备采用双喷头设计，两个喷头分别成型模型实体材料和支撑材料，如图 5-19 所示。采用双喷头工艺可以灵活地选择具有特殊性能的支撑材料（如水溶材料、低于模型材料熔点的热熔材料等），以便成型后去除支撑。

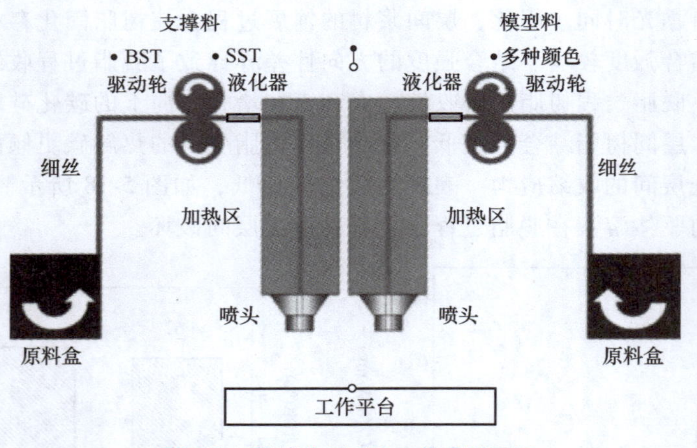

图 5-19 双喷头 FDM 工艺成型原理

FDM 技术已被广泛应用于汽车、机械、航空航天、家电、通信、电子、建筑、医学、玩具等产品的设计开发过程，如产品外观评估、方案选择、装配检查、功能测试、用户看样订货、塑料件开模前校验设计，以及少量产品制造等，也应用于政府、大学及研究所等机构用传统方法需几个星期、几个月才能制造的复杂产品原型，用 FDM 成型不必使用任何刀具和模具，短时间内便可完成。图 5-20 所示为利用 FDM 技术制备的下颌骨。

5.3.3　激光选区烧结

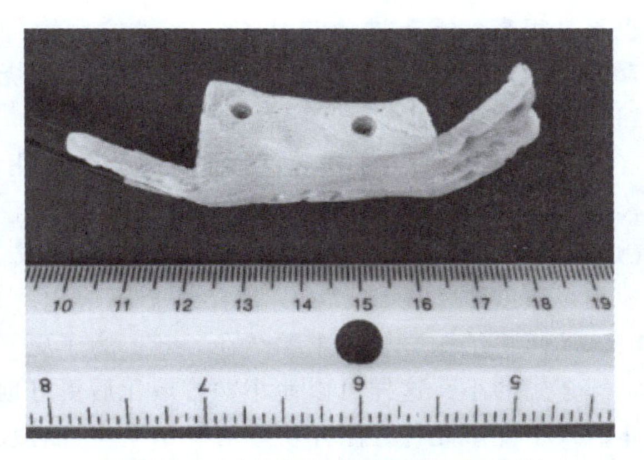

图 5-20　利用 FDM 技术制备的下颌骨

激光选区烧结（Selective Laser Sintering，SLS）是一种采用激光有选择地分层烧结固体粉末，并使烧结成型的固化层层层叠加生成所需形状零件的工艺。塑料、石蜡、金属、陶瓷等受热后能够黏结的粉末都可以作为 SLS 的原材料。金属粉末的激光烧结技术因其特殊的工业应用，已成为近年来研究的热点，该技术能够使高熔点金属直接烧结成型为金属零件，完成传统切削加工方法难以制造出的高强度零件的成型，尤其是在航天器件、飞机发动机零件及武器零件的制备方面，这对 3D 打印技术在工业上的应用具有重要的意义。

激光选区烧结工艺成型过程如图 5-21 所示。由 CAD 模型各层切片的平面几何信息生成 *XY* 激光器在每层粉末上的数控运动指令，铺粉器将粉末一层一层地撒在工作台上，再用辊筒将粉末滚平、压实，每层粉末的厚度均对应于 CAD 模型的切片厚度（50~200μm）。各层铺粉被激光扫描器选择性烧结到基体上，而未被激光扫描、烧结的粉末仍留在原处起支撑作用，直至烧结出整个零件。

激光选区烧结工艺使用的材料一般有石蜡、高分子、金属、陶瓷粉末及其复合粉末材料。材料不同，激光与粉末材料的相互作用及烧结工艺也略有不同。

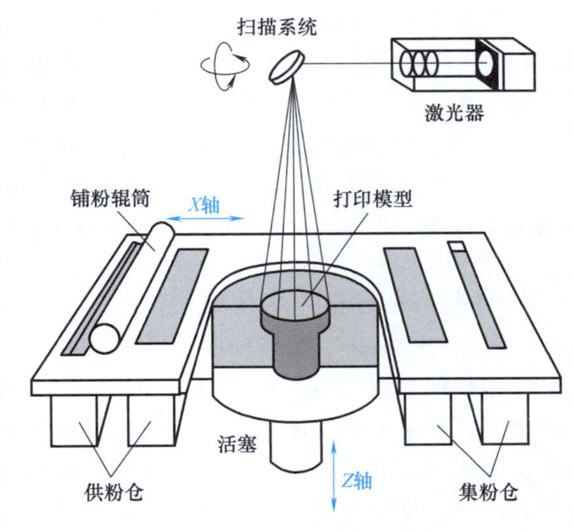

图 5-21　激光选区烧结工艺成型过程

（1）金属粉末 SLS　金属粉末的 SLS 成型主要有三种方法，分别是直接法、间接法和双组元法。一般将直接法和双组元法统称为“直接 SLS”（Direct SLS），而将间接法对应地称为“间接 SLS”（Indirect SLS）。

1）直接法。直接法又称为单组元固态烧结（Single Component Solid States Sintering）法，金属粉末为单一的金属组元。激光束将粉末加热至稍低于熔化的温度，粉末之间的接触区域发生黏结，烧结的驱动力为粉末颗粒表面自由能的降低。直接法得到的零件再经热等静压（Hot Isostatic Pressing，HIP）烧结工艺处理，可使零件的最终相对密度达 99.9%，但直接法的主要缺点是工作速度比较慢。

2）间接法间接烧结工艺使用的金属粉末实际上是一种金属组元与有机黏合剂的混合物，有机黏合剂的含量约为 1%。由于有机材料的红外光吸收率高、熔点低，因而激光烧结过程中，有机黏合剂熔化，金属颗粒便能黏结起来。烧结后的零件孔隙率约达 45%，强度也不是很高，需要进一步加工。一般的后续加工工艺为脱脂（约 300℃）、高温焙烧（>700℃）、金属熔浸（如铜）。间接法的优点是烧结速度快，缺点是工艺周期长，零件尺寸收缩大，精度难以保证。

3）双组元法为了消除间接法的缺点，采用低熔点金属粉末替代有机黏合剂，这一方法称为双组元法。这时的金属粉末由高熔点（熔点为 T_2）金属粉末（结构金属）和低熔点（熔点为 T_1）金属粉末（黏结金属）混合而成。烧结时激光将粉末升温至两金属熔点之间的某一温度 T（$T_1<T<T_2$），使黏结金属熔化，并在表面张力的作用下填充于结构金属的孔隙，从而将结构金属粉末黏结在一起。为了更好地降低孔隙率，黏结金属的颗粒尺寸必须比结构金属的小，这样可以使小颗粒熔化后更好地润湿大颗粒，填充颗粒间的孔隙，提高烧结体的致密度。此外，激光功率对烧结质量也有较大影响。若激光功率过小，则会使黏结金属熔化不充分，导致烧结体的残余孔隙过多；反之，若激光功率太大，则会生成过多的金属液，使烧结体发生变形。因此，对双组元法而言，最佳的激光功率和颗粒粒径比是获得良好烧结结构的基本条件。双组元法烧结后的零件强度较低，需进行后续处理，如液相烧结。经液相烧结的零件相对密度可大于 80%，零件的强度也很高。由于金属粉末的 SLS 温度较高，为了防止金属粉末氧化，烧结时必须将金属粉末封闭在充有保护气体的容器中。保护气体有氮气、氢气、氩气及其混合气体。烧结的金属不同，采用的保护气体也不同。

（2）陶瓷粉末 SLS　对于陶瓷粉末的 SLS 成型，一般要先在陶瓷粉末中加入黏合剂（目前所用的纯陶瓷粉末原料主要有 Al_2O_3 和 SiC，而黏合剂有无机黏合剂、有机黏合剂和金属黏合剂三种）。在激光束扫描过程中，利用熔化的黏合剂将陶瓷粉末黏结在一起，从而形成一定的形状，然后再通过后处理以获得足够的强度，即采用“间接 SLS”。

（3）塑料粉末 SLS　塑料粉末的 SLS 成型均为“直接 SLS”，烧结好的制件一般不必进行后续处理，采用一次烧结成型，将粉末预热至稍低于其熔点的温度，然后控制激光束加热粉末，使其达到烧结温度，从而把粉末材料烧结在一起。

SLS 技术目前已被广泛应用于航天航空、机械制造、建筑设计、工业设计、医疗、汽车和家电等行业。图 5-22 所示为通过 SLS 技术打印的仿生叶轮。

5.3.4　激光选区熔化

激光选区熔化（Selective Laser Melting，SLM），主要利用高能量激光熔融单一金属或混合金属粉末直接制造出具有冶金结合、致密度接近 100%、具有较高尺寸精度的金属零件，它是在克服了 SLS 技术制造金属零件工艺过程复杂的缺点的基础上发展起来的。SLM 技术综合运用了新材料、激光技术、计算机技术等前沿技术，是一种具有广阔应用前景和生命力的金属增材制造技术。

图 5-22　通过 SLS 技术打印的仿生叶轮

激光选区熔化（SLM）技术的工作方式与激光选区烧结（SLS）类似。该工艺利用光斑直径为 100nm 以内的高能束激光，直接熔化金属或合金粉末，层层选区熔化与堆积。

最终成型具有冶金结合、组织致密的金属零件。SLM 的基本原理如图 5-23 所示。首先，将三维 CAD 模型进行切片及扫描路径规划，得到激光束扫描的切片轮廓信息，将 3D 数据转化成多个 2D 数据。其次，计算机逐层调入切片轮廓信息，通过扫描振镜控制激光束有选择性地熔化金属粉末。一层加工完成后，粉料缸上升几十微米，成型缸降低几十微米，铺粉装置将粉末从粉料缸刮到成型平台上，激光扫描该层粉末，并与上一层熔于一体。

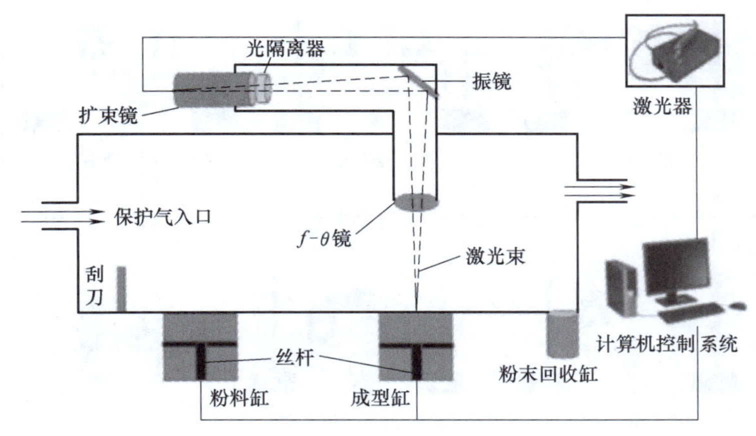

图 5-23　SLM 的基本原理

经过工艺参数优化后，SLM 技术可以成型接近全致密的零件。同时，SLM 是利用高能量激光束对金属粉末进行成型的，激光作用时间短，金属粉末熔化后快速冷却，较快的冷却速度使得材料内部晶粒细小，起到了细晶强化的作用，使得成型零件具有较好的力学性能。图 5-24 所示为利用 SLM 技术打印的 PEEK 颅骨修复体。

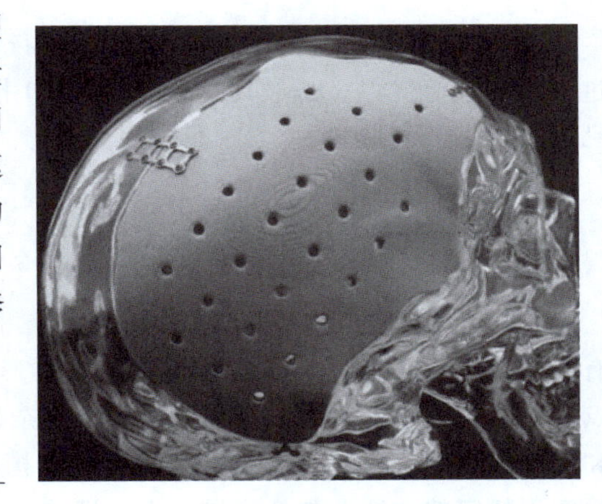

图 5-24　利用 SLM 技术打印的 PEEK 颅骨修复体

5.3.5　三维印刷成型

在液滴喷射技术的基础上，逐渐发展出了三维印刷成型（Three Dimensional Printing，3DP）工艺。3DP 工艺是以某种喷头作为成型源的，其运动方式与喷墨打印机的打印头类似，相对于工作台台面做 *XY* 平面运动，所不同的是喷头喷出的不是传统喷墨打印机的墨水，而是黏合剂、熔融材料或光敏树脂等，基于离散/堆积原理的建造模式，实现三维实体的快速成型。

3DP 工艺基于喷射技术，从喷嘴喷射出液态微滴或连续的熔融材料束，按一定路径逐层堆积成型。3DP 与 SLS 工艺类似，采用粉末材料，区别在于 3DP 不是将材料熔融，而是通过喷射黏合剂将材料黏结起来，其工艺原理如图 5-25 所示。3DP 技术采用的喷头工作原理类似于平面打印机的打印头，不同点在于除喷头在做 *XY* 平面运动外，工作台还沿 *Z* 轴方向进行垂直运动。喷头在计算机控制下，按照截面轮廓的信息，在铺好的一层粉末材料上，有选择性地喷射黏合剂，使部分粉末黏结，形成截面层。一层完成后，工作台再下降一个层厚，铺粉，喷射黏合剂，进行下一层的黏结，如此循环形成产品原型。未被喷射黏合剂的材料还是呈干粉状态，在成型过程中起支撑作用，成型结束后比较容易去除，而且还能回收再利用。

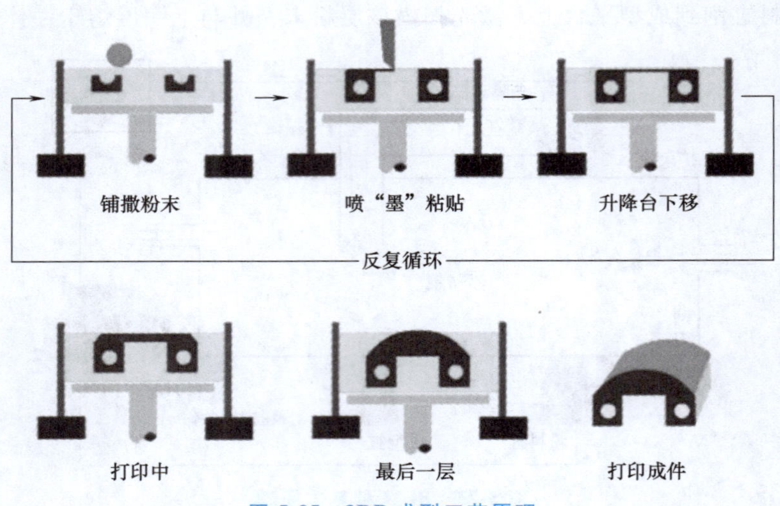

图 5-25　3DP 成型工艺原理

3DP 工艺具有设备成本相对低廉、运行费用低、成型速度快、可利用材料范围广、成型过程无污染等优点，是最具发展前景的 3D 打印技术之一。凭借这些优势，3DP 工艺被应用到越来越多的领域之中。

5.4　生物模板法

自然界经数亿万年进化出了数目繁多、品种各异的自然生物。这些生物通常是由简单的有机、无机成分复合而成的有机体，具有形态迥异、尺度不一、结构精细、功能集成的特点。从物理结构上来看，它们既是具有复杂形状和结构的天然复合材料，同时又是微观尺度和宏观尺度的有机综合体。不同的生物结构往往具有独特的结构-功能关系，通过结构的变换实现特定的功能，包括优异的力学性能、光吸收、能量转换、磁感应、传感等功能特性。为了摆脱传统材料设计的缺陷，快速、简捷地设计合成具有生物结构与功能一体化的新型材料，科学家们提出并开展了基于生物精细结构遗态材料的研究。通过以自然生物为模板，利用物理化学方法传承生物分级精细结构和形态，同时变异其化学组成为所需要的材质，从而制备出既保留生物结构又有人为赋予特性的功能材料。生物模板法借助来自于大自然环境中天然存在的生物结构，利用其天然结构来指导我们制备材料的新思路和新途径。生物模板具有结构特别，在自然界中资源丰富，环保，成本低且容易获取等特点受到了科学家们的关注和重视。利用生物模板法可以实现人工合成材料的形态和功能都具有多样化的特点。其中，当生物模板在制备过程中直接转变为其他材料时，这种方法又称为遗态法。

生物模板材料广阔的应用前景离不开其丰富的自然资源。为了对目标材料（催化剂）的化学组成、尺寸和形貌结构进行灵活调控，越来越多的生物模板材料受到关注。由于不同生物模板材料的形貌尺寸跨度较大，可划分为三类，即纳米尺度、微观尺度和宏观尺度。从纳米尺度的生物大分子，如细菌、病毒、DNA、多肽链及蛋白质等，到微观尺度的硅藻、酵母、花粉颗粒、昆虫复眼等，再到宏观尺度上的动植物组织及昆虫翅膀等一系列肉眼可见的自然生物体。

根据生物模板自身结构的差异一般可将生物模板分为硬模板（又称为外模板）和软模板（又称为内模板）。硬模板主要是指具有相对刚性结构的生物模板，其结构均匀但孔结构可调性较差，常见的硬模板主要有蝴蝶翅膀、植物花粉和树叶等。软模板一般指依靠分子间或分子内的弱相互作用维持其结构的生物模板，其结构单元尺寸一般在纳米或微米级别，常见的软模板主要是生物大分子等。

根据生物模板的不同来源可将生物模板归纳为四类：生物大分子模板、微生物模板、植物模板和动物模板。人类向自然的模仿和学习是由浅入深，不断发展进步的。最初人们对生物模板的研究集中在植物组织等生命模板，而后转向功能复杂的微生物模板和生物大分子模板。近年来，则更多关注比植物模板、微生物模板和生物大分子模板更为精细复杂的动物模板。下面将分别对不同来源的四类生物模板进行介绍。

5.4.1　生物大分子模板

以 DNA、RNA 和蛋白质等为代表的生物大分子，由于其自身独特的纳米尺度和精细结构，成为了制备纳米结构材料的理想模板。此外，这些生物大分子还能够作为纳米材料的稳定剂，提供良好的生物相容性，在生物医药方面发挥着重要作用。

DNA 分子的组装过程具有高度选择特性，其空间双螺旋结构的形成，得益于两条脱氧核苷酸链上的碱基，通过氢键严格按照碱基互补配对的原则连接成碱基对。这种高度选择特性使得 DNA 成为一种构筑纳米材料的特殊生物模板。研究表明，Au（111）能够通过碱基配对原则与 DNA 特异性结合。在此基础上，以 DNA 为模板，利用 AuCl-4 与 DNA 碱基间的配位原则，原位合成了平均粒径为 2～3nm 的金纳米颗粒，且具有较好的稳定性和分散性，在电化学催化等领域具有良好的应用前景。此外，还可采用 DNA 为生物模板，实现 SiO_2 纳米材料在特定位置的精准合成（图 5-26），不仅扩大了无机非金属纳米材料定制合成的范围，而且在制备介电纳米结构方面存在巨大的潜力。

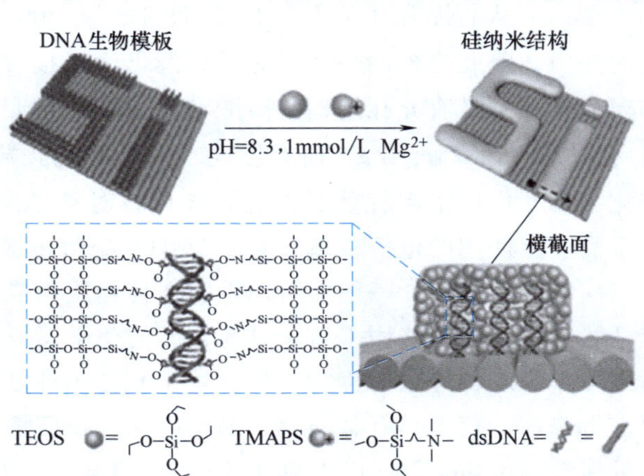

图 5-26　利用 DNA 模板合成 SiO_2 纳米颗粒的制备流程

蛋白质分子中含有氨基、羧基、羟基和巯基等官能团，这些官能团具有良好的金属离子配位能力，易于前体的吸附。除此之外，蛋白质结构种类的多样性和复杂性也为新型纳米材料的制备提供了更多选择性。使用过氧化氢酶（CTA）为生物模板制备 CAT@ZIF-8 复合物，实现酶的固定化，可提高酶在储存和操作条件下的稳定性。以笼状蛋白质结构-牛血清白蛋白（BSA）为生物模板合成了均匀且单分散的超小尺寸（约 3.5nm）Fe_2O_3@BSA 核壳结构纳米颗粒，该材料具有良好的生物相容性，可作为钆基造影剂的替代品。

5.4.2 微生物模板

微生物是包括细菌、真菌、病毒等在内的一大类生物群体。其尺寸大多数处于纳米和微米级，需要借助光学显微镜或电子显微镜才可观察到。有些微生物可以通过生物矿化方式来合成金属、金属氧化物、硫化物等纳米材料。除此之外，微生物还可以充当天然生物模板，通过复制获得微生物独特的精细结构制备纳米材料和集成催化剂，在生物医药、纳米光电子及催化等领域拥有较好的应用前景。

细菌种类繁多，形态多样，有球状、杆状、棒状、螺旋状等，为纳米材料的制备提供了不同形貌的结构性生物模板。Liu Ya 等人以基因工程大肠杆菌为模板，在其外表面上实现了 CdS 纳米颗粒的自组装，获得具有生物模板形貌的 e-E. Coli/CdS 复合材料，再组装贵金属 Pt 纳米颗粒，获得三元复合材料。结果表明，添加生物模板的 e-E. Coli/CdS/Pt 三元复合材料具有高效光催化性能，在废水处理中可作为一种高效光催化剂降解污染物，用于自然条件下的废水处理。接着他们利用具有过表达金属硫蛋白的基因工程大肠杆菌微生物模板合成 Au 纳米颗粒（e-E. Coli/Au），然后通过 3D 打印技术将 e-E. Coli/Au 与生物相容性聚合物（明胶和海藻酸钠）混合挤出成整体式催化剂。研究发现，e-E. Coli/Au 聚合物整体催化剂表现出优异的 4-硝基苯酚催化还原性能，可在 10min 内完全还原 4-硝基苯酚（体积为 400mL，浓度为 3mol/L），并且将整体式催化剂组装到机械搅拌桨中，可进一步提高催化剂的回收性和循环使用性。

真菌是一种真核微生物，主要包含霉菌、酵母、蕈菌及其他人类所熟知的菌菇类。真菌具有巨大的金属生物堆积能力及容量，是一种有大规模应用前景的生物模板。通过细胞内或细胞之间的还原酶和仿生物矿化作用可以制备特殊的纳米结构。Yu 等人以真菌作为生物氧化剂和生物模板，通过固态转化制备了锂锰氧化物微管（LMO-MT）及其酸洗获得的尖晶石锰氧化物（HMO-MT），用于 Li^+ 的吸附。通过控制煅烧温度（300~700℃），有效改变了其晶体结构，从而提升其对 Li^+ 的吸附性能，在 500℃ 下煅烧 4h 后获得的样品具有最高的 Li^+ 吸附能力。除此之外，一些研究者以酵母为模板合成纳米材料。例如，He 等人以酵母为生物模板合成了具有介孔结构的磷酸锆，保留了酵母菌的生物形貌，其比表面积高达 $218m^2/g$，孔体积为 $0.24cm^3/g$。研究发现，酵母的酰胺羧基在蛋白质分子和磷酸锆纳米颗粒之间的化学相互作用中起着重要作用。该材料对氧还原反应（ORR）表现出的电催化活性明显优于商业上使用的电解二氧化锰（EMD）空气电极。

病毒结构简单，一般由蛋白质和遗传物质构成。其形态多样，一般呈球状、冠状、丝状或杆状等。表面官能团丰富，具有较高的化学反应活性，易于吸附金属离子。这种特性使得病毒可作为一种理想的生物模板，用于制备多种复合纳米材料。Bill 等人对 M13 噬菌体的表面进行修饰，获得具有金结合肽的功能化生物模板，实现了金纳米颗粒矿化形状、矿化位点的可控性。Bittner 等人以烟草花叶病毒（TMV）为模板获得了柠檬酸盐包被的 Au-TMV 纳米棒，该复合材料具有一定的导电性和磁性，也可作为催化剂。

5.4.3 植物模板

树叶是植物利用太阳能进行光合作用的场所，其结构在太阳光吸收、能量转化和传输过程中发挥着重要的作用，从宏观尺度到纳米尺度良好进化的分层微结构，通过光合作用促进太阳能捕获和转化为化学能。我们可以通过复制从宏观尺度到纳米尺度的树叶的分层结构来产生功能性金属碳化物或氧化物。树叶以其有利于光吸收和物质传输的三维精细分级多孔结构而被广泛研究，成为植物模板的典型代表之一。通过以树叶为模板，分别制备了掺氮二氧化钛（N-doped TiO_2）、铂沉积的掺氮二氧化钛（Pt/N-doped TiO_2）、硫化镉和金沉积的掺氮二氧化钛（CdS/Au/N-TiO_2）等复合材料用于光催化水分解产氢。树叶的三维精细分级多孔结构提高了催化剂对于入射光的吸收，同时也为水分解反应提供了更多的反应位点，使得复合材料的光催化水分解产氢性能比无树叶模板构型的半导体材料提高了数倍。进一步地，受树叶中纳米有序壳层状堆叠的类囊体启发，通过硬模板法制备了具有不同层数的石墨化氮化碳（g-C_3N_4），如图 5-27 所示。结果表明，当层数增加时，由于表面积增大和多层散射与反射作用，催化剂对入射光的吸收能力显著提高，因此 3 层的 g-C_3N_4 的光吸收性能和光催化性能明显强于单层和双层的，其产氢性能可达到 630μmol · h^{-1} · g^{-1}，是不含金属光催化剂中的佼佼者。

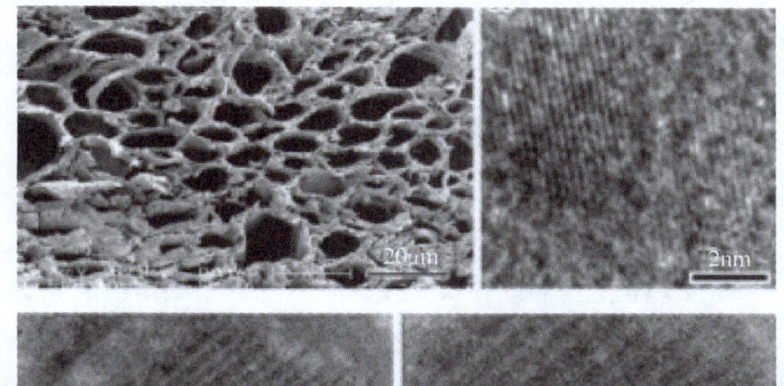

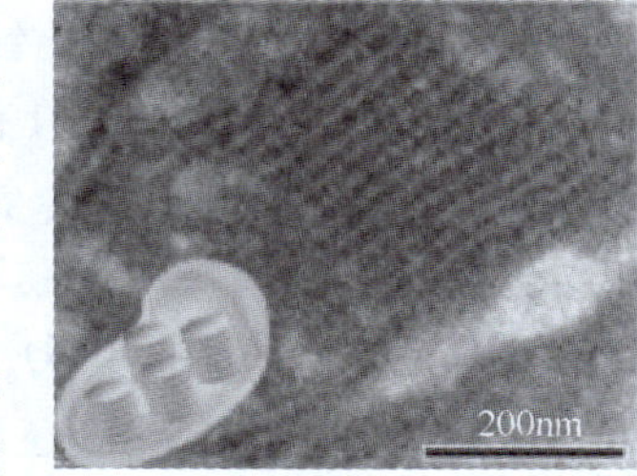

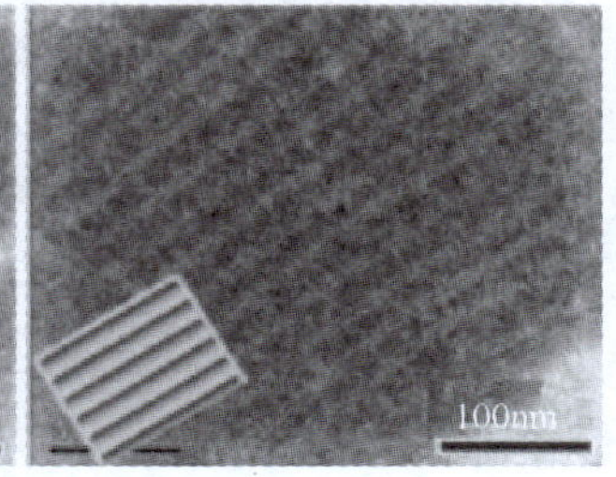

图 5-27 树叶模板的层状结构掺氮二氧化钛的扫描电镜和透射电镜照片

木材还可以通过反应烧结转化为陶瓷，用于构建能源材料。刘向雷等人将木头初步切割，在干燥箱中干燥后置于管式炉中升温至 900~1100℃保温 30~60min，如图 5-28 所示。出炉，将碳化后的前驱体精细切割。将切割后的前驱体置于高温炉中，真空氛围下与过量的硅在 1550~1650℃下反应烧结 1~4h。然后置于（1900±50）℃的真空氛围中保温 4~6h，将反应后多余硅以气态形式排出，得到生物形态的多孔碳化硅陶瓷。接着将氯盐置于坩埚中使其包覆生物形态碳化硅陶瓷，在管式炉中真空加热至 665~675℃，保温 3~4h，升温速度≤3℃/min，获得高温光热储存材料。制备的复合相变储热材料具有优异的导热性能、光谱吸收性能和储热密度，陶瓷骨架热导率为 113W/mK，相变材料的相变焓高达 411 J/g，融化温度为 663℃，复合材料热导率高达 116W/mK，复合材料平均光谱吸收率高达 92%，复合材料储热密度高达 453kJ/kg，提高了能量转换效率。

褐藻是一种常见的藻类，在我国每年的产量可达 800 万吨，既可以用来食用，又可以用作工业来源。褐藻主要分布在寒带和温带的海洋中，其细胞组织具有特殊的结构可以适应富含金属离子与各种盐质的海水，是一种强金属离子吸附型生物。2009 年，Raymundo Pinero

图 5-28 木材形态复合相变储热材料制备方法

等人利用巨藻作为前驱体研究了其电化学性能。将一种智利巨藻直接碳化，得到了比表面为 $1300m^2/g$ 的多孔碳材料，其孔径集中在 10nm 以内，非常适合高效的电解液离子传输，且这些多孔碳材料表面富含的含氧官能团，可以提供额外的赝电容。因此所得的碳材料在 1mol/L 的 H_2SO_4 水系电解液中比容量高达 264F/g，在 1mol/L 的 TEABF4 有机电解液中比容量为 94F/g。2015 年，Kang 等人利用食用级别的裙带菜作为碳前驱体制备了一种具有丰富介孔结构的碳材料。碳化裙带菜材料中含有大量均匀分布的 10nm 左右的介孔，在这些介孔的基础上进一步化学活化，得到了更多的微孔结构。该具有分级多孔结构的碳材料在水系电解液中比容量高达 425F/g，在有机电解液中仍有 210F/g 的高比容量。研究发现，这种碳材料中均匀分布的介孔结构的形成与裙带菜细胞壁结构中的海藻酸钠有关。海藻酸钠与海水中的金属离子发生交联反应，形成“蛋盒”结构，在碳化过程中，这些“蛋盒”结构转化成被薄碳层覆盖的纳米金属颗粒，进一步酸洗使得纳米金属颗粒溶解，得到了具有均匀介孔结构的碳材料。

5.4.4 动物模板

1. 蝴蝶翅膀

蝴蝶以其丰富的种类、形态、色彩、结构等成为动物模板的典型代表之一。2011 年，Liu 等人采用玉斑凤蝶为模板，制备了铂沉积的二氧化钛，其光催化产氢性能比无模板构型的二氧化钛提高了 2.3 倍。2013 年，Yin 等人制备了具有巴黎翠凤蝶精细构型的碳沉积的钒酸铋（$BiVO_4$），其光催化产氧性能比无构型的 $BiVO_4$ 提高了 16 倍。如图 5-29 所示，并对比研究了具有微纳米分级多孔结构的绿霓德凤蝶、巴黎翠凤蝶和裳凤蝶的原始结构与光吸收能力。选取绿霓德凤蝶为模板制备了金纳米棒和 $BiVO_4$ 沉积的复合蝶翅，该蝴蝶翅膀以其多种多样的形态和结构也可用于红外光催化二氧化碳还原，测试结果表明绿霓德凤蝶的微纳

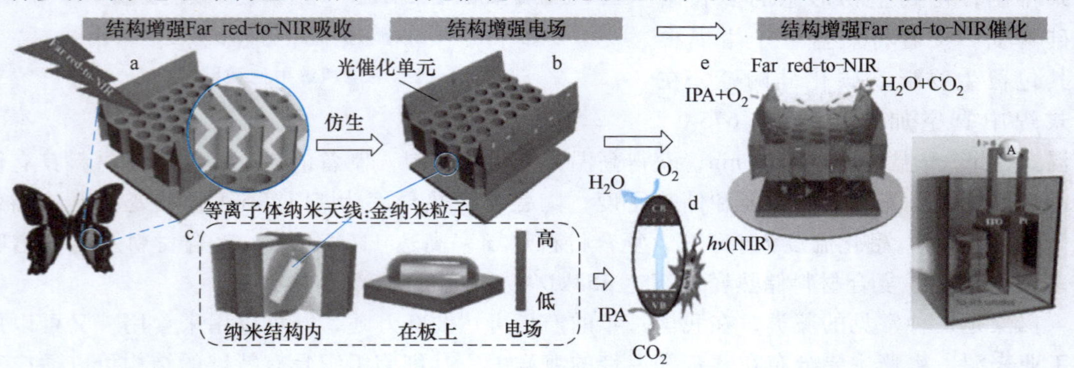

图 5-29 蝶翅模板的远-近红外高光响应的催化剂制备和原理示意图

米分级多孔结构可以提高催化剂在远红外和近红外波段（700~1200nm）的光捕获能力（1.25倍），以及金纳米棒的局域表面等离子体共振效应（3.5倍），从而有效提高光催化性能。

蝴蝶翅膀以其多种多样的形态和结构也可以满足光热应用。例如，Tian等人使用裳凤蝶前翅制备的金-硫化铜（CuS）复合蝶翅表现出广谱高吸光性能，对红外光的光热转换效率为30.56%。这一方面是由于金的等离子体共振效应和硫化铜光激发的耦合，另一方面也得益于裳凤蝶蜂窝状减反射微纳米结构对于入射光的高效吸收。Pris等人报道的夜明珠闪蝶可以将中红外光（3~8mm）转换为可见光，通过在蝶翅鳞片上沉积单壁碳纳米管，可以实现对中红外光的高灵敏检测，计算结果同时表明夜明珠闪蝶的树枝状微纳米结构的光热响应特性，可以为其他的热成像和热检测领域提供借鉴。Miyako等人也使用夜明珠闪蝶为模板，在蝶翅鳞片上沉积单壁碳纳米管后，复合材料表现出良好的光热转换性能，包括激光触发远程热响应、高的导电性、可重复DNA扩增等特性和应用前景。

2. 鲨鱼皮

鲨鱼皮的减阻效能依赖于其盾鳞上的微米级沟槽和体表黏液对湍流的梳理整流及增加边界层厚度的作用。除了机械加工、激光加工、快速原型等手段仿制鲨鱼皮的方式，还可以直接利用真实鲨鱼皮生物复制成型出逼真的鲨鱼皮形貌与界面结构。其基本过程：先对鲨鱼皮进行取样，经强化预处理后得到可用于生物约束成型的复制样本，之后借助微压印或微塑铸手段分别制得微复制模板，再经模板复型最终得到仿鲨鱼皮表面形貌。由于复制工艺通常只针对面型与平面夹角>90°的表面形貌，而鲨鱼鳞片属于斜楔形，其背面面型与平面夹角<90°，这对微压印和微塑铸过程中材料的流动性及脱模问题提出了新的要求，成型过程必须选择温态流动性好、常态柔软易脱模的材料。

微压印法复制鲨鱼皮的工艺过程包括基板加热、样本叠放与施等静压、弹性脱模、复型翻模四个步骤。选用80mm×80mm×5mm聚甲基丙烯酸甲酯（Polymethylmethacrylate，PM-MA）平板作为基板，首先将其加热到其玻璃化温度105℃并保持恒温；把鲨鱼皮鱼鳞面朝下平铺于基板上，然后在鲨鱼皮上施加等静压并保持30min，压力大小视其面积而定；保压降温并在70℃下脱模便得到印有鲨鱼鳞片阴模结构的微复制模板，如图5-30所示。复型时选用室温双组分模具硅橡胶RTV-II5230作为浇铸材料，将预聚物与固化剂按质量比1000：1

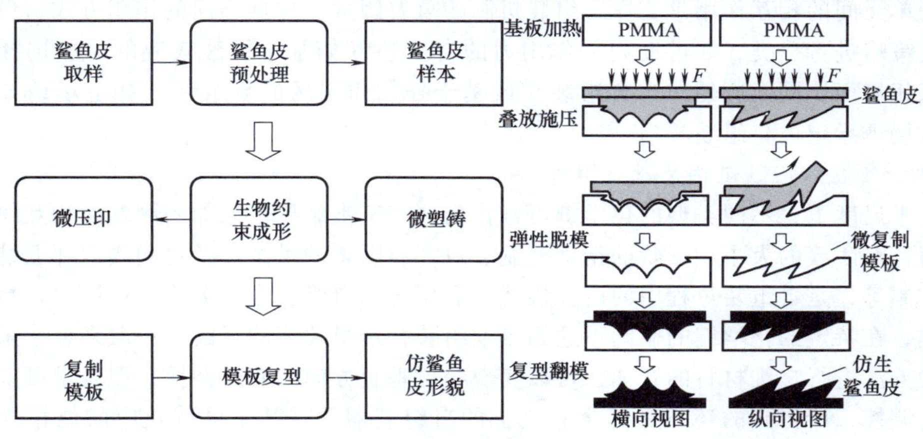

图5-30 鲨鱼皮复制工艺流程及仿鲨鱼皮表面生物复制成型工艺流程

混合经真空脱气后浇注于复制模板表面，静置24h固化后脱模便得到仿生鲨鱼皮。

5.5 仿生制造法

与人工方法通过去除、连接、约束、复制等方法实现仿生样件成型与制备不同，生物在基因的指导下，自发地构建生物组织及生物材料。仿生制造是指模仿生物组织形成生长方式，构建高性能材料。生物构建物质的形式多样，过程复杂，随着人们对生物研究的深入，仿生制造也随之不断深入发展，目前主要的仿生制造法主要包括仿生自组装、仿生矿化和细胞仿生制造等。这些方法相互渗透，相辅相成。

5.5.1 仿生自组装

自组装（Self-Assembly），是指基本结构单元（分子、纳米材料、微米或更大尺度的物质）自发形成有序结构的一种技术。在自组装的过程中，基本结构单元在基于非共价键在弱相互作用（包括库仑力、范德华力、疏水作用力、氢键作用、静电作用）下自发地组织或聚集为一个稳定、具有一定规则几何外观的结构。自组装过程是若干结构单元之间同时自发关联并结合在一起，形成一个有序整体的复杂协同过程。

自然界中，蛋白质的形成、细胞的生成及演化、DNA分子之间的信息储存和传递都是通过分子自组装来实现的。借鉴自然界的自组装与自组织的思想，最终实现人工合成新颖、稳定、功能和技术上重要的材料，在未来可能创造出某些低级的生命形式，如病毒、单细胞等，从而为人类认识生命现象的本质提供新方法、新思路。通过仿生自组装技术，借助分子间作用力自发形成稳定并具有特定结构和功能的微纳米尺度结构，已经成为制备纳米材料和器件的重要手段和方法之一。自组装技术是“自下而上”方法中的重要技术手段，这种合成方式可以代替传统的“自上而下”加工技术，实现单个原子或分子在纳米尺度上构造特定结构和功能的器件。随着仿生学和现代科学技术的快速发展，仿生自组装技术引起科学家的广泛关注，在电子、信息、材料和生命等众多领域占据越来越重要的地位。

在自组装过程中，基本结构单元在一定条件下自发地排列组装成具有一定特征的次级结构。结构单元间的相互作用是支撑自组装机制的重要因素。根据不同的作用方式，可以对自组装合成策略进行分类，如借助内部作用力的自组装（如基于屏蔽效应的位相选择自组装和基于双相界面协同效应的仿生自组装）或基于外加作用场的自组装（如电场诱导定位自组装和磁场诱导定位自组装）等。

1. 基于屏蔽效应的位相选择自组装

在纳米尺度下，不同类型的化学键可以作为调节基本结构单元如团簇之间相互作用的工具。然而，对团簇的大小和形状的精确控制、对环境因素的敏感性及对团簇内部亚结构之间的距离控制等，是自组装过程中的巨大挑战。利用仿生自组装合成策略，可以设计特定类型的化学键，在特定的化学键的驱动下达到自发组装特定组装体的目的。一般来说，采用层层自组装的方法进行二维材料的叠加，可以实现叠层垂直方向的有序调控，但是难以实现二维平面内的调控，所得到的还不是完全意义上的自组装器件。基于屏蔽效应的位相选择自组装，是在二维平面内定位控制纳米颗粒，构筑纳米功能器件。

对基底选择性修饰不同的分子，通过分子间的相互作用引导纳米颗粒组装，是一种便捷有效的调控手段。Xiang 等人在 2004 年首次提出一种基于屏蔽效应的位相选择自组装新策略，即在自组装过程中使用一种屏蔽试剂，改变基底表面亲疏水性，可实现纳米材料在基底上选择性生长。在该过程中，首先需要对超疏水基底表面特定位置进行超亲水化处理，获得同时具有超亲水基团（极性基团）和超疏水基团（非极性基团）的超疏水/超亲水模板，然后将处理的基底置于表面活性剂的水溶液中，该超疏水/超亲水基底表面将分别与疏水/亲水基团作用，疏水端与超疏水基团作用使疏水表面被表面活性剂覆盖，形成了屏蔽效应。同时，基底模板上暴露出大量的亲水基团，亲水性功能分子与基底表面亲水基团组装。通过该方法在柔性基底上制备自组装单分子薄膜（SAMs），对特定位点亲/疏水改性后，TiO_2 纳米颗粒可以在基底上选择生长。它们以聚对苯二甲酸乙二醇酯（PET）为基底，通过在基底上沉积一层甲苯三氯硅烷（TTCS）得到自组装单分子薄膜（SAMs），然后利用紫外光照进行紫外辐射亲/疏水改性，得到-CH3 和-OH 相间的分子表面。将该模板浸泡在屏蔽试剂（十二烷苯磺酸钠）的水溶液中，屏蔽试剂为线性分子结构，一端为亲水基团，另一端为疏水基团。沉积的 TiO_2 分子根据相似相溶原理选择性锚定在模板上，线性结构使分子在模板上形成了屏蔽效应。

2. 基于双相界面协同效应的仿生自组装

有机-无机双液相界面是生物体中生命活动的重要反应位点，几乎所有的活体反应都不同程度地受到此类界面的影响。在仿生自组装过程中，借此类界面可以对材料生长的形貌起到调控作用。研究表明，以有机-无机双液相界面及自组装分子层为模板，可以实现纳米材料的分级结构自组装。由该方法制备的材料可以获得复杂的表面形貌和分级结构，如梭状亚单元、微球结构和刺猬状结构等。纳米材料的双相界面自组装具有简便、环保、易于控制和操作等诸多优点，具备大规模生产的潜力，可用于合成功能性原料，如半导体（碳纳米点、PbS、Zn）、贵金属（Au、Ag、Pt）、稀土荧光（TiO_2、CuO、ZrO_2、SnO_2、ZnO）和磁性纳米晶体（$CoFe_2O_4$）等。在纳米功能器件制备方面也具有良好的发展前景，例如依靠低表面张力和亥姆霍兹自由能使纳米颗粒组装成纳米薄膜等二维纳米结构，在电子、催化、光学和传感器等领域有广泛的应用。研究发现，微米级的固体粒子能在双液相界面形成一层稳定的薄膜，即 Pickering 乳液，Pickering 乳液稳定机理示意图如图 5-31 所示。粒子的尺寸大小、粒子间相互作用及双相界面之间的相互作用决定了固体粒子在双相界面的吸附能力。固体颗粒能否形成有效的稳定乳液，还取决于三相接触角 θ。对于亲水性颗粒（如金属氧化物），颗粒浸入水相的部分比浸入油相多，此时易形成水/油（W/O）乳液。根据 Pieranski 理论，双液相界面自组装被定义为一个可以自发构造多级有序结构的过程，热力学因素和其他约束力都会影响界面自组装过程。热力学中的自由能（系统减少的内能）可以转化为对外做功，是衡量在一个特定的热力学过程中系统可对外输出的“有效能量”。Pieranski 的研究表明，水/油体系总自由能降低是粒子界面自组装的主要驱动力。对于半径为 r 的粒子，界面总表面能变化为

$$\Delta E = -\frac{\pi r^2}{\gamma_{O/W}}[\gamma_{O/W} - (\gamma_{P/W} - \gamma_{P/O})]^2 \tag{5-1}$$

式中，$\gamma_{O/W}$、$\gamma_{P/W}$ 和 $\gamma_{P/O}$ 分别为油/水、粒子/水和粒子/油的表面张力系数。粒子在界面上的稳定性取决于有效半径。对于微米级的粒子，界面总自由能减少量远高于其热运动能量

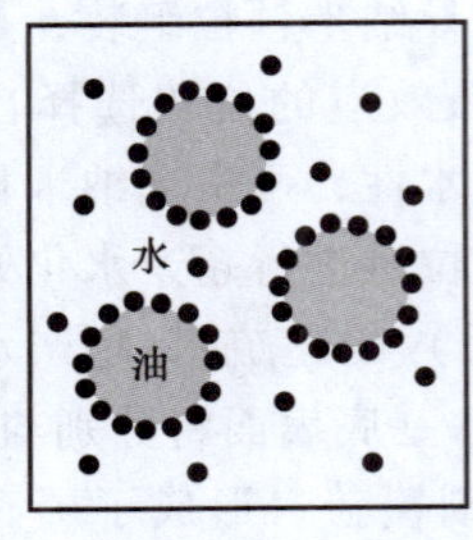

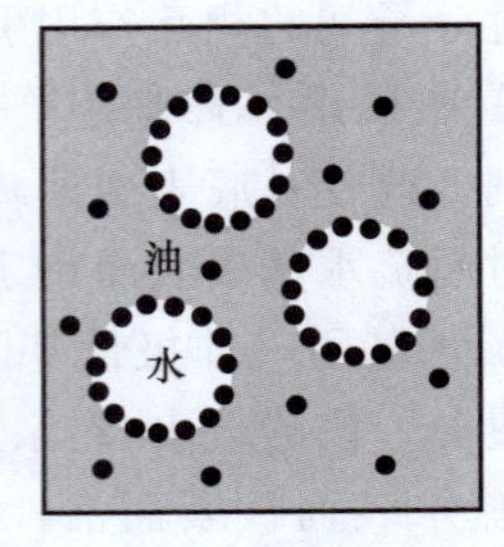

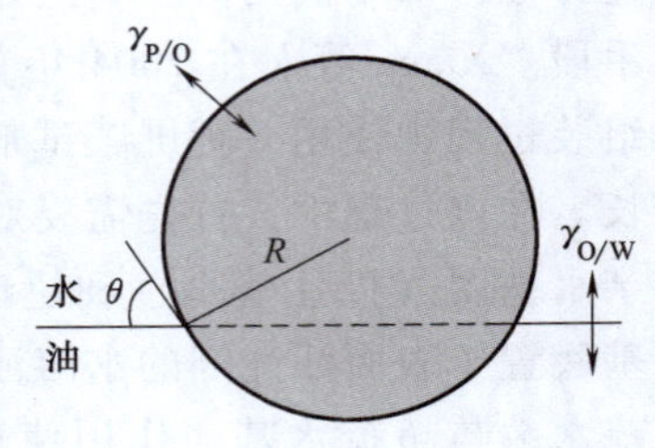

图 5-31 Pickering 乳液稳定机理示意图

k_BT，所以这些粒子无法自发吸附到界面上；而对于纳米粒子，ΔE 的数量级与 k_BT 相当，能够在体相与界面之间形成动态吸附平衡。

生物材料具有多组分的特征，通常是由有序的有机-无机杂化结构组成，基于双相界面表面张力，利用仿生自组装开发和制备不同形貌和功能的纳米材料也是目前研究的热点之一。Tiwari 等人基于 Pieranski 理论，在水-二甲苯双相界面实现了自支撑超薄聚亚胺分子分离膜的大面积制备。他们首先以 1,3,5-三（4-甲酰基苯基）苯（TFPB）和乙二胺（EDA）为单体，在二甲苯溶剂中制备亚胺齐聚物悬浮溶液后倒入水溶液中，构筑水-二甲苯双相界面，基于水催化的界面缩聚和齐聚物自组装形成具有交联网络结构的纳米级超薄聚亚胺膜。双相界面缩聚反应 3h 后得到聚亚胺薄膜，用 AFM 测得其厚度约为 14nm。

3. 电场诱导定位自组装

仿生自组装过程中按照一定规则有序排列的纳米组装体可以实现特定的结构和功能。但在部分自组装过程中，纳米颗粒是随机排布的，且分布不均，难以实现纳米组装体的结构功能一体化。为了按照有序排列的方式获得纳米组装体仿生结构，必须借助“外力作用”对自组装过程进行精准调控。研究表明，通过施加外场（电场、磁场、光场等）作用，可以有效控制纳米粒子的自组装速度、组装位点及排列取向等，实现定位乃至定向自组装。

外加电场（即借助电动势和电动流体力学）可使极化纳米粒子形成链、胶体或晶体。对与介质溶液接触的电极施加直流（DC）或交流（AC）电压使不同特性的纳米粒子和载体介质发生响应，从而影响纳米粒子的自组装行为。采用不同的电场强度和频率调控不同体系的自组装行为。其中，粒子的极化方式、移动电荷、固定电荷及其分布在电场诱导定位自组装过程中起着重要作用。Xiang 等人通过电场诱导自组装的方法在硅（111）晶片上垂直定位组装多壁碳纳米管（MWCNTs）阵列。通过控制直流电压（0~4V）可以控制 MWCNTs 阵列的密度。在低压直流电场下，通过 MWCNTs 末端羧基与硅电极表面羟基的缩合反应，可以得到场发射性能优异的 MWCNTs 阵列。在此基础上，该研究团队利用电场诱导定位效应在柔性基板上定位定向组装高密度单壁碳纳米管（SWCNTs），将图案化的 SWCNTs 组装在柔性聚对苯二甲酸乙二醇酯（PET）基板上，这项技术对于功能材料的自组装行为和精确定位具有重要意义。Huang 等人研究了阴离子铂配合物在自发自组装过程及在电场驱动下配合物组装形貌的变化情况。SEM 和 TEM 表征结果显示，配合物在两种组装过程中得到的形貌分别为棒状和花状，这是由于在自发自组装的棒状纳米结构中，相邻的铂配合物阴离子与四丁基铵盐阳离子形成了两个离子的交替层，而在电场驱动下通过分子间 Pt-Pt 和 π-π 堆积相互作用组装而形成花状纳米结构，如图 5-32 所示。另外，他们还探究了不同电压对纳米结构形貌的影响，电极表面的粗糙程度是决定纳米结构形貌的关键因素。共聚焦荧光成像和寿命成像结果显示，由两种不同组装方法得到的纳米材料具有不同的发光颜色和寿命，这种独特的性质在数据存储、防伪和智能窗口等领域中具有潜在的应用价值。

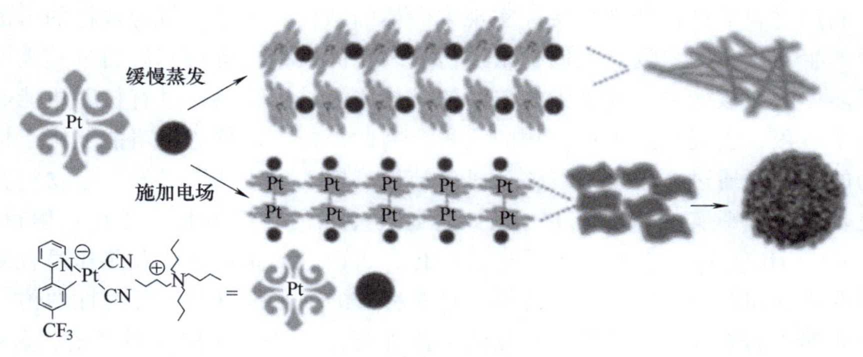

图 5-32　电场诱导自组装过程

4. 磁场诱导定位自组装

通常纳米材料的自组装通过非特异性相互作用驱动，如范德瓦尔斯力和静电力等。研究表明，施加外部磁场是一种诱导纳米粒子之间长距离定向相互作用的有效方法。除了外加磁场，具有磁性的纳米粒子也可以在内部磁力的驱动下进行自组装。磁力可以克服纳米粒子之间的热运动和静电排斥作用，磁性纳米粒子在邻近的磁性粒子或外场等形成的局部磁场的诱导下易于组装成纳米链、纳米线和纳米棒等结构，其中磁性粒子种类、大小和形状等会影响其磁性，从而影响自组装效果。Chang 等人报道了一种具有动态着色和虹彩的可磁调谐纳米结构材料，当在液体环境中磁化时，以周期性排列的磁性纳米柱阵列（FFPDMS 柱阵列）为模板诱导氧化铁纳米颗粒自组装。磁性模板诱导的周期性局部磁场锚定组装好的颗粒柱，当外加磁场的角度发生变化时，可以使结构在基底上产生倾斜。所制备的结构显示出从绿色到黄色的可逆色位移高达 192nm。这种方法可改变周期结构的取向，为可调谐磁结构和动态光子器件提供了潜在的应用可能。

5.5.2　仿生矿化

生命体通过调控无机矿物的成核、取向、生长和组装来制造有机-无机复合材料。仿生矿化（Biomimetic Mineralization）是指借鉴生物矿化的原理，可利用有机基质实现无机材料的可控合成，制备出性能优异的新型复合材料。

生物矿化作为自然界中普遍存在的现象，是指有机生命体调控无机矿物形成的过程。在生物矿化的过程中有机基质如有机小分子、多肽、蛋白质、核酸等作为矿物的成核位点，在生物环境中诱导晶体的定向生长和自组装，进而产生具有多级有序结构的有机-无机复合结构。在生物体的调控作用下生物矿物通常具有优异的理化特性，比人工合成材料具有更高的硬度、强度和韧性，能够为生物体提供支撑保护、代谢调控等特殊的功能。例如，天然贝壳由95%的文石和5%的有机物质组成，其强度和韧性比合成的碳酸钙提高了约3000倍；甲壳类昆虫球鼠妇在周期性换壳过程中，降低甲壳中镁离子和天冬氨酸的含量来减缓无定形相到结晶相的转变过程，有效保证了新外壳的复杂结构；哺乳动物的骨骼和牙本质是由沿胶原纤维方向生长的羟基磷灰石晶体组成，其多级有序结构保证了自身的韧性和强度。由此可见，在自然进化过程中，生物体根据自身特性和需求获得了对矿物合成的精准调控能力，通过无机矿物与生物体巧妙的组装产生更加优越的性能。仿生矿化是将矿化物与生命体结合形成新型生命体，利用材料的结构和理化特性实现生命体的结构、功能、行为调控的目的。

受到天然生物矿化的启发，人们提出了仿生矿化的策略。有机基质通过其表面活性官能团能够降低晶体的成核能垒，促进无机矿物的异相成核过程，故通过有机基质能够调控无机物结晶动力学过程，实现可控无机矿物的沉积。因此，仿生矿化的策略能够用于模仿自然界中生物矿物的结构，通过合理设计能够合成出结构可控、理化性质优异、生物相容性好的多级有序的复合材料，即实现结构仿生。例如，通过冷冻诱导组装和乙酰化过程得到β-几丁质基质，经 $Ca(HCO_3)_2$ 的分解对基质进行矿化，再由丝素蛋白渗透和热压过程即可获得与天然珍珠层的成分和结构高度相似的材料，具有良好的极限强度和断裂韧性的仿生材料；对于骨缺损和牙釉质的修复，可通过在修复液中添加蛋白质或多肽实现对羟基磷灰石（HAP）的成核、生长、取向过程的控制，实现晶体的原位再矿化，制备出具有优异强度和摩擦性能的无机仿生修复层；Ⅰ型胶原蛋白能够组装成三螺旋结构，并诱导磷酸钙在胶原纤维内成核和矿化，实现晶体的定向生长和组装，被广泛用于软骨和牙本质的修复。

1. 生物矿化

在生物体中，生物矿化是指生物利用细胞活动来指导矿物沉积的过程。首先，细胞分泌产生矿化相关的有机基质，如聚合物、蛋白质、多糖、胶原等，将其作为模板，为矿化提供成核位点；其次，通过调节环境中阴离子和阳离子的浓度，细胞能够将矿化所需的离子运输到沉积位点，促进成核并生长出复杂的特异性产物。其中阳离子主要通过离子通道主动运输，而阴离子则是通过由阳离子传输过程中产生的 pH 梯度驱动的被动扩散。受细胞调控形成的生物矿物相通常具有特殊的形貌、尺寸、结晶度和微量元素组成，其中有机组分不仅增强了复合材料的力学性能，还对矿化过程起着至关重要的控制作用，使材料显示出有趣的特性和受控的分级结构，与人工合成的整块无机材料完全不同。

此外，生物矿化结构能够在细胞水平上对外部刺激做出反应，进行自我修复和结构的重塑。例如，骨钙素作为骨骼中最丰富的非胶原蛋白，可协调钙矿物的沉积，当出现骨折情况时可招募破骨细胞和成骨细胞进行骨吸收和再沉积。因此，深入研究生物矿化的过程对于了解生物硬组织的形成方式至关重要，为仿生制备类似结构的生物材料提供研究思路。此外，生物矿化的研究还能够解释生理性和病理性矿化的相关疾病的病因，如骨质疏松、牙釉质修复、心血管疾病、白内障等。

近年来，随着生物矿化领域的不断拓展，在生物矿化原理的指导下，研究者们通过模拟生物矿化过程，利用生物大分子的模板效应对无机成核-结晶过程中的反应动力学加以控制，可实现仿生材料的可控合成，构建出性能优异的有机-无机复合材料。

2. 典型生物矿物

生物矿物具有特殊的形貌结构和组装方式，可发挥出特定的功能，如骨架支撑、重力传感、磁场传感等作用。早在寒武纪末期，来自不同种属的生物体就进化出了60多种不同的矿物种类，主要由钙、铁、镁、锰、钡等金属离子和阴离子结合形成碳酸盐、磷酸盐、草酸盐、硫酸盐、氧化物、硫化物和硅化物等矿物。

（1）钙矿物　作为生物体内重要的第二信使，钙离子在生物的功能和新陈代谢中起到重要作用，因此钙盐在生物矿物中占主要部分，并主要以碳酸钙和磷酸钙的形式存在。碳酸钙晶体主要包括文石、方解石、球霰石、一水合碳酸钙（$CaCO_3 \cdot H_2O$）和六水合碳酸钙（$CaCO_3 \cdot 6H_2O$）等晶型，并对应着不同的矿物微结构。除了碳酸钙晶体，无定形碳酸钙（ACC）也在生物体内以相对稳定的形式存在于矿物早期形成过程中。在发育早期的海胆骨刺针状体中，碳酸钙以ACC的形式大量储存，随着海胆的发育成熟，ACC逐渐转化为方解石。磷酸钙矿物在生物体内主要以无定形磷酸钙（ACP）、羟基磷灰石［HAP，$Ca_{10}(PO_4)_6(OH)_2$］、磷酸八钙［OCP，$Ca_8H_2(PO_4)_6$］、磷酸三钙［TCP，$Ca_3(PO_4)_2$］、磷酸氢钙（DCP，$CaHPO_4$）和二水磷酸氢钙（DCPD，$CaHPO_4 \cdot H_2O$）等形式存在，其中HAP和TCP是生物体骨骼和牙齿的主要成分，赋予了生物硬组织优异的物理和力学性能。有趣的是，无脊椎动物主要依赖于碳酸钙矿物，而脊椎动物除以碳酸钙形成的内耳耳石之外，几乎只使用磷酸钙。

（2）硅矿物　硅矿物主要存在于硅藻、植物和海绵中。硅藻是单细胞藻类，主要通过从环境中吸收可溶性硅酸在细胞壁上催化纳米二氧化硅（SiO_2）形成，不同种类的硅藻细胞壁具有从纳米到微米尺度上的结构多样性。植物体内的二氧化硅赋予了植物刚性结构，在防止其偏倒的同时通过磨损捕食者的牙釉质起到对自身的保护作用；此外，刺莲花科植物的茎叶是由二氧化硅组成的细空心刺状毛状体，能够穿透皮肤并注射炎症物质，引发荨麻疹；海绵则是通过酶促聚合二氧化硅，产生大量硅质针状体，以保证其结构的稳定性，抵抗捕食者的侵袭。

（3）铁矿物　铁矿物主要存在于软体动物的牙齿、微生物和飞禽中，具有研磨或磁传感器的功能。例如，结核分枝杆菌通过合成形态和尺寸可控的磁小体来利用地磁场进行游动，科学家通过仿生手段合成了这种磁小体，发现其在水溶液中具有较好的分散性，是一种理想的生物材料，目前被广泛应用于生物医学领域；帽贝牙齿主要由包裹在几丁质基质中的针铁矿（α-FeOOH）组成，作为有着不同取向的生物纤维纳米复合材料，具有极好的机械承载功能。

3. 仿生矿化典型应用

（1）牙齿修复　目前临床医学上修复龋齿的手段主要是通过人工材料修补，所采用的龋齿修复材料主要有银汞合金和树脂材料等。银汞合金修复龋齿操作简单、价格经济实惠，但存在美观性欠佳、潜在的汞毒性及重金属污染等问题，目前已逐步被树脂材料取代。树脂材料经调色可减小与残留牙体的色差，但树脂材料强度较差，且具有固化收缩性，修复后与牙体存在明显的间隙，易发生界面材料的生物降解，长期有效性不佳。这些人工材料无论是从材质、结构还是性能上都与天然牙体有很大的差距。因此利用仿生矿化手段，在受损牙体表面再矿化一层与天然牙齿结构相近的材料，对于修复龋齿具有重要的临床意义。

目前，牙釉质的修复和再矿化的仿生矿化实验主要是在体外模拟口腔或体液环境，对酸蚀后的牙釉质进行修复。通过模拟牙釉蛋白和其他矿化功能蛋白促进牙釉质形成的功能，仿生矿化实验中常加入矿化功能蛋白或其模拟物（多肽、双亲分子或高分子等）。Fan等人将水凝胶在添加了牙釉蛋白和氟离子的人工唾液中培养，然后对酸蚀后的牙釉质表面进行再矿化修复，发现牙釉质表面形成了含有针状氟化羟基磷灰石晶体的矿物层。由于矿化功能蛋白获取困难，研究者们发现一些多肽残基也具有类似功能蛋白的活性。Kirkham等人发现一种可自组装成纤维的酸性多肽（P11-4）可以促进牙釉质的再矿化和抑制脱矿。除多肽外，一些合成高分子也具有促进矿化功能，其中富含电荷基团和衍生化能力的聚酰胺-胺型树枝状高分子（PAMAM）吸引了研究者的广泛关注。Yang 等人合成了天冬氨酸和硬脂酸修饰的 PAMAM 双亲分子，发现具有类牙釉蛋白的组装功能，并可诱导磷灰石取向生长。Wu 等人合成了阿伦磷酸（ALN）改性的羧酸化聚酰胺-胺树枝状高分子，发现其具有原位诱导牙釉质再矿化的功能，并对磷灰石有强特异吸附和诱导再矿化的功能，矿化生成的棒状磷灰石具有与人牙釉质类似的纳米结构。

上述牙釉质再矿化过程的矿物来源是矿化液中的钙磷离子，但在实际牙釉质修复时，不可能在口腔中引入大量的钙磷液。针对该难题，仿生矿化同样从生物矿化过程找到了灵感：生物矿化不是从溶液中的钙磷离子直接矿化，而是将 ACP 作为牙和骨矿化的前驱体。因此，有一些仿生矿化研究工作将 ACP 纳米颗粒作为钙磷来源用于牙釉质的修复。然而，ACP 是磷酸钙的亚稳态，在溶液中很容易发生相变，不易保存，这极大地限制了它的临床应用。为此，研究者通过添加稳定剂稳定 ACP 复合物应用于牙釉质的修复。通过酪蛋白磷酸肽（Caseinphosphopeptides，CPP）稳定 ACP，实现了龋坏釉质表层的再矿化。除 ACP 外，HAP 纳米颗粒也可用于牙釉质修复的装配单元。Li 等人合成了 20nm 的纳米羟基磷灰石颗粒，该尺寸与牙釉质的基本组成类似，可以很好地吸附在脱矿的牙釉质表面，形成致密矿化层，恢复了酸蚀牙齲的力学性能。虽然合成的纳米羟基磷灰石颗粒可以修复牙釉质，但没有实现牙釉质表面的磷灰石取向排列结构。在此基础上，利用谷氨酸调控 20nm 磷酸钙颗粒组装，脱矿的牙釉质表面在修复后得到了具有良好力学性能的类牙釉修复层，并且在矿化修复层可以看到纳米磷灰石晶体的取向排列和牙釉质的“鱼鳞”釉柱群特征。

虽然以上仿生修复手段可以得到和牙釉质的力学性能相似的修复层，但是要得到具有天然层级结构的牙釉质再矿化层仍是一个巨大的挑战。近期，Shao 等人基于纳米簇材料为生物矿化最基本单元的认识，以及生物矿化中大量存在的晶体/无定形矿物紧密结合矿化前沿界面，大规模制备了磷酸钙寡聚体，并以此作为牙釉质再矿化的装配单元。研究发现，将该材料直接滴在酸蚀的牙釉质上可形成致密 ACP 层，模仿生物矿化前沿，可以诱导牙釉质上棒状磷灰石的外延晶体生长，成功使牙釉质长出了 2~10μm 的再矿化釉质层。修复层与原始釉质层没有明显的界面和缝隙，实现了牙釉质晶格连续修复，并且牙釉质的多级结构得以保留。修复后牙釉质力学性能与天然牙釉质相同。由于是晶格连续的外延生长修复，磷酸钙寡聚体可以实现不同取向的牙釉柱和釉柱间质的再生，以及大尺度的全牙釉质层修复，这在仿生矿化修复牙釉质领域取得了重大突破，有望将牙齿修复从“填料填补”带入“仿生再生”时代。

（2）骨修复　传统骨修复材料一般是在体外构筑好，再移植到体内进行骨整合。而骨形成过程，是利用矿化前驱体实现胶原基质矿化的过程。唐睿康等人受此启发，对骨修复进行了一种创新尝试：向生物活体提供装配所需的原料（矿化前驱体），而不是在体外进行材料装配，让生物利用这些矿化前驱体来帮助骨再生。仿生矿化研究表明磷酸钙纳米团簇是磷酸钙形成的前驱体，但在溶液中含量极少且容易聚集，不易分离获取和宏量制备。他们通过借鉴和改进 PILP 方法，得到了宏观体量的磷酸钙聚合物液态前体纳米簇（CaP-PILP）材料。该材料富含矿物，呈黏稠状态，具有较好的流动性。CaP-PILP 中富含 1nm 大小的磷酸钙团簇，能实现胶原纤维的矿化，是一种矿化前驱体材料，将该材料应用于动物颅骨缺损骨修复，取得了良好效果。这种方法是一个重要突破，因为骨质疏松一般认为是不可逆的过程，临床治疗往往以延缓进展为主。在这些研究中，我们是从生物矿化中学习，发展仿生矿化技术，并通过仿生矿化技术得到材料，反过来应用于生物矿化体系中，实现了骨再生修复。

习　　题

5-1　简述生物模板法与遗态法的相似之处与区别。

5-2　有哪些方法可制备荷叶表面结构？

5-3　分析通过陶瓷膏体光固化成形技术制备陶瓷的技术难点。

5-4　分析激光选区烧结与激光选区熔化的异同。

5-5　判断下列哪种制备过程属于仿生制造？____（单选题）

A. 利用熔融堆积技术打印机器人手臂

B. 利用五轴加工中心加工具有仿生棱纹结构的叶片

C. 模拟牙釉蛋白等促进牙釉质形成原理实现牙釉质修复

D. 复制鲨鱼皮结构制造减阻表面

第6章
仿生设计样件评价及优化

前面的章节中完整地介绍了仿生设计的基本流程，而对于制备的仿生样件其性能如何，是否达到了设计的要求，仍需要进一步的评价和优化。如何科学合理地对制备的仿生样件评价和优化，是涉及仿生样件能否达到设计目标和是否有应用前景的基本要求。本章主要分为两个部分：第一部分主要介绍一些典型仿生设计样件评价方法，使读者了解这些评价方法的基本原理，从而为以后从事仿生设计打下基础；第二部分主要介绍仿生设计样件的常用优化方法，使读者掌握仿生设计样件的基本优化原理。

6.1 仿生设计样件评价方法

6.1.1 减阻性能评价

对于减阻材料的性能评价，在实验室环境中常采用压差测试、速度/时间测试法，在真实环境中常采用开放水域测试法。下面将分别介绍这几种方法。

1. 压差测试

对于管道内的不可压缩黏性流体的流动，其能量耗散主要来源于水头损失：

$$\frac{v_{in}^2}{2g}+z_{in}+\frac{p_{in}}{\rho g}=\frac{v_{out}^2}{2g}+z_{out}+\frac{p_{out}}{\rho g}+h_L \tag{6-1}$$

式中，h_L 为水头损失，对于水平直管内的流动，式（6-1）可简化为

$$h_L=\frac{p_{in}-p_{out}}{\rho g}=\frac{\Delta p}{\rho g} \tag{6-2}$$

式中，v_{in} 和 v_{out} 分别为管道的入口和出口流速；z_{in} 和 z_{out} 分别为入口高度和出口高度；Δp 为测试段出入口压差；p_{in} 和 p_{out} 分别为入口和出口压力；ρ 为流体密度。

通过测量流体流过仿生材料表面时两端的压力差，可以表征材料的减阻性能。图6-1所示为减阻性能测试系统原理图。

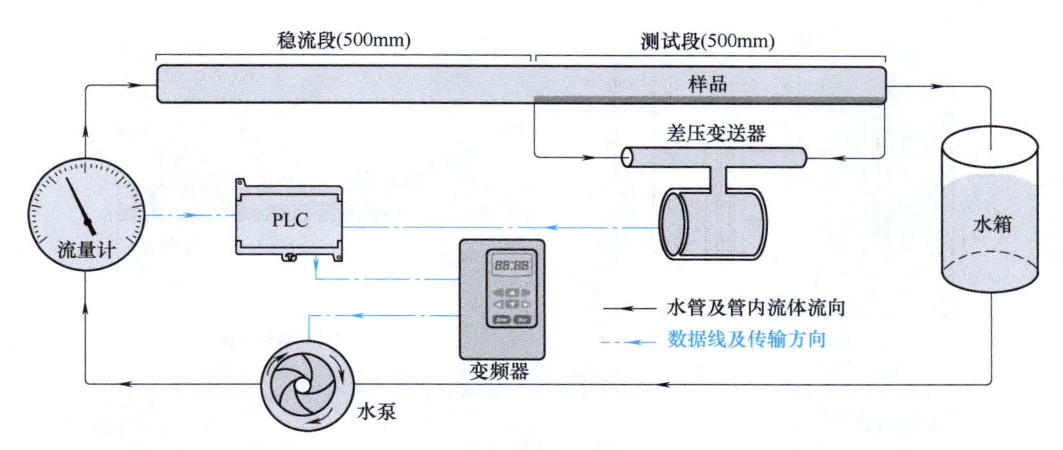

图 6-1 减阻性能测试系统原理图

2. 速度/时间测试

距离 s、速度 v、时间 t 有以下关系

$$s = vt \tag{6-3}$$

根据式（6-3），将减阻材料应用到样件表面，在流体中给予样件一定的初速度 v_0，测量使用减阻材料的样件与未使用减阻材料样件通过同样距离的时间差异，即可以获得减阻性能的差异，如图 6-2 所示。

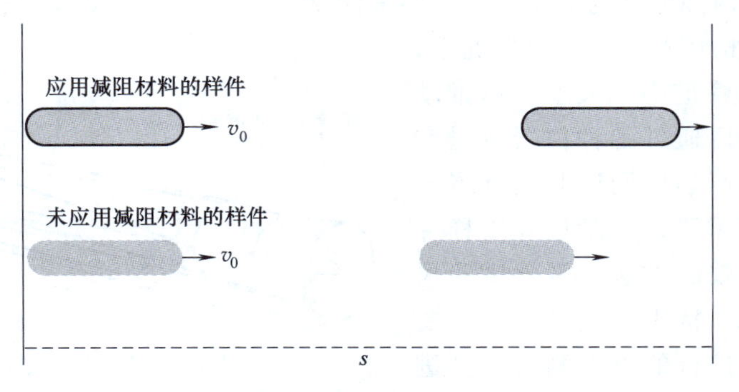

图 6-2 速度/时间测试法

3. 开放水域测试

在开放水域，可以测量减阻样件的剪切力 F，来确定减阻系数：

$$C_f = 2F/(\rho U^2 A) \tag{6-4}$$

式中，A 为测量样件的面积；ρ 为流体的密度；U 为拖曳速度。

将减阻材料安装到拖曳装备表面，测得其剪切力 F，依据式（6-4）可计算出减阻系数。图 6-3 所示为拖曳测试设备示意图。

6.1.2 降噪性能评价

当前降噪样件的评价一般采用声学试验风洞测试、隔声测试，或者将样件直接安装到设备表面在真实场景中测量其噪声水平，下面将分别介绍这些测量的原理。

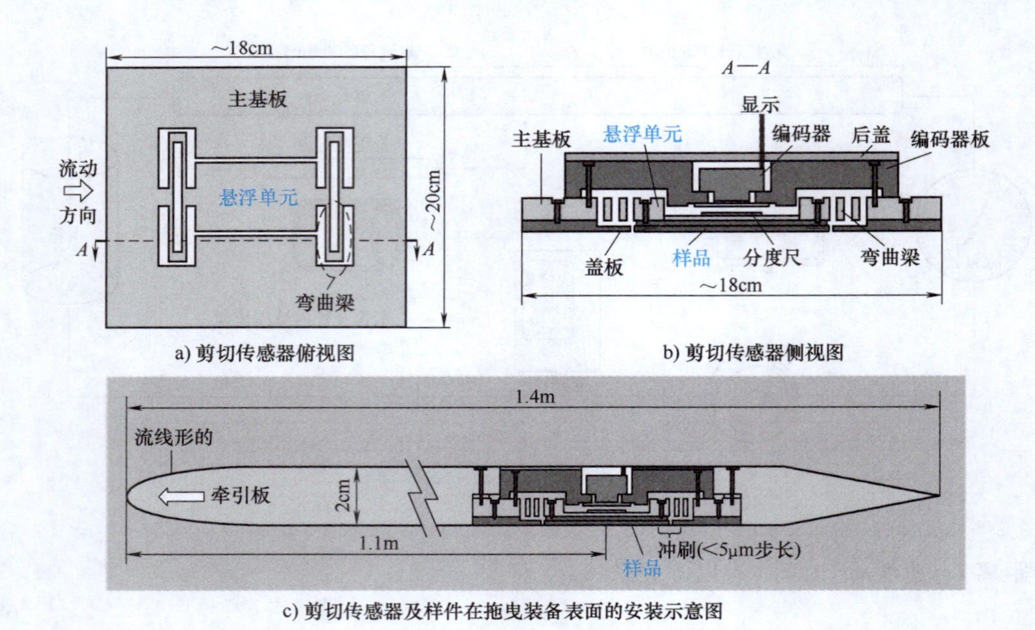

a) 剪切传感器俯视图

b) 剪切传感器侧视图

c) 剪切传感器及样件在拖曳装备表面的安装示意图

图 6-3 拖曳测试设备示意图

1. 声学试验风洞测试

风洞是空气在内部流动的大型管道，用来测试飞行中物体的动作、行为等信息，图 6-4 所示为风洞基本结构示意图。一般情况下，将被测样件固定到管道中，大型风扇推动空气通过管道，然后通过各种仪器测量空气对物体的作用。声学风洞试验是开展气动噪声研究的重要手段，是验证降噪样件设计最直接、最有效的方法。声学试验风洞的结构比较复杂，特别是测试段，需要根据风洞的大小及进行的声学测试类型进行针对性设计，从而避免干扰因素，保证测量结果的准确性。通过声学风洞试验的测量，可以获得声频谱和声压等级。在声学试验风洞中还会采用声学聚集镜、近场声全息、波束形成等技术对样件进行测试。对于样件降噪性能的测试，通过声学风洞试验可以获得声压、频率等信息，获得样件的降噪性能数据。

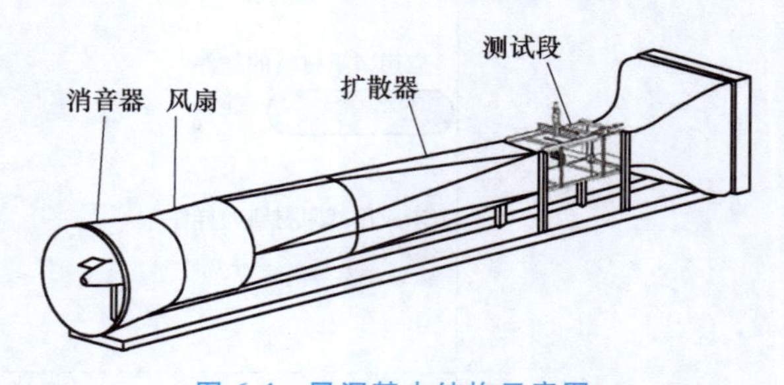

图 6-4 风洞基本结构示意图

2. 隔声测试

混响室法和驻波管法是测量降噪材料隔声性能的主要方法。

（1）混响室法　混响室法是将材料或样件安装到具有良好声扩散特性的混响室中，通过观察混响室放入样件前后的混响时间变化，计算吸声系数或吸声量，其测量原理示意图如图 6-5 所示。混响室由声源室和接收室构成，声源室与接收室中间开窗连通，开窗处安装测试样件，利用声源室和接收室间的声压差异，计算样件的隔声量。

（2）驻波管法　驻波管是一种测量吸声材料垂直入射吸声系数的装置，主要采用四传声器法，其结构示意图如图 6-6 所示。声源产生噪声（p_i）后向前传播，遇到样件后被反射

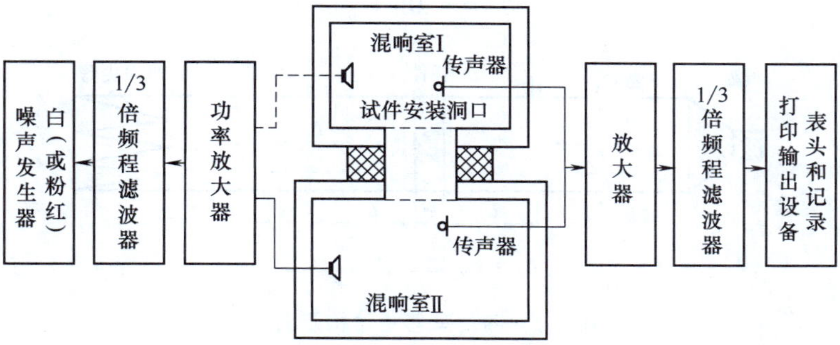

图 6-5　混响室法测量原理示意图

的声波称为反射波（p_r），进入样件并继续前进的波称为透射波（p_t），透射波继续向前传播，一部分被吸声尖劈吸收，另一部分被反射形成反射波（p_{2r}），在入射管和透射管分别放置两个传声器（p_1&p_2、p_3&p_4）即可用来计算入射声压、反射声压、透射声压及吸声尖劈反射的声压。

根据平面波的传播规律，有

$$\begin{cases} p_1 = p_i e^{jk(S_1+L_1)} + p_r e^{-jk(S_1+L_1)} \\ p_2 = p_i e^{jkL_1} + p_r e^{-jkL_1} \\ p_3 = p_t e^{jkL_2} + p_{2r} e^{-jkL_2} \\ p_4 = p_t e^{jk(S_2+L_2)} + p_{2r} e^{-jk(S_2+L_2)} \end{cases} \tag{6-5}$$

式中，k 为波数，有

$$k = \frac{2\pi f}{c} \tag{6-6}$$

式中，f 为频率；c 为声速。由式（6-5）及式（6-6）可得出

$$\begin{cases} p_i = \dfrac{p_1 - p_2 e^{-jkS_1}}{e^{jkS_1} - e^{-jkS_1}} e^{-jkL_1} \\ p_r = \dfrac{p_1 - p_2 e^{-jkS_1}}{e^{-jkS_1} - e^{jkS_1}} e^{jkL_1} \\ p_t = \dfrac{p_3 e^{jkS_2} - p_4}{e^{jkS_2} - e^{-jkS_2}} e^{jkL_2} \\ p_{2r} = \dfrac{p_3 e^{-jkS_2} - p_4}{e^{-jkS_2} - e^{jkS_2}} e^{-jkL_2} \end{cases} \tag{6-7}$$

样件的声压透射系数 t_p 为

$$t_p = \frac{p_t}{p_1} = \frac{\sin(kS_1) p_3 e^{jkS_2} - p_4}{\sin(kS_2) p_1 - p_2 e^{-jkS_1}} e^{jk(L_1+L_2)} \tag{6-8}$$

则材料隔声量 TL 为

$$TL=-20\lg|t_p| \tag{6-9}$$

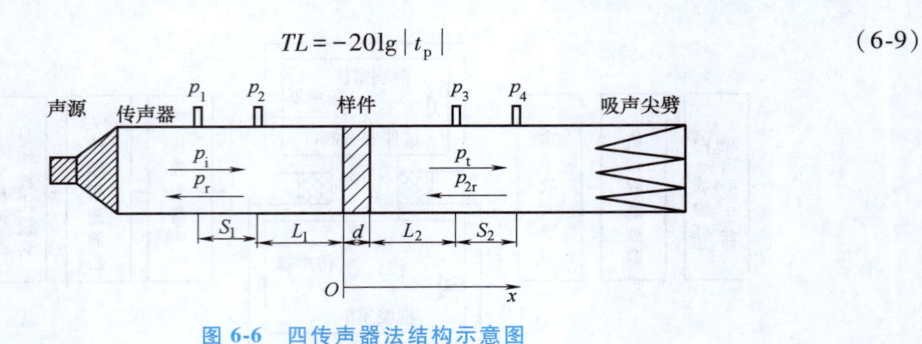

图 6-6 四传声器法结构示意图

3. 应用场景测试

在此类测试中，通常将降噪材料直接安装到应用场景的真实环境中，通过收音麦克风、换能器等对其降噪、隔音效果进行评价。这种测试方法的优点是可以测试在实验室环境无法重现的降噪效果，如在飞行、汽车的行驶过程中的随机噪声。

6.1.3 耐磨性能评价

耐磨性能的测试主要有实验室耐磨测试和现场耐磨测试，实验室耐磨测试主要采用机械磨损试验机测试、砂纸磨损测试、冲蚀磨损测试等方法，现场耐磨测试则是将样件安装到真实环境中进行测试。下面分别对这些测试方法进行介绍。

1. 机械磨损试验机测试

机械磨损试验机种类繁多，如球式摩擦磨损试验机、转盘式摩擦磨损试验机、万能摩擦磨损试验机、高温摩擦磨损试验机等。这些试验机的原理类似（图 6-7a），即在荷重摩擦体的作用下，以设定的速度相互摩擦，通过测量试验前后样件的质量减少量（失重率）来判断耐磨样件的耐磨性能，失重率 η 为

$$\eta=\frac{w_a-w_b}{w_a}\times 100\% \tag{6-10}$$

式中，w_a 为测试前样件重量；w_b 为测试后样件重量。

2. 砂纸磨损测试

砂纸磨损测试原理如图 6-7b 所示，将样件放到砂纸表面，在样件表面施加一定重量的载荷，给样件施加一个拉力，通过往复的运动，最终可通过样件重量、表面形貌、润湿性的变化来评价其耐磨性能。在测试过程中，砂纸可以选用不同的目数，载荷可以施加不同的重量，从而得到不同条件下的耐磨数据。这种方法目前没有统一的测试标准，如砂纸目数、载荷重量、移动距离、循环次数等的选用没有标准，在与他人的研究作对比时，需要引起注意。

3. 冲蚀磨损测试

冲蚀，即冲刷腐蚀，是指在流体环境中，流体及流体中的颗粒对表面造成的冲击伤害。冲蚀磨损试验装置利用压缩空气，将气流和磨料相混合，从喷嘴喷出对样件进行冲蚀磨损（图 6-7c）。在冲蚀磨损后，可以采用肉眼、显微镜、原子力显微镜等手段对表面冲蚀磨损情况进行分析观察。

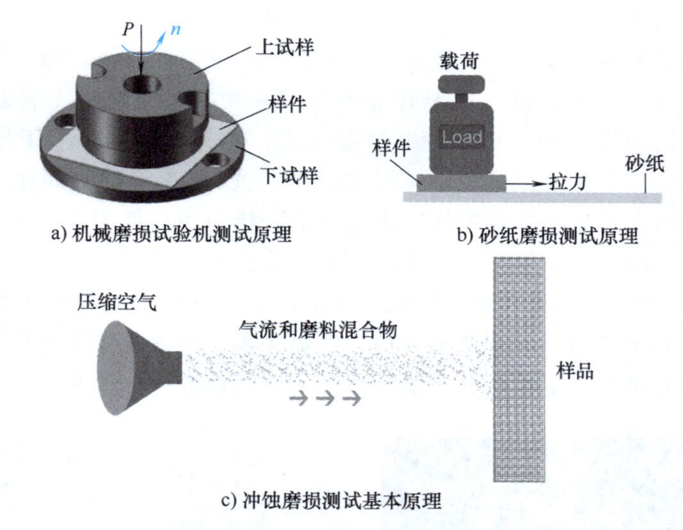

a) 机械磨损试验机测试原理　　b) 砂纸磨损测试原理

c) 冲蚀磨损测试基本原理

图 6-7　耐磨性能测试常用方法

4. 应用场景测试

耐磨材料的应用场景广泛，在实际环境中的测试更能反映其服役时的性能表现，如在深地探测钻井过程中使用的耐磨钻头。实际应用场景中面临的情况非常复杂，只有在实际场地测试才能较好地反映其真实性能。

6.1.4　防污性能评价

对于防污样件的防污性能评价，主要是依据其使用领域。例如，在海洋防护领域中，会关注其对细菌、藻类、藤壶等的防污性能；在医疗卫生领域中，会关注其抗菌防污性能；在日常生活领域中，会关注其耐牛奶、果汁、墨汁等易污染物的防污性能。下面将对常见的防污性能评价方法进行介绍。

1. 细菌附着测试

在海洋环境中，细菌和硅藻是水下装备表面生物被膜形成的主要贡献者；在医疗卫生领域，细菌的定殖和生长，是引起院内感染和疾病传播的重大隐患。通过培养菌种，在防污样件表面接种细菌，观察其生长情况，是评价样件抗菌能力的最佳途径。

评价抗菌能力的第一步是菌种的选择，通常情况下要依据防污样件的工作环境进行菌种选择，例如在海洋环境中的应用，可以选用海水中常见的细菌，如革兰氏阳性枯草芽孢杆菌、革兰氏阴性泛养副球菌等。在选择细菌的过程中，还要注意生物安全问题，对于条件差的实验室，应该选择不致病、风险等级低的菌种，避免生物安全风险。将培养好的菌种以一定的浓度接种到防污样件表面，培养一段时间（如 24 h、48 h）后取出观察，观察的方法包括光学显微镜、扫描电镜、共聚焦显微镜、分光光度计、涂布平板法等，通过这些技术来定性、定量化表征样件的防污性能。图 6-8a 所示为采用共聚焦显微镜观察大肠杆菌在材料表面的活/死细胞图像。

2. 藻类附着测试

由于藻类也是生物被膜的贡献者，对于海洋环境中应用的样件，通常还要测试其对藻类的防污性能。由于藻类的种类繁多，在选择藻种上需要特别注意。藻类的形状、尺寸多样，可以选择不同形状、尺寸的藻类进行搭配。藻类有海水藻与淡水藻之分，可以按实际的情况进行选择。有些藻类（如小球藻）是悬浮在水环境中生活的，它们不喜欢黏附在固体表面生存，因此在测试防污性能中，可以避开这些藻类，选择底栖藻。由于藻类通常含有叶绿体，需要进行光合作用，在测试过程中，要注意调节光照/夜晚的时间比，从而获得更准确的试验数据。在测试完成后，需要定性或定量化的分析防污样件表面的藻类附着情况。由于藻类的尺寸较大，一般为几微米或数百微米，可以采用光学显微镜、扫描电镜、超景深显微镜等进行测量分析，图 6-8b 所示为采用超景深显微镜观察小新月菱形藻在防污样件表面的附着情况。也有一些更高精度的方法被采用，例如将表面附着的藻类进行分离，提取其叶绿素，通过分析叶绿素含量来定量化分析防污样件的防污性能。

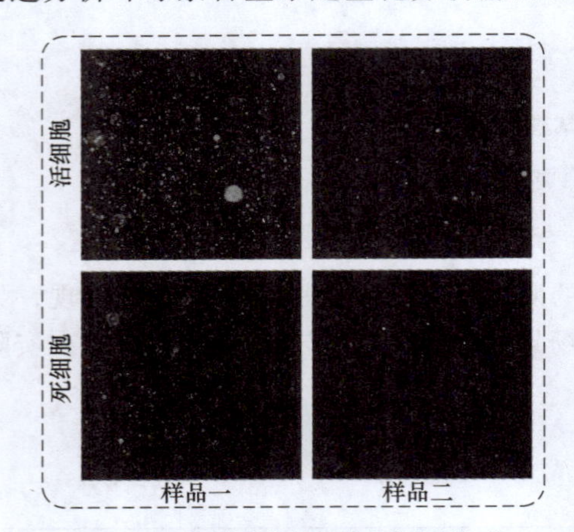

a) 采用共聚焦显微镜观察大肠杆菌在材料表面的活/死细胞图像

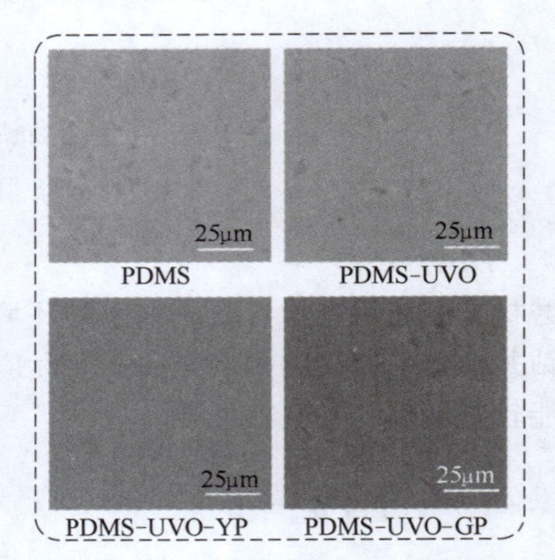

b) 采用超景深显微镜观察小新月菱形藻在防污样件表面的附着情况

图 6-8　防污性能评价方法

3. 虚拟藤壶测试

藤壶在海洋中分布广泛，是一种节肢动物，喜欢在岩石等固体表面附着，其附着力可大于 1MPa，是导致海洋生物污损的重要贡献者。活体藤壶饲养较为困难，为了方便实验室进行藤壶附着力测试，通常使用虚拟藤壶依据 ASTM D5618-94（2011）Standard Test Method For Measurement Of Barnacle Adhesion Strength In Shear 标准进行测量，其基本测量原理是剪切力除以接触面积从而得到附着力，基本测量原理如图 6-9 所示。

测试流程：首先选用 5～20mm 直径的金属圆柱作为虚拟藤壶，使用环氧树脂胶将圆柱与测试样件连接，经过充足的固化后，将样件浸入到海洋环境中，对照样件应包括聚四氟乙烯表面和 MIL-P-24441 底漆环氧树脂表面。将图 6-9 所示的剪切探头与圆柱根部相连，手持剪切探头以 4.5N/s 的速度对圆柱基部施加剪切力，直到圆柱从涂层样品脱离，拉力计会记录拉力的持续变化数据。若圆柱直径为 r，则接触面积 A 为

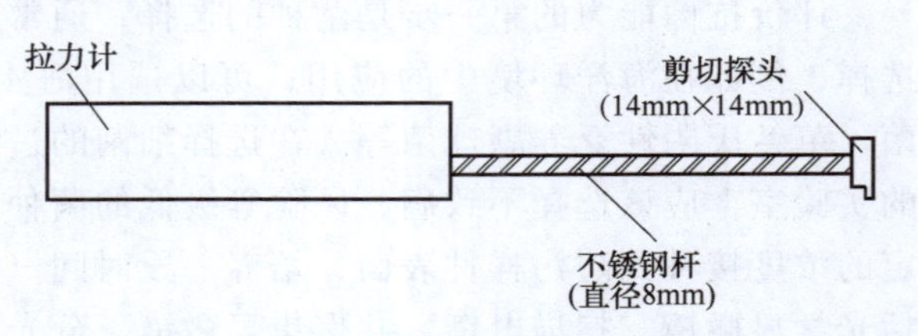

图 6-9　虚拟藤壶测试基本测量原理

$$A = \pi r^2 \tag{6-11}$$

附着力 τ 为

$$\tau = F/A \tag{6-12}$$

4. 牛奶、果汁、墨汁测试

在日常生活中，衣物、桌面等经常会被一些液体污染，因此使用这些常见液体测试表面的防污性能被广泛使用。常用的测试液体包括牛奶、果汁、墨汁、血液等，将这些液体喷洒在样件表面，通过喷洒前后表面情况对比，来分析表面的防污能力。这种方法是一种定性的方法，测试没有统一的标准，测量过程相对粗糙，但仍具有重要的参考意义。

5. 实海环境测试

对于海洋防污样件表面，通常需要在实海环境中测试其防污性能。在 GB/T 6822—2014《船体防污防锈漆体系》中包括了一系列防污性能测试的标准，分别是 GB/T 5370—2007《防污漆样板浅海浸泡试验方法》和 GB/T 7789—2007《船舶防污漆防污性能动态试验方法》。这两个标准对实海环境测试进行了规范，如图 6-10 所示。

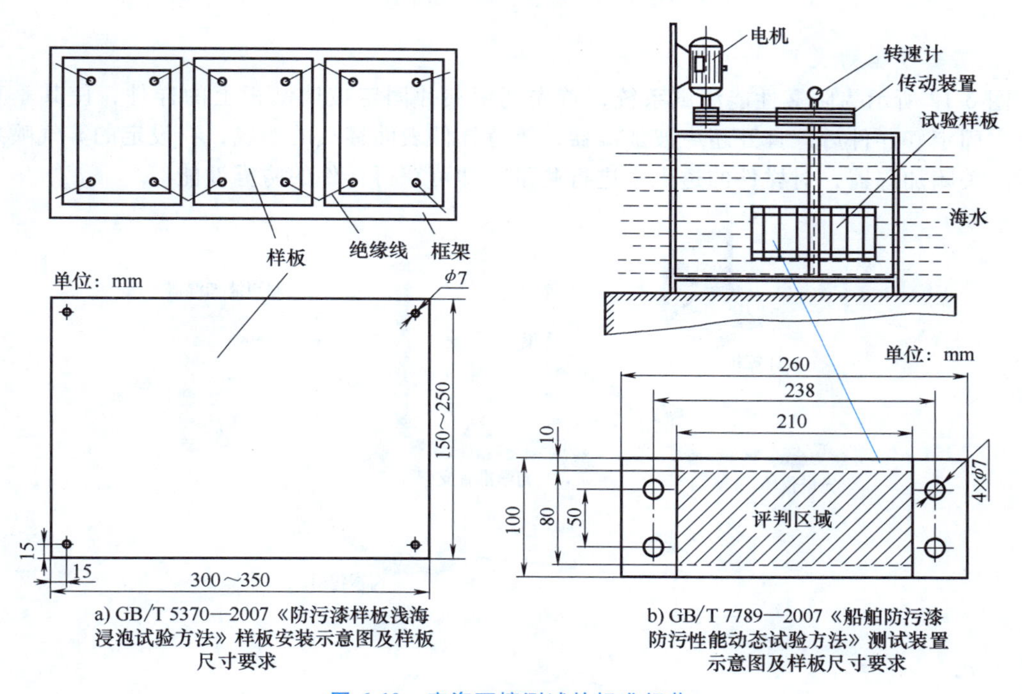

a) GB/T 5370—2007《防污漆样板浅海浸泡试验方法》样板安装示意图及样板尺寸要求

b) GB/T 7789—2007《船舶防污漆防污性能动态试验方法》测试装置示意图及样板尺寸要求

图 6-10　实海环境测试的标准规范

6.1.5　反射率、透光率性能评价

测量材料抗反射性能常用的方法是采用分光光度计测量其反射率或透光率，对于防雾材料的性能评价则需要人工模拟雾的形成，下面将对这些评价方法进行介绍。

1. 反射率、透光率测试

图 6-11 所示分别为采用分光光度计测量样件反射率和透光率的原理。分光光度计中常见的光源由卤钨、氘、氙弧、LED、汞、氩、锌或激光制成。入射狭缝有多种尺寸，一般缝

宽为 5～800μm，缝宽的大小取决于应用的需要，常用的缝宽为 10μm、25μm、50μm、100μm 和 200μm。根据入射光与反射光密度之比、入射光与透射光密度之比，可以确定材料的反射率和透光率数据。通过调节入射光的不同波长，可以获得波长-反射率/透光率的数据曲线。

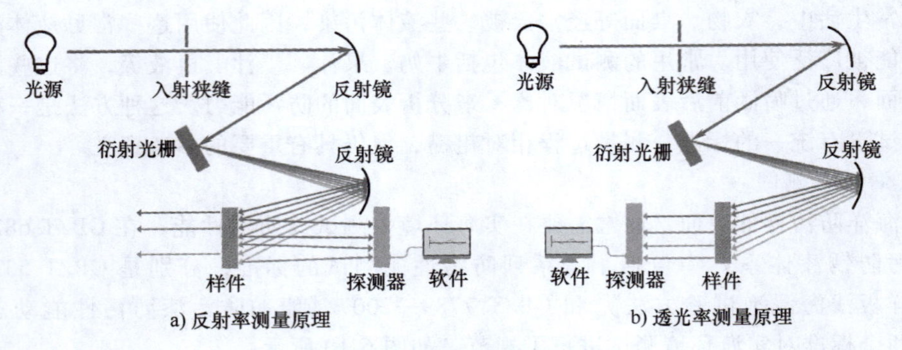

图 6-11　分光光度计测量原理

2. 防雾性能测试

图 6-12 所示为防雾性能测试系统，首先利用夹片固定玻璃基板上的样件，使其垂直于光束。固定好样件后，打开超声波加湿器，等待样件表面雾气的形成，在设定的雾气喷射时间后，关闭加湿器，对样件的透光率进行测量，即可获得样件的防雾性能。

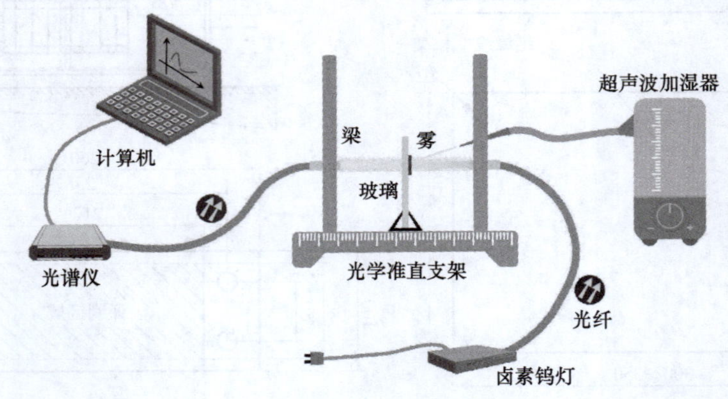

图 6-12　防雾性能测试系统

6.1.6　保温性能评价

保温性能的评价方法主要有导热系数测试、热成像仪法、防护和标定热箱法等，下面将对这些方法进行介绍。

1. 导热系数测试

导热系数的测试通常使用导热系数测试仪进行测试。根据导热机理的不同，测量方法分为稳态法和瞬态法两类。

（1）稳态法　稳态法包括保护热板法、热量流量计法等。在稳态法测试中，导热系数是通过测量样件在稳态热流下的温度差 ΔT 来确定的，导热系数是功率-样件两侧温度梯度曲线的斜率，所有稳态法都直接基于傅里叶定律：

$$Q=-\lambda A\frac{\mathrm{d}T}{\mathrm{d}x} \tag{6-13}$$

式中，Q 为热传导的热流速率；λ 为材料的热导率；A 为热量流过的横截面面积；$\mathrm{d}T$ 为样件的温度差；$\mathrm{d}x$ 为样件的厚度差。这些方法直接测量导热系数，适用于低导热系数的材料和复合材料。然而，与瞬态法相比，稳态法需要相对较大的样件和较长的测试时间，成本较高。

图 6-13a 所示为保护热板法测量示意图，这种方法需要确定样件与两板之间的接触热阻：

$$R_t=R_s+R_1+R_2 \tag{6-14}$$

式中，R_t 为总热阻；R_s 为样件热阻；R_1 和 R_2 分别为样件与两板之间的热阻。

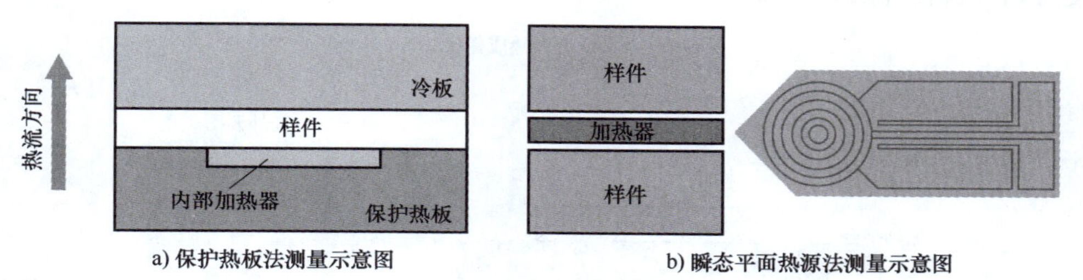

a) 保护热板法测量示意图　　b) 瞬态平面热源法测量示意图

图 6-13　导热系数测量示意图

（2）瞬态法　瞬态法包括瞬态平面热源法、瞬态热线法、激光闪蒸仪法、调制 DSC 法、3ω 法、热电偶法等。瞬态法中使用的热源以周期性或以脉冲形式提供，导致样件中周期性（相位信号输出）或瞬态（幅度信号输出）温度变化。这些方法通过加热过程中的过渡热流来确定热扩散系数 α，热扩散率测量的是整个样件的热传递速率，热扩散系数 α 与密度和比热容的关系为

$$\alpha=\frac{\lambda}{\rho C_p} \tag{6-15}$$

式中，λ 为热导率；C_p 为比热容；ρ 为样件密度。

瞬态法的持续时间很短，减少了流体中产生对流的机会，可以使用少量的样件，同时可以在高温下工作，但其精度低于稳态法。

图 6-13b 所示为瞬态平面热源法测量示意图。该方法将加热器置于待研究的样件之间，加热器采用一组同心环导线制成。在测试过程中，通过给加热器施加一个恒定的电流实现加热，加热器产生的电压与温度成正比。记录温度和电阻，可以计算导热系数为

$$\lambda=\frac{P_0}{r\Delta T(\tau)\pi^{3/2}}D_s(\tau) \tag{6-16}$$

式中，P_0 为加热器的输入功率；r 为外环加热器的半径；τ 为无量纲时间；$\Delta T(\tau)$ 为样件表面升温值；$D_s(\tau)$ 为 τ 的形状函数。τ 和 $D_s(\tau)$ 可分别由式（6-17）和式（6-18）算出：

$$\tau=\left(\frac{t}{r^2/\alpha}\right)^{1/2} \tag{6-17}$$

$$D_s(\tau)=\frac{1}{n^2(n+1)^2}\times\int_0^\tau\frac{\mathrm{d}s}{s^2}\sum_{l=1}^{n}l\sum_{\lambda=1}^{n}\lambda\exp\left(-\frac{l^2+\lambda^2}{4n^2s^2}\right)I_0\left(\frac{l\lambda}{2n^2s^2}\right)\tag{6-18}$$

式中，t 为记录时间；α 为样件热扩散系数；n 为加热器线圈匝数；I_0 为黑体辐射强度；s 为积分变量。

2. 热成像仪法

对于样件的导热性能还可以用热成像仪进行表征。所有温度高于绝对零度的物体都会发射红外辐射能量或热量，热成像仪是一种复杂的非接触式测量仪器，它利用红外技术来检测各种物体的热辐射，在测量过程中将人眼看不到的红外能量转换成图像显示。

图 6-14 所示为利用热成像仪测量样件导热性能示意图。将样品放到加热平台，加热一段时间 t 后，利用热成像仪测量样品表面的红外云图，通过与对照样件的红外云图跟进对比，便可以分析样件的导热性能。

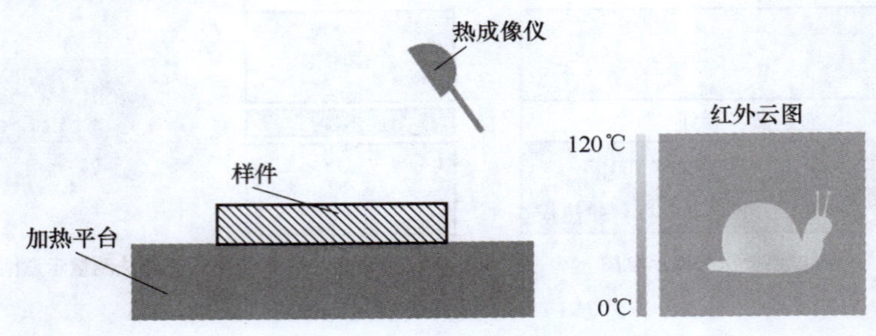

图 6-14　利用热成像仪测量样件导热性能示意图

3. 防护和标定热箱法

防护和标定热箱法可参照 GB/T 13475—2008《绝热　稳态传热性质的测定　标定和防护热箱法》。其测量的基本原理是将样件放置到已知环境温度的冷室与热室之间，在稳定状态下测量空气温度和表面温度，以及输入热室的总功率，根据这些数据计算出样件的传热性能。

在防护热箱法中，防护箱包围着计量箱，如图 6-15a 所示。通过控制防护箱中的环境温度，使样件内不平衡热流 Φ_2 和流过计量箱壁的热流量 Φ_3 减到最小。在理想情况下，样件是一个均质的材料，则计量箱内外部温度均匀一致，当冷侧的温度和表面的传热系数均匀一致时，计量箱内、外空气温度的平衡意味着试件表面上温度平衡，反之亦然，即 $\Phi_2=\Phi_3=0$，穿过样件的总热流量等于输入计量箱的热量。

在标定热箱法中，将图 6-15b 所示装置放置于一个温度受控的空间内。采用高热阻的箱壁使得流过箱壁的热损失 Φ_3 较小。输入总功率 Φ_P 根据箱壁热流量 Φ_3 和侧面迂回热损 Φ_4 进行修正。

6.1.7　运动性能评价

对于运动行为信息（如奔跑的动物、快速游动的鱼类、撞击测试）的获取和评价，可以使用高速摄像机、惯性动作捕捉系统、光学动作捕捉系统等测试运动性能。

1. 高速摄像机测试

对于运动的物体，捕捉其运动信息进行评价最直观的方式是采用摄像机将运动过程记录

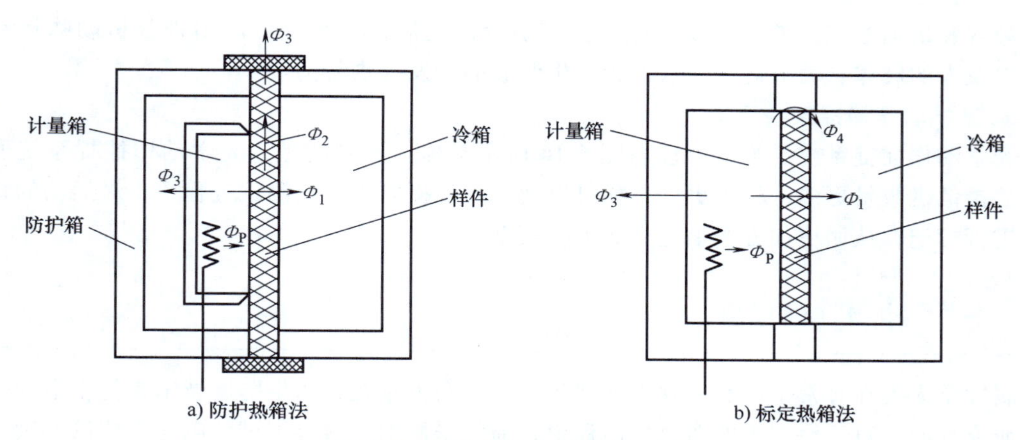

图 6-15　防护和标定热箱法示意图

下来，进而逐帧分析其运动过程。然而传统的摄像头帧率较低，如用于电影的摄像机拍摄的帧率通常为 24 帧，较高端的家用摄像机帧率通常最高为 120 帧，这对于高速运动的动物拍摄是远远不够的。随着科技的发展，高速摄像机应运而生。当前，高速摄像机的帧率可达数百万帧，如 PHANTOM TMX 7510 型号高速摄像机，帧率可达 175 万帧，为高速运动的研究提供了极大便利。

可以利用多个高速摄像机获得三维运动信息，例如，瓦格宁根大学的研究人员采用三个高速摄像机，测量蚊子等昆虫的三维运动信息，如图 6-16 所示。在拍摄蚊子过程中，三个高速摄像机聚焦在风洞中的一个立方体中。蚊子的飞行动作可以从正面、侧面和上方进行记录，每秒可以获得 1.35 万张照片，每张照片 100 万像素。

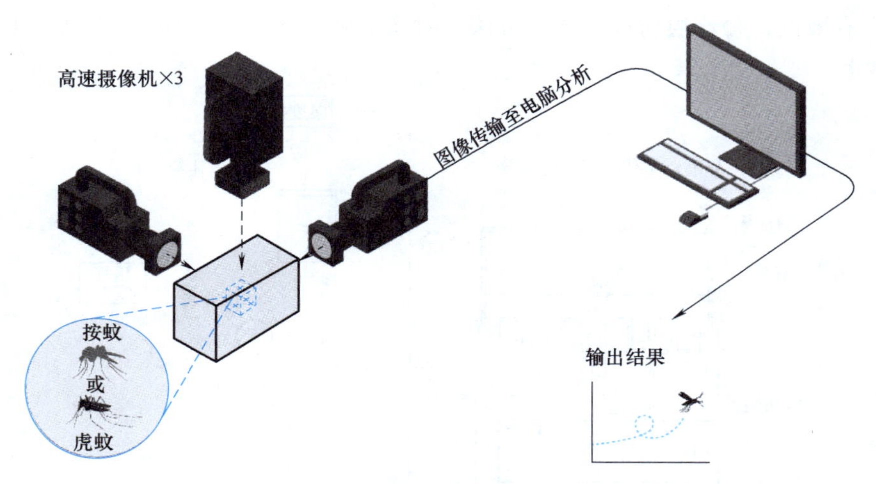

图 6-16　利用高速摄像机组建的三维运动信息测量系统

2. 惯性动作捕捉系统测试

惯性动作捕捉系统是基于姿态传感器技术开发的动作捕捉系统，具有高精度、低延迟的特点。其工作原理是将姿态传感器穿戴在人体的各个主要部位，姿态传感器集成了惯性传感器、重力传感器、加速度传感器、磁感应计、陀螺仪等多个传感器，最终将传感器捕捉到的信号传至电脑端进行分析处理。这种系统已经应用到游戏和娱乐领域、运动训练和康复领域、教育和培训领域。随着运动仿生、健康仿生的发展，该系统可以用来分析动物运动姿态，以及人的肢体、关节运动，从而为仿生假肢的开发提供帮助。

3. 光学动作捕捉系统测试

光学动作捕捉系统的测试原理与图 6-16 所示类似。不同的是，光学动作捕捉系统通常使用的摄像机数量更多，种类更广，如可以使用红外摄像机。在测试过程中，对运动的物体部位进行标记，从而更加方便地建立运动学模型。

6.1.8 防腐性能评价

腐蚀是人类在日常生活和工程方面遇到的一个极大难题，仿生防腐技术是仿生学的一个重要研究方向。对于涂层类的防腐性能评价，通常采用的有盐雾测试、电化学测试、紫外老化测试等。

1. 盐雾测试

盐雾测试是利用盐雾发生设备模拟盐雾环境来测试样件防腐性能的试验。根据试验环境的不同盐雾测试可以分为实验室人工加速模拟盐雾环境和天然环境暴露试验。

在盐雾箱中试验是常见的测试手段。盐雾试验有划痕和不划痕两种测试方法。对于进行划痕的测试，使用带有硬尖的划痕，在样件表面划出痕迹，划痕通常应该穿插对角线，但不贯穿对角线，距离边缘 20mm，划至涂层基材处。经过设定时间的盐雾试验后，分析涂层是否有起泡、脱落、生锈等情况。若需要检测基材的损坏情况，则应把涂层全部去除。

在 ISO 9227：2022《Corrosion tests in artificial atmospheres-Salt spray tests》中同样规定了盐雾测试的流程和规范，盐雾试验箱基本结构如图 6-17 所示。但需要注意的是，盐雾测试是一种简单有效的评价涂层防腐性能的方法，对涂层破坏的评价具有主观因素，因此其结果不具有精密性。

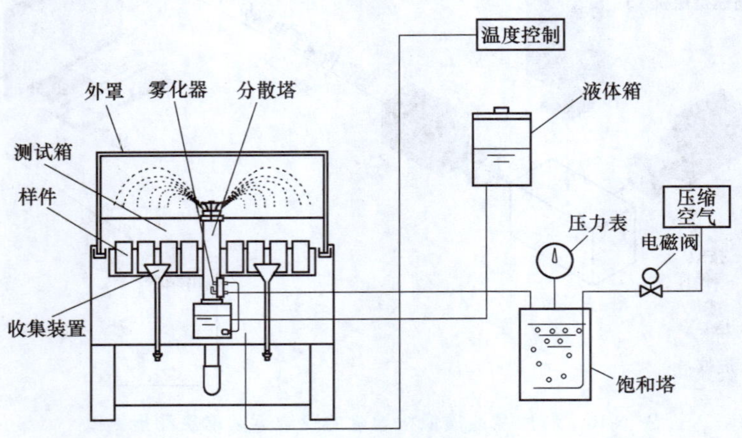

图 6-17　盐雾试验箱基本结构

2. 电化学测试

电化学工作站是将恒电位仪、恒电流仪与电化学交流阻抗分析仪结合在一起的一种设备，可以检测电池的电压、电流、容量等基本参数。在电化学腐蚀检测方面，可以用来检测样件表面的腐蚀电位、腐蚀电流、等效阻抗等数据。电化学工作站的基本原理示意图如

图 6-18a 所示，通常包括三个电极：参比电极（RE）、工作电极（WE）和辅助电极（CE）。参比电极的作用是为了测量这些反应电极电位的一个基准电极，被测定的样件称为工作电极，与工作电极相对的电极称为辅助电极。电化学测试方法是根据电位和电流的变化来工作的，有以下四种分类：

1）循环和线性扫描伏安法（CV）。

2）计时电势分析法（CP）。

3）计时电流分析法（CA）。

4）阻抗频谱法（EIS）。

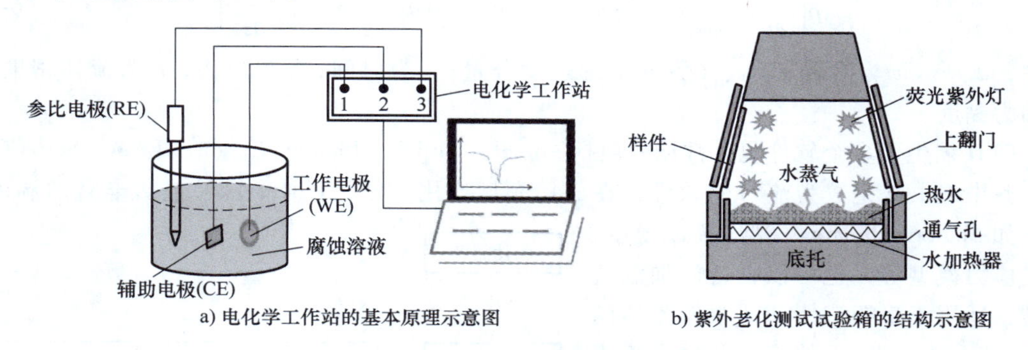

a) 电化学工作站的基本原理示意图

b) 紫外老化测试试验箱的结构示意图

图 6-18　防腐性能评价示意图

3. 紫外老化测试

紫外老化测试通常用来测试非金属材料的耐老化性能，特别是高分子材料的测试。对于高分子材料，由于紫外线能量较大，可以将高分子材料的化学键破坏，从而影响其使用寿命，通过紫外老化可以测量材料的耐老化性能。

图 6-18b 所示为紫外老化测试试验箱的结构示意图，其采用荧光紫外灯作为光源，在下部放入水并加热，模拟自然环境中的紫外辐射和冷凝，获得材料的耐老化参数。

6.1.9　仿真模拟评价

计算机技术的高速发展为大规模的科学计算奠定了基础。计算机仿真模拟（Computer Simulation）技术是一种利用计算机程序，基于模型、数学方程的计算，模拟现实世界的场景和条件，输出模拟数据的一种方法。仿真模拟技术的发展迅速，催生了多种具体的仿真模拟技术，并快速地应用到多个行业和重大工程中，缩短了研发周期和降低了研发成本。例如，波音公司在研制波音 767 时，进行了 70 余次的风洞试验，而在研制波音 787 时，仅进行了 11 次试验，大大缩短了研发周期，这是因为波音公司利用计算机仿真模拟技术取代了传统的试验方法。仿真模拟技术发展迅速，已经出现了各种各样的仿真模拟技术，包括流体力学仿真、电磁场仿真、结构力学仿真、热传导仿真、颗粒仿真等。

1. 流体力学仿真

流体仿真的方法称为计算流体力学（Computational Fluid Dynamics，CFD）。CFD 是利用计算机求解控制方程，对物理流体的流动进行数学预测的过程，因此 CFD 是一个结合了数学、物理和计算机学科的交叉学科。流体力学的基本方程称为纳维-斯托克斯方程（N-S 方程)：

$$\rho\frac{\mathrm{d}V}{\mathrm{d}t}=\rho f-\nabla p+\mu\nabla^{2}V \tag{6-19}$$

在直角坐标系中，N-S 方程的分量为

$$\rho\left(\frac{\partial u}{\partial t}+u\frac{\partial u}{\partial x}+v\frac{\partial u}{\partial y}+w\frac{\partial p}{\partial z}\right)=\rho f_x-\frac{\partial p}{\partial x}+\mu\left(\frac{\partial^2 u}{\partial x^2}+\frac{\partial^2 u}{\partial y^2}+\frac{\partial^2 u}{\partial z^2}\right) \tag{6-20}$$

$$\rho\left(\frac{\partial v}{\partial t}+u\frac{\partial v}{\partial x}+v\frac{\partial v}{\partial y}+w\frac{\partial v}{\partial z}\right)=\rho f_y-\frac{\partial p}{\partial y}+\mu\left(\frac{\partial^2 v}{\partial x^2}+\frac{\partial^2 v}{\partial y^2}+\frac{\partial^2 v}{\partial z^2}\right) \tag{6-21}$$

$$\rho\left(\frac{\partial w}{\partial t}+u\frac{\partial w}{\partial x}+v\frac{\partial w}{\partial y}+w\frac{\partial w}{\partial z}\right)=\rho f_z-\frac{\partial p}{\partial z}+\mu\left(\frac{\partial^2 w}{\partial x^2}+\frac{\partial^2 w}{\partial y^2}+\frac{\partial^2 w}{\partial z^2}\right) \tag{6-22}$$

式中，u、v、w 为沿着 x、y、z 方向上的速度分量；t 为时间；p 为压力；ρ 为流体密度；μ 为动力黏度。

CFD 催生了多个软件包，常见的包括 Fluent、Airpak、Phoenics、scSTREAM、Star-CCM+ 等。其中 Fluent 是较为流行的软件，在商用领域应用广泛。Fluent 软件包括丰富的湍流模型，如 Spalart-Allmaras 模型、k-ω 模型、雷诺应力模型等，也可以自行添加湍流模型，适用于牛顿流体和非牛顿流体的仿真。ANSYS Fluent 的工作及处理流程如图 6-19 所示，这也是一般 CFD 软件的工作流程。其包括三个典型的过程：前处理、求解器、后处理。前处理即我们告诉计算机程序如何计算，是仿真的必要前提条件，通常是包括 3D 模型的建立、参数的选取等；求解器则根据输入的参数进行计算；后处理则是计算完成后进行展示和生成数据的过程，最终完成流体的仿真模拟分析。

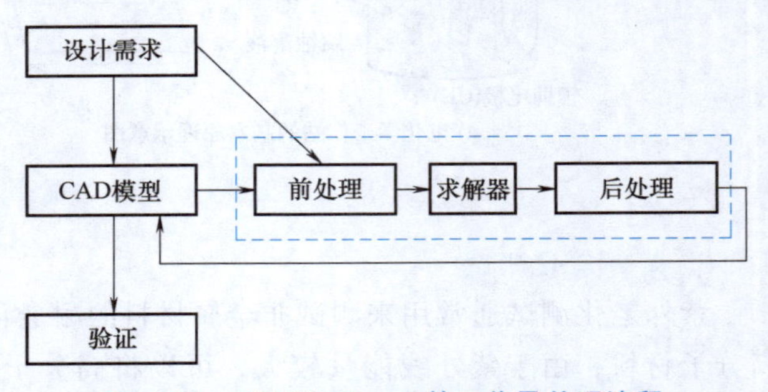

图 6-19 ANSYS Fluent 的工作及处理流程

2. 电磁场仿真

电磁场仿真的基本原理是麦克斯韦方程组，其积分形式为

$$\oint_S D\cdot \mathrm{d}s=\frac{Q}{\varepsilon_0} \tag{6-23}$$

$$\oint_S B\cdot \mathrm{d}s=0 \tag{6-24}$$

$$\oint_L E\cdot \mathrm{d}l=\frac{\mathrm{d}\Phi_B}{\mathrm{d}t} \tag{6-25}$$

$$\oint_L H\cdot \mathrm{d}l=\mu_0 I+\mu_0\varepsilon_0\frac{\mathrm{d}\Phi_B}{\mathrm{d}t} \tag{6-26}$$

麦克斯韦方程组描述了电磁场的动力学行为，上述四个方程分别描述了安培定律、电磁感应定律、高斯电场定律和高斯磁场定律。

计算电磁学的算法种类繁多，常用的包括有限元法、矩量法和时域有限积分法。在电磁场仿真中，首先建立模型，设置求解区域、边界条件和材料性质等因素，进行求解，最终获得磁场分布、磁场强度、磁通量等数据。电磁仿真软件有 AYSYS HFSS、CST、ADS、AWR、

XFDTD 等。这些仿真软件已经广泛应用到通信、计算机、雷达、卫星、集成电路、航空航天等领域的电磁场仿真模拟。

3. 结构力学仿真

结构力学研究内容包括固体材料的变形、应力和应变等。基于经典力学原理开发的结构力学仿真软件种类繁多，包括 Autodesk Robot Structural Analysis、ABAQUS、3D3S、Midas Gen、SAP2000 等。这些软件功能强大，如 ANSYS Mechanical 具有静力学、动力学、疲劳分析、优化分析等所有结构分析功能。AYSNS Mechanical 基于有限元法（Finite Element Method），而有限元法是一种求解偏微分方程边界值问题近似解的数值技术，它将求解域看成无数个小的互连区域，对每一个单元近似求解，然后迭代到整个区域。

4. 颗粒仿真

颗粒的处理和运动行为在多个领域广泛存在，如消费品、农业和重工业、食品加工业、生物制药、采矿和矿物加工、金属粉末加工、过程工业、可再生环保、能源、动物饲料、制造业和轨道交通等。颗粒仿真软件利用离散元法（DEM），用于分析和评估与颗粒运动相关的问题。基于上述原理设计的软件有 EDEM、ANSYS Rocky 等，如图 6-20 所示。以后者为例，其可以模拟颗粒的真实形状，如纤维、颗粒、壳体等，亦可以模拟颗粒的破碎过程。

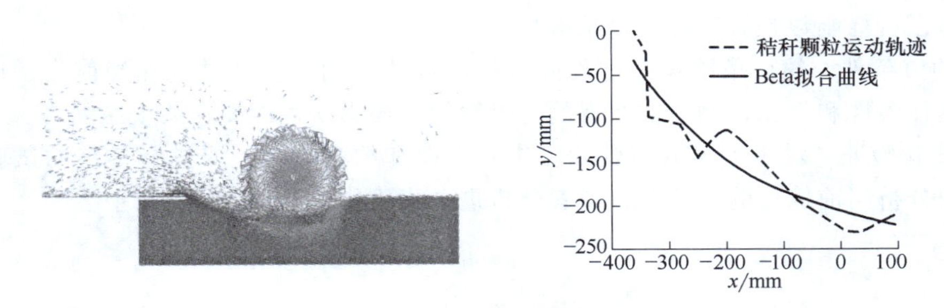

a) 基于EDEM的秸秆-土壤颗粒翻埋运动仿真

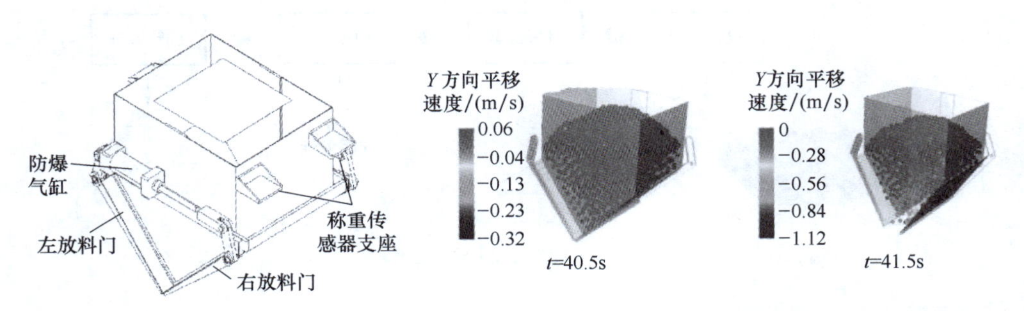

b) 基于ANSYS Rocky的发射药自动称量包装过程仿真

图 6-20　颗粒仿真

6.2　仿生设计样件优化方法

对于设计的仿生样件，其性能往往不是最优的，需要进行进一步的优化来获得更高的或者超越生物原有的性能指标。本节将对仿生设计样件优化方法进行介绍。

6.2.1 样件设计优化

样件的设计优化方法多种多样，需要根据具体的情况具体分析，常见的方法包括结构设计优化、材料组分设计优化、制备流程设计优化。

1. 结构设计优化

结构设计优化是在约束条件下，按照目标性能（如强度最高、成本最低、抗菌率更高）求出更好的设计方案。结构设计优化可以定义为对于已知的给定参数，在结果最优化的前提下，求出满足全部约束条件的解。

结构设计优化包括几个典型的步骤：①设计变量；②目标函数；③约束条件；④试验验证，图 6-21 所示。下面以仿生微纳结构表面防止细菌、藻类等微生物黏附的仿生设计为例，介绍结构设计优化流程。

（1）设计变量　根据接触力学，仿生微纳表面的抗黏附性能与表面微纳结构的高度和间距（波长）有关，因此在微纳表面结构设计优化过程中，微纳结构的高度（a）和间距（b）成为设计变量，可以设计不同高度、不同间距的仿生微纳表面。

（2）目标函数　目标函数，即结构设计优化的最终目的，即是为了获得最佳性能。在当前实例中，目标函数是微生物黏附量最少。

（3）约束条件　约束条件是对过程或目标函数约束的一些条件。在当前实例中，可以施加一些其他条件和目标，例如所获得的仿生微纳表面力学性能要在某个区间内。

（4）试验验证　对于上述结构设计优化的表面和约束条件，要进行最终的试验验证其性能，从而分析当前优化的有效性，或者分析进一步优化提升性能的潜力。

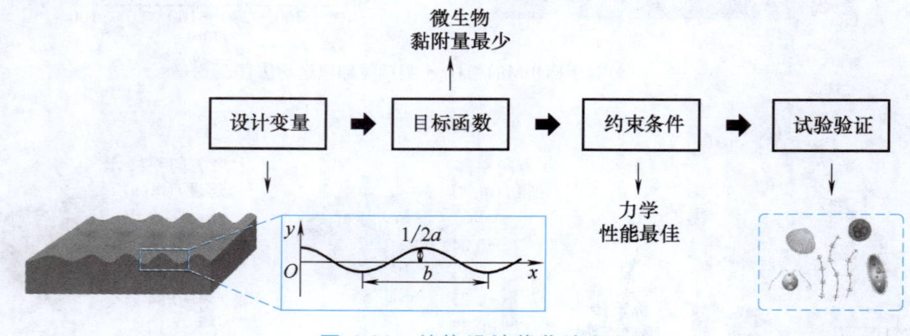

图 6-21　结构设计优化流程

2. 材料组分设计优化

材料是构成仿生样件的基本单位，在仿生表面、仿生 3D 打印、仿生机械等研究领域都涉及材料的选择与设计。与结构设计优化相同，材料组分设计优化也由设计变量、目标函数、约束条件、试验验证四个步骤组成。在材料组分的设计优化中，通常包括材料有效成分含量优化、材料组分种类优化、材料组分搭配优化等。

材料有效成分含量优化是材料组分设计优化中最常用的方法，下面通过一个复合材料的实例来说明这个问题。

硅橡胶/聚氨酯（SR/PU）复合材料可以弥补硅橡胶附着力不佳及聚氨酯防污效果差的

问题，但是两者的配比可否提升材料的防污、防腐和力学性能，是一个值得研究的问题。研究人员通过对复合材料中PU含量的调控，获得了性能提升的参数，如图6-22所示。在复合材料合成过程中设计了四种配比，其中PU在复合物中的含量分别是0%、25%、50%、75%。将四种材料在同一试验条件下进行试验，发现75% PU含量的复合材料具有最佳的防污、防腐及力学性能。

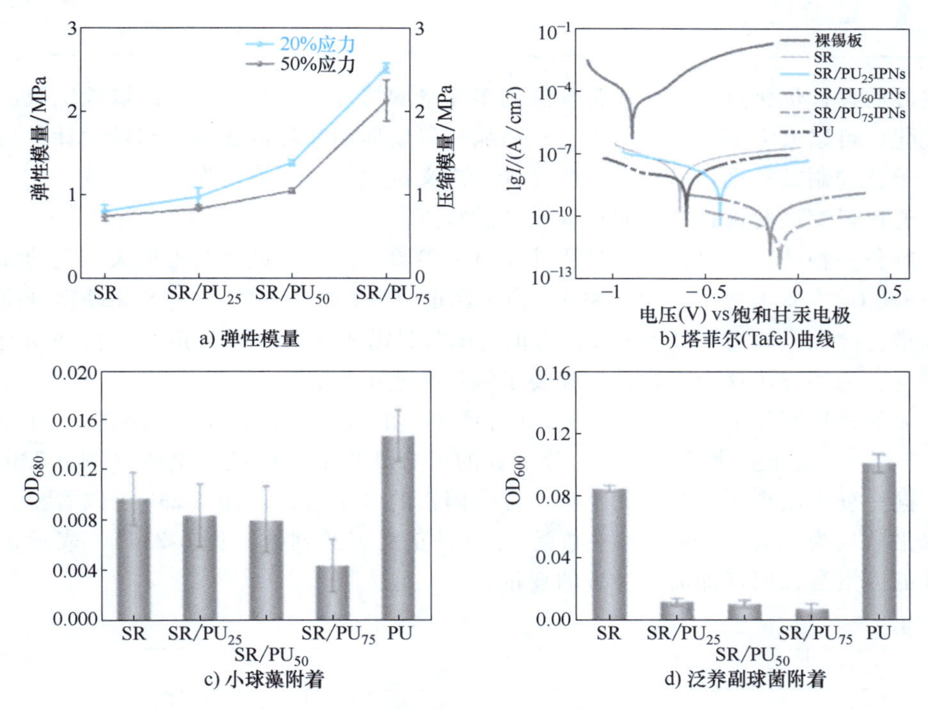

图6-22　样件性能测试

材料组分种类优化，是指在材料设计中采用不同种类的组分来优化性能。例如，要制备一种抗菌聚合物，设计了三种材料：原始聚合物、添加石墨烯的聚合物、添加季铵盐的聚合物，通过这三种组分材料的试验来评价哪一类组分具有最优的性能。

材料组分搭配优化，是指组分间的不同搭配产生的性能优化。例如，需要设计一种海洋防污涂层，以环氧树脂作为基材，以CuO-Graphene、CuO-SiO_2、CuO-AgO作为填料，这就产生了三种不同的组分搭配，通过试验分析，便可以获得哪种搭配具有最优的防污性能。在实际情况中，这些优化方式可以联合使用，例如以同样的含量的搭配中发现CuO-AgO防污性能最佳，那么可以继续研究其最佳含量是多少。

3. 制备流程设计优化

当前仿生样件、材料的制备方法繁多。例如，对于仿生微纳表面，就存在着化学/物理气相沉积、光学/化学刻蚀、静电纺丝、增材制造等多达几十种的方法，无论采取哪种方法，在制备流程设计优化过程中都应该遵循以下原则：

（1）能达到设计的目标　制造的最终目的是实现原始设计的目标，如果制备流程不能完成最终的目标，那么制造将毫无意义。

（2）流程简化　如果某些复杂流程对最终性能的影响很小，那么这些流程是可以省略或简化的。

(3) 成本低　成本低的样件更具有大规模应用的前景，如何降低原材料、生产工艺的成本和提高制备效率是需要考虑的。

(4) 环保　制备流程和工艺应该是环保的，符合可持续发展的要求。

6.2.2　试验设计优化

在实际的设计优化过程中，通常会遇到多变量的情况，需要非常多的试验次数。通过试验设计优化，可以大大减少试验次数，从而缩短研发周期和降低成本。试验设计包括正交试验设计、干扰控制试验设计、稳健试验设计、广义试验设计、均匀设计等方法。

下面通过正交试验设计来说明试验设计的特点。

需要制备一种仿生材料，制备过程涉及三个参数，拟通过试验获得退火工艺的加热温度（800℃、820℃），保温时间（6h、8h）、出炉温度（400℃、500℃）与产品硬度合格率的关系，如果进行全面试验需要 $2^3=8$ 次，而正交试验只需要 4 次，那么正交试验是如何减少试验次数的呢？为了弄清这个问题，首先要了解什么是正交表。

正交表的构造写作 $L_a(b^c)$，图 6-23a 所示为一个 $L_4(2^3)$ 正交表的结构，可以看出其有 4 行、3 列。a 是正交表的行数或部分试验的组合处理数，即试验次数（图 6-23b）；b 是正交表中同一列中出现不同数字的个数，称为因素的水平数，由图 6-23c 可以看出，每一列的因素水平数均为 1 或 2，因素水平数是 2；c 是正交表的列数（图 6-23d），表示正交表最多能安排的因素数，因素即需要考查的变量。

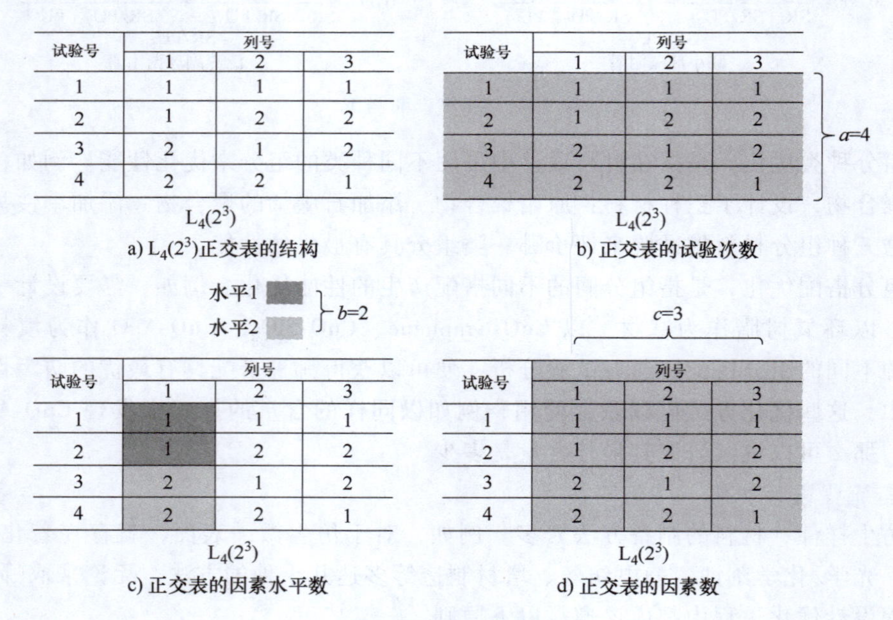

图 6-23　正交表的特点

正交表具有正交性、均衡分散性和综合可比性。正交性是指在任何一列中各水平都出现的次数相等，任意两列之间各种不同水平的所有可能组合都出现且出现的次数相等。均衡分散性是指任一列的各水平都出现，使得部分试验中包括所有因素的所有水平，任意两列之间的所有组合都出现，使得任意两因素间都是全面试验。

上述两个性质导致了正交表具有综合可比性，使得任一因素各水平的试验条件相同，保证了其他因素的干扰相对最小。

正交表的设计流程：①明确试验目的，确定试验指标；②确定需要考查的因素，选择适当的水平；③选用合适的正交表；④进行表头的设计；⑤编制试验方案。

利用上面的设计方法，对本节开头“拟通过试验获得退火工艺的加热温度（800℃、820℃），保温时间（6h、8h）、出炉温度（400℃、500℃）与产品硬度合格率的关系”进行正交试验设计。

1）明确试验目的，确定试验指标。试验目的：寻求最佳的退火工艺，提高合格率。试验指标：产品硬度的合格率。

2）确定需要考查的因素，选取适当的水平。因素：加热温度、保温时间、出炉温度。水平：选择 2 个水平，即每个因素有 2 个变量。

3）选用合适的正交表。正交表包含所有的试验因素、水平，且试验号最小。在该实例中，L_4（2^3）正交表符合要求，因此选用该正交表。

4）进行表头的设计。表头的设计，即把试验因素分别安排到所选正交表的各列中去的过程。在本实例中，3 列的表头分别是“加热温度/℃”“保温时间/h”“出炉温度/℃”。

5）编制试验方案。在表头设计的基础上，将所选正交表中各列的不同数字换成对应因素的相应水平，便形成了试验方案见表 6-1。

表 6-1　试验方案设计

试验号	因素		
	A 加热温度/℃	B 保温时间/h	C 出炉温度/℃
1	A_1(800)	B_1(6)	C_1(400)
2	A_1(800)	B_2(8)	C_2(500)
3	A_2(820)	B_1(6)	C_2(500)
4	A_2(820)	B_2(8)	C_1(400)

利用表 6-1 的试验方案便可以进行试验，4 次试验完成后会获得 4 个合格率，便可以进行数据处理，数据处理的方法有很多，这里以极差分析法（R 法）为例进行说明，如图 6-24 所示。

$$R_j = \max[\bar{y}_{j1}, \bar{y}_{j2}, \cdots] - \min[\bar{y}_{j1}, \bar{y}_{j2}, \cdots] \tag{6-27}$$

式中，y_{jk} 为第 j 因素 k 水平所对应的试验指标和；$\bar{y}_{jk}$ 为 y_{jk} 的平均值，$\bar{y}_{jk}$ 可以判断 j 因素的优水平，各因素优水平的组合即为最优组合。

通过式（6-27）和图 6-24 所示的逻辑，便可以计算主次因素和最优组合。根据图 6-25 所示的试验结果，主次因素为 A>C>B，即加热温度对合格率的影响大于保温时间，保温时间对合格率的影响大于出炉温度。最优组合为 $A_1B_2C_1$，即加热温度 800℃、保温时间 8h、出炉温度 400℃条件的组合合格率最高。

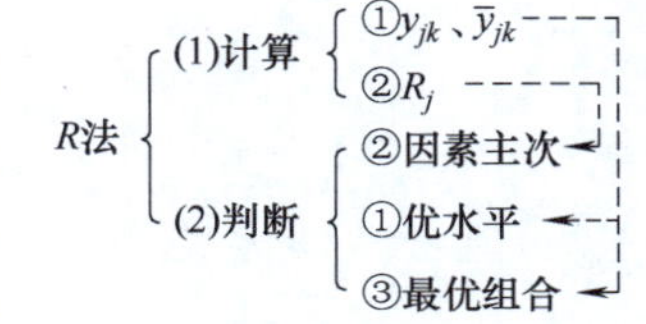

图 6-24　极差分析法判断结果的逻辑图

但需要注意的是 $A_1B_2C_1$ 是计算优化出来的组合，在实际的 4 次试验中并不存在这个组合，因此还需要进一步对这个优化组合进行试验验证。

	A 加热温度/℃	B 保温时间/h	C 出炉温度/℃	试验组合
1	$A_1(800)$	$B_1(6)$	$C_1(400)$	$A_1B_1C_1$
2	$A_1(800)$	$B_2(8)$	$C_2(500)$	$A_1B_2C_2$
3	$A_2(820)$	$B_1(6)$	$C_2(500)$	$A_2B_1C_2$
4	$A_2(820)$	$B_2(8)$	$C_1(400)$	$A_2B_2C_1$
y_{j1}	176	137	161	
y_{j2}	112	151	127	
$\bar{y}_{j1}$	88.0	68.5	80.5	
$\bar{y}_{j2}$	56.0	75.5	63.5	
R_j	32.0	7.0	17.0	
优水平	A_1	B_2	C_1	
主次因素	A、C、B			
最优组合	$A_1B_2C_1$			需要验证

图 6-25 试验结果分析

习 题

6-1 请用公式写出弹性模量、应力、应变的关系式。

6-2 莫氏硬度的硬度级别分为几级？

6-3 计算流体力学（CFD）利用了流体力学中的哪个基本方程？

6-4 2011 年 9 月 29 日，我国“天宫一号”发射成功，它是我国载人航天工程发射的第一个目标飞行器，取得了任务的圆满成功。在“天宫一号”的设计阶段，曾基于“神威·太湖之光”超级计算机对飞行器两舱简化外形的陨落飞行绕流状态大规模并行模拟，计算结果与风洞试验结果吻合较好，为后续飞行提供了重要的数据支持。而绕流计算就是利用了 CFD 进行计算的，请写出 CFD 软件包的三个典型工作步骤。

6-5 试验设计中正交试验设计的目的是什么？

第7章
仿生材料设计典例及应用

本书的前六章介绍了仿生设计的基本理论与方法，是仿生设计理论与技术的总结。目前，仿生材料已经成功应用在多个领域，从深地探测到航空航天，从日常饮食到交通出行，仿生材料上天入地，无处不在，为我们的科技发展和生活便利提供了源源不断的创新驱动力。本章通过介绍仿生材料设计典型案例及在工程中的应用，提高读者对仿生材料发展的认识。

7.1 仿生减阻材料设计及应用

明确设计需求是仿生设计的基础。在船舶的行驶过程中会受到流体阻力的影响，严重影响航速，增加燃油消耗，给海洋运输业带来巨大的运营成本。如何设计减阻材料使船舶行驶得更快，是研究人员一直探索的方向。

1. 减阻模本的选取

根据仿生模本选取的相似性、代表性原则，研究人员将模仿的对象转向了海洋生物，这其中一个典型的实例是鲨鱼。

鲨鱼在海水中的游动速度非常快，一些种类的鲨鱼（如灰鲸鲨）的游速可达96km/h，使被追逐的猎物无法逃脱，大大增加了其捕食的成功率。鲨鱼的游速为何如此之快，研究人员对这个问题进行了大量的研究，并逐渐揭开了这个秘密。

首先，鲨鱼具有一个流线形的身体，从头部到尾部的线条都是平滑且连续的，这种结构可以避免或减少涡旋的形成、延缓边界层的分离、减少回流等，通过这些机制减小流体的阻力。其次，在于鲨鱼皮肤表面的非光滑结构，如图7-1所示，鲨鱼皮肤表面存在着齿状沟槽微结构，这些齿状沟槽微结构尺度为微米数量级，但是这些齿状沟槽微结构随着鲨鱼种类、年龄、身体部位的不同，存在形状和尺寸上的差异，从而更好地适应海洋环境。

有三种理论来解释鲨鱼皮肤的减阻机理，分别为二次涡理论、凸起高度理论、表面润滑理论。

二次涡理论认为，齿状沟槽微结构能将大涡破碎成更多的小涡，这些涡称为二次涡。二次涡的产生和发展有效地削弱了低速流体的抬升能力，降低了其爆发强度，提高了边界层上

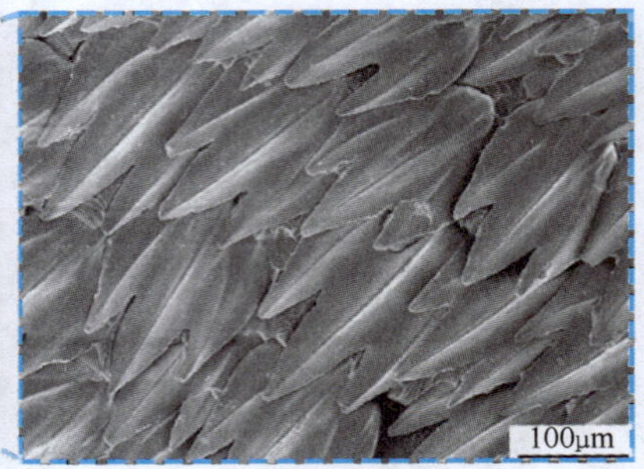

图 7-1　鲨鱼皮肤表面的齿状沟槽微结构

流体运动的稳定性，最终导致湍流摩擦阻力的减小。

凸起高度理论认为，在凸起高度以下的内流动被齿状沟槽微结构阻挡，相当于增加了黏性底层的厚度，因此沟槽起到了减弱边界层湍流强度的作用，使得齿状沟槽微结构与流体的交界面对于流体动力光滑，从而减小了阻力。

表面润滑理论认为，鲨鱼皮肤分泌的黏液起到了润滑作用，一些研究在材料中添加黏液纳米长链材料，与光滑表面相比，减阻率可提升 20%。

除了鲨鱼，其他一些动物（如海豚、蜜蜂）、植物（如荷叶、水稻叶）、地质结构（如沙丘）也存在一些非光滑的减阻表面，为我们开发减阻材料提供了多种多样的仿生模本。

2. 减阻信息的获取

取鲨鱼侧身皮肤样品，经过清洗、化学固定、再清洁、脱水、干燥五个步骤预处理测量样品。

可以采用超高精度扫描的方法获得鲨鱼皮肤的精细结构，如使用三维共聚焦表面形貌仪 Phase Shift MicroXAM-3D，得到其均方根粗糙度（RMS）重复率可达 1 nm，垂直分辨率小于 0. 1 nm，精度小于 0. 1%，通过测量即可得到鲨鱼皮三维图像。

3. 减阻信息的处理

对于获得的三维图像数据，可以将其导入 SOLIDWORKS 等软件，通过放样、裁剪等步骤，分别构建单比例尺和多比例尺鲨鱼皮肤表面三维模型。之后对模型进行优化和精简，采用 CFD 模拟湍流流过鲨鱼皮肤表面，可以获得鲨鱼皮肤周边的流场分布和减阻信息，同时可以获得不同参数下的减阻信息，为减阻材料的制备和优化提供参数。

4. 减阻材料的制备

基于上述优化后的仿生信息，便可以进行减阻材料的制备。然而，想完全复制鲨鱼皮肤精细的微米沟槽结构十分困难，许多研究人员采取了简化的方法来制备这种结构，如简化的结构有三角形沟槽（图 7-2a）、半圆形沟槽（图 7-2b）和正方形沟槽（图 7-2c），复杂一些的有 U 形沟槽（图 7-2d）和齿状沟槽（图 7-2e）。

简单的沟槽结构制备相对简单，有大规模制备的前景。例如，采用 3D 打印技术，使用丙烯腈-丁二烯-苯乙烯（ABS）作为打印材料，制备的具有一系列尺度取向的简单沟槽表面，经测试表面黏度阻力可降低 9%。对于复杂的精细齿状结构，一些较早的研究采用负模脱模法（图 7-3），这是一种比较流行的微纳表面制备方法，即将原始鲨鱼皮作为母版，将硅橡胶等一些高分子树脂材料倒入母版中，脱模后形成硅橡胶负模，再将另一种高分子材料

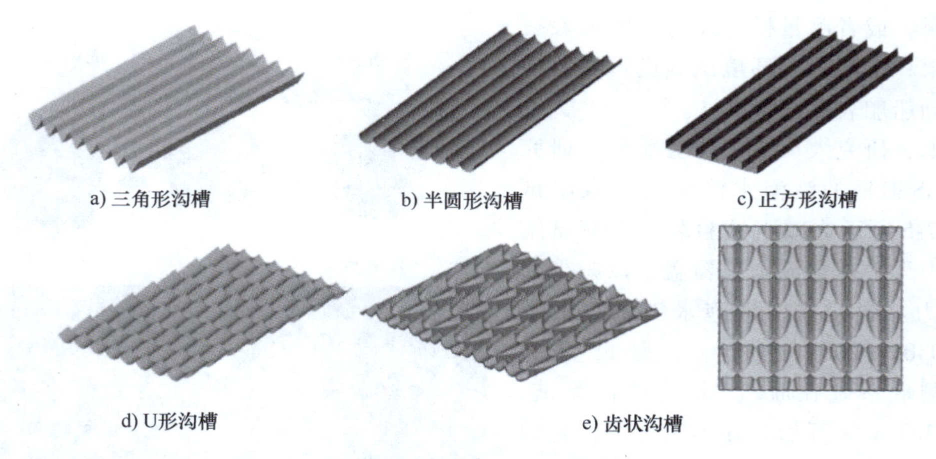

图 7-2　不同形状的仿鲨鱼皮肤沟槽结构设计

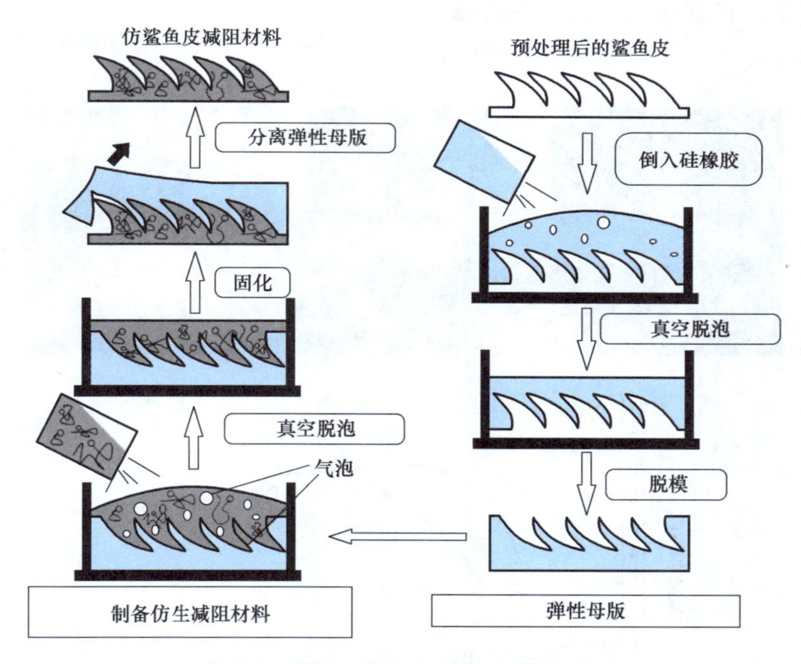

图 7-3　脱模法制备仿鲨鱼皮减阻材料

倒入负模中，固化成型后即可以得到仿生减阻材料。

从图 7-3 所示的制备流程可以看出，这种方法制备的仿鲨鱼皮肤精细结构非常接近真实鲨鱼的皮肤结构，然而采用这种制备方法无法进行大面积制备，仅具有研究意义。最近，有研究人员采用对光敏感的偶氮类聚合物-分散橙 3（PDO3）来制备微米圆柱（图 7-4），然后采用两束圆偏振光的干涉光斜照射圆柱，干涉光的照射引起偶氮聚合物表面周期性的质量迁移，通过调整结构参数（如深度、密度、倾斜度和方向），可获得仿鲨鱼皮齿状结构。这种方法具有高度的可重复性、可扩展性，以及制备快速、成本低的优点，具有更广阔的应用前景。

5. 减阻材料的评价

减阻材料的评价方法主要有水槽试验和实际工况环境试验。水槽试验中通过传感器测量减阻效果，或者测量样件通过时间来表征减阻效果；实际工况环境试验则可以将样件安装到船舶表面进行测试。

例如，研究人员在中国船舶科学研究中心（CSSC）的液泡水洞中进行减阻试验。图 7-5 所示为减阻试验装置与测试结果，其中天平被导流圆罩覆盖，以减少额外的阻力。试验按照液泡水洞试验标准 Q/702J0301—2008 进行，水温设置为 28℃，测量系统在脱气 1h 后进行测试，流速从 3.3 m/s 开始，并不断增加，直到测试样品脱落。在上述试验过程中，传感器的数据被记录，根据数据曲线可分析减阻材料的性能。

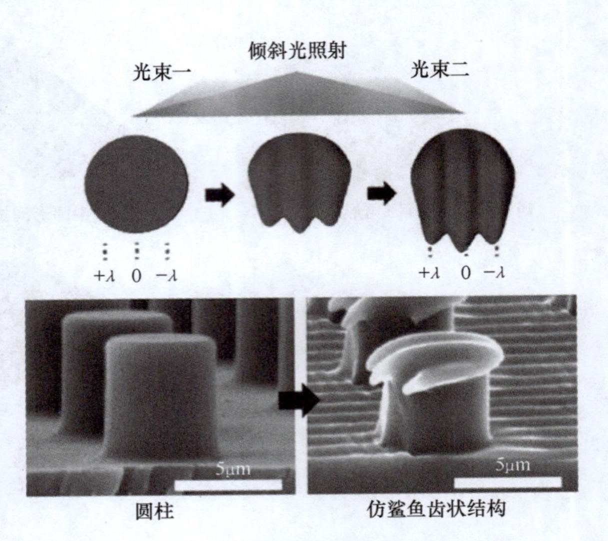

图 7-4　光干涉法制备仿鲨鱼皮齿状结构

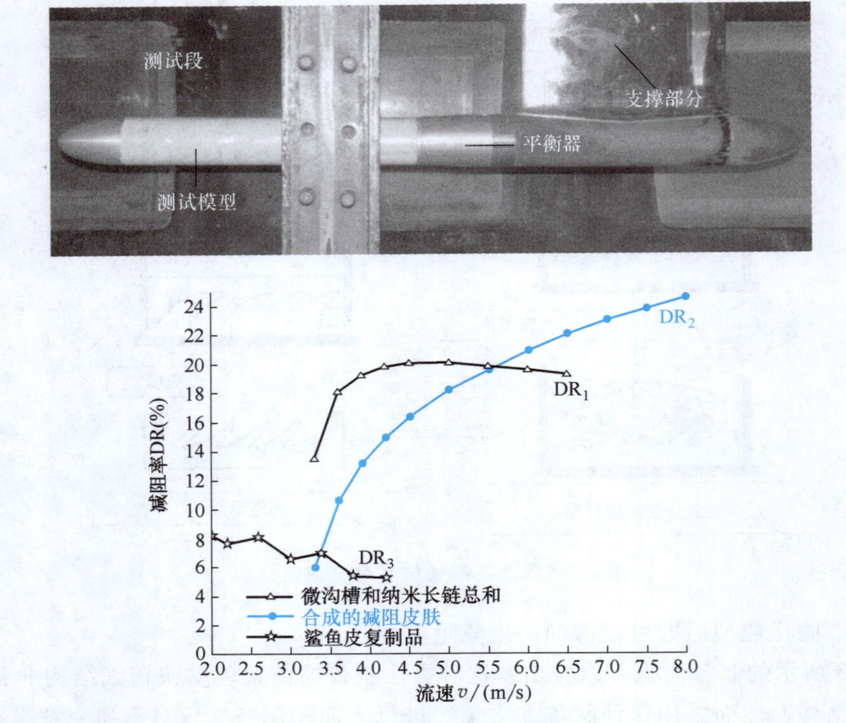

图 7-5　减阻试验装置与测试结果

6. 减阻材料的应用

在 2000 年悉尼奥运会上，澳大利亚游泳运动员伊恩·索普身穿 Speedo 标志的一件泳衣夺得 3 枚金牌，震惊游泳界，这件泳衣就是大名鼎鼎的 Speedo 公司生产的仿鲨鱼皮泳衣。实验表明，这种仿鲨鱼皮泳衣可以减少 3%的水流阻力，这对于毫秒必争的国际赛场来说至关重要。随后的 2008 年北京奥运会，美国游泳名将菲尔普斯身穿第四代仿鲨鱼皮泳衣，一人夺得 8 枚金牌，成就了他和仿鲨鱼皮泳衣的巅峰时刻。一个月内，在该泳衣的助力下，有 15 项世界纪录被打破。

国际航空运输协会对于2024 年的航空业的预测数据显示，预计2024 年燃料总支出2810 亿美元，占全部运营成本的 31%。如何降低燃油成本，是航空公司的高优先级考虑事项。2022 年，德国汉莎航空技术公司联合巴斯夫（BASF）开发了一种仿鲨鱼皮减阻薄膜 Aero SHARK，以应用在飞机表面来实现减阻，其数据显示这种薄膜可降低 1%的燃料消耗和 1%的碳排放，其已经成功应用在波音 777 货机表面。同年，日本尼康公司宣布将为全日空航空公司的飞机研发仿鲨鱼皮薄膜，有望提升飞机的燃油效率（约 2%）。

除了上述领域，仿生非光滑材料也可以应用在海洋领域、国防领域，以及能源领域。在海洋领域，海洋运输业的主要成本是燃油成本，船体表面采用仿生非光滑材料可减少航行阻力，降低燃料消耗和温室气体的过量排放。在国防领域，舰船表面采用非光滑材料可以增加其机动性，增强其作战能力。在鱼雷、导弹表面采用非光滑材料，可以增加其极限速度，从而在战场上取得主动权。在能源领域，将仿生非光滑材料应用在风力发电机的叶片表面，可以降低阻力，增加发电量，为节能减排提供新的解决方案，助力我国“双碳”目标的实现。

7.2　仿生降噪材料设计及应用

日常生活中的噪声无处不在，如在乘飞机、火车等高速行驶的交通工具时，气流在交通工具表面产生的噪声如果能够降低，则可以使我们的乘坐更加舒适；又例如当前的电脑散热大都需要风扇来冷却芯片，如果能够解决风扇带来的噪声，就可以使我们的工作环境更加安静，从而提升工作效率。在国防领域，如果潜艇航行噪声很小，则不易被敌人发现，从而提升了生存能力。为满足上述需求，研究人员进行了仿生降噪材料的设计和研究。

1. 降噪模本的选取

根据相似性原则，研究人员把目光转向了猫头鹰的降噪机理研究。猫头鹰具有超强的静音飞行能力，为其夜间捕食提供了极大的帮助：一方面，静音飞行不会掩盖潜在猎物的噪声，从而更容易发现猎物；另一方面，夜间的背景噪声极低，猎物通常具有非常高的警觉性，猫头鹰进化出的静音飞行能力不易被猎物发现。有研究表明，猫头鹰在人类身边飞行时，如果超过 3m，人类就无法察觉到猫头鹰的存在。猫头鹰进化的静音飞行能力如此之强，那么它们是如何降低噪声的呢？

1934 年，英国科学家 Graham 提出了猫头鹰降噪的三个主要特征，即翅膀前缘锯齿状结构、翅膀尾缘条纹状结构、覆盖体表的柔软绒毛，如图 7-6 所示。1972 年，美国科学家 Kroeger 等人建造了一个 240 m^3 的观察室，并花 9 个多月的时间训练了一只猫头鹰沿一定的轨迹飞向前方的食物，从而获得可重复观测的机会。研究发现，如果把猫头鹰翅膀前缘锯齿状结构和尾缘条纹状结构去除，猫头鹰飞行的声音就会像其他的鸟一样吵闹。1998 年，英国科学家 Lilley 对这三个特征的降噪机理进行了理论计算与分析：翅膀前缘锯齿状结构起到了涡流发生器的作用，可以将翅膀表面的大涡流转化成小涡流，从而抑制湍流边界层噪声的产生；气流经过翅膀尾缘时，条纹状结构起到离散气流脱离的作用，抑制脱离产生的气动噪声；体表绒毛可以吸收噪声，减少声音反射。此外，有些研究表明，猫头鹰的降噪特性与其翅膀翼型结构也存在一定的关系。

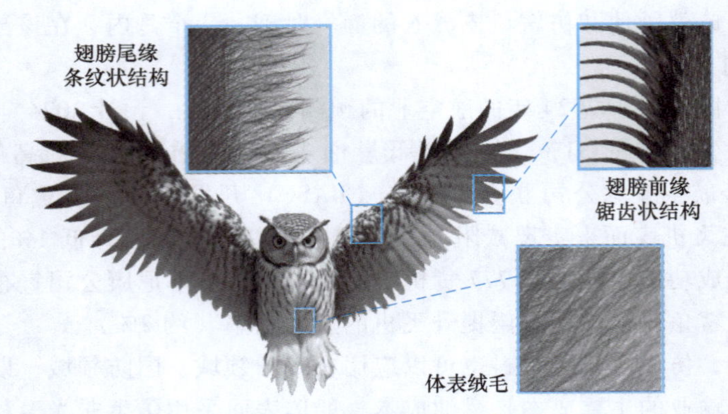

图 7-6 猫头鹰降噪的三个主要特征示意图

除了猫头鹰，其他生物也进化出了一些降噪结构，如鲨鱼的皮肤沟槽、鱼类的鱼鳍、贝壳的表面沟槽等。自然界中的降噪现象还包括非生物，例如雪花在空中落到地面的过程中，若摩擦过大则表面会融化，因此落到地面的雪花，其形状是摩擦最小的，也是气动噪声最低的。基于这些降噪特征，便可以研发叶轮、飞行器等关键部件材料及结构，从而实现消声降噪的功能。

2. 降噪信息的获取

对猫头鹰降噪信息的获取，可以采取扫描电镜、CT、三维激光扫描等微观测量手段。如图 7-7a 所示，扫描电镜可以观察到雕鸮（一种猫头鹰）的绒毛结构和尺寸，发现雕鸮绒毛有三级分叉结构，可能在气动噪声能量耗散方面有一定的作用。三维激光扫描是另一种较好的非接触式测量方法，如图 7-7b 所示，将冷冻定型后的长耳鸮翅膀喷涂显像剂，采用三维激光扫描成像，可得到三维模型云图数据。

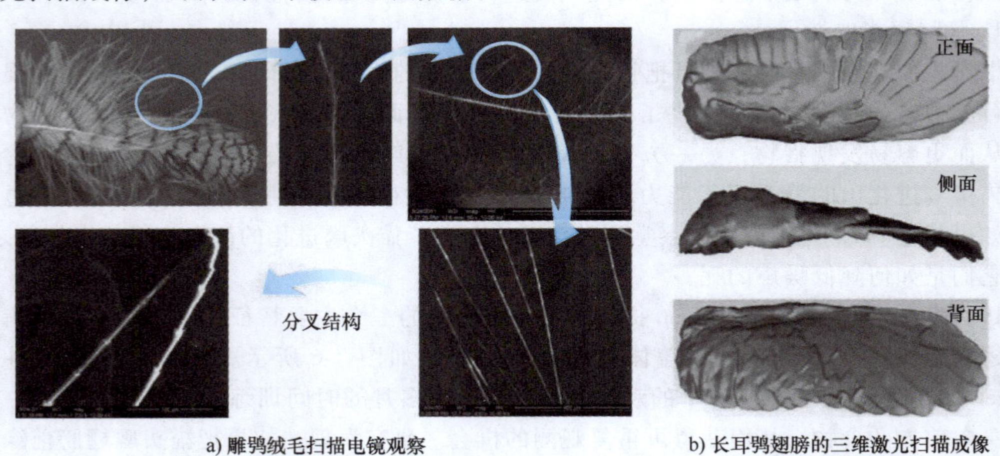

a) 雕鸮绒毛扫描电镜观察　　b) 长耳鸮翅膀的三维激光扫描成像

图 7-7 猫头鹰降噪信息的获取

3. 降噪信息的处理

对于从图 7-7b 中获取的三维信息，可以对翼型中弧线、厚度分布、翅膀轮廓和扭曲分布等特征进行处理。

翼型上表面（z_{upper}）和下表面（z_{lower}）的轮廓线为

$$z_{\mathrm{upper}}=z_{\mathrm{c}}+z_{\mathrm{t}} \tag{7-1}$$

$$z_{\mathrm{lower}}=z_{\mathrm{c}}-z_{\mathrm{t}} \tag{7-2}$$

式中，z_{c} 为中弧线坐标分布；z_{t} 为厚度分布。

中弧线分布方程为

$$\frac{z_{\mathrm{c}}}{c}=\frac{z_{\mathrm{cmax}}}{c}\eta(1-\eta)\sum_{n=1}^{3}S_n(2\eta-1)^{n-1} \tag{7-3}$$

厚度分布方程为

$$\frac{z_{\mathrm{t}}}{c}=\frac{z_{\mathrm{tmax}}}{c}\sum_{n=1}^{4}A_n(\eta^n+1-\eta^{1/2}) \tag{7-4}$$

弦长分布方程为

$$\frac{c}{b/2}=\frac{c_0}{b/2}[F_{\mathrm{ok}}(\xi)+F_{\mathrm{corr}}(\xi)] \tag{7-5}$$

式中，$b/2$ 为翅膀长度；$\xi=2y/b$ 为展向比；y 为展向坐标。

$F_{\mathrm{ok}}(\xi)$ 的一般关系式为

$$F_{\mathrm{ok}}(\xi)=\begin{cases}1,0\leqslant\xi\leqslant0.5\\4\xi(1-\xi),0.5\leqslant\xi\leqslant1\end{cases} \tag{7-6}$$

修正相 $F_{\mathrm{corr}}(\xi)$ 的关系式为

$$F_{\mathrm{corr}}(\xi)=\sum_{n=1}^{5}E_n(\xi^{n+2}-\xi^8) \tag{7-7}$$

式中，E_n 为待定系数，可以用最小二乘法拟合得出。

根据式（7-1）~式（7-4）可以计算出翼型参数，根据式（7-5）~式（7-7）可以算出弦长参数。

4. 降噪材料的制备

轴流风机应用广泛，例如冰箱在制冷过程中，需要轴流风机送风进行冷气的循环。低碳和节能发展的需要，以及人类生活水平的提高，对其带来的噪声提出了更高的要求。通过模仿长耳鸮猫头鹰的翅膀翼型和边缘齿状结构，根据式（7-1）~式（7-7）计算，研究人员进行了仿生轴流风机叶片设计，如图 7-8a 所示，分别设计了两种仿生叶片，仿生耦合叶片的尾部存在齿状结构。

我国的高速铁路系统发展迅速，随着列车速度的进一步提升，气动噪声在高速铁路系统总噪声比例将进一步提高，不仅影响乘客的乘车体验，也影响铁路周围的环境。受电弓为列车行驶提供了源源不断的电力，然而在列车行驶过程中气流经过受电弓时，会产生明显的噪声。因此将受电弓的横杆截面设计成矩形、半圆形、圆弧形及倒角形结构，将臂杆截面设计成圆形、椭圆形及波浪形结构，进行模拟分析。对于车体表面的降噪设计，则将车体表面结构设计成圆柱、菱形及雪花状结构，如图 7-8b 所示。研究表明，通过本体结构中杆件截面结构及车体表面结构设计，均可有效地降低气动噪声，倒角形横杆、椭圆形臂杆及菱形表面声学特性最佳。

5. 降噪材料的评价

一种常用的评价降噪水平的方法是数值模拟。对图 7-8a 所示材料，采用大涡模拟（LES）结合 Ffowcs Williams 和 Hawkings 提出的 FW-H 声类比方法进行数值模拟，结果表明，与原型风机比较，仿生耦合风机的风量可提高 4.6%，降噪幅度达 2dB。

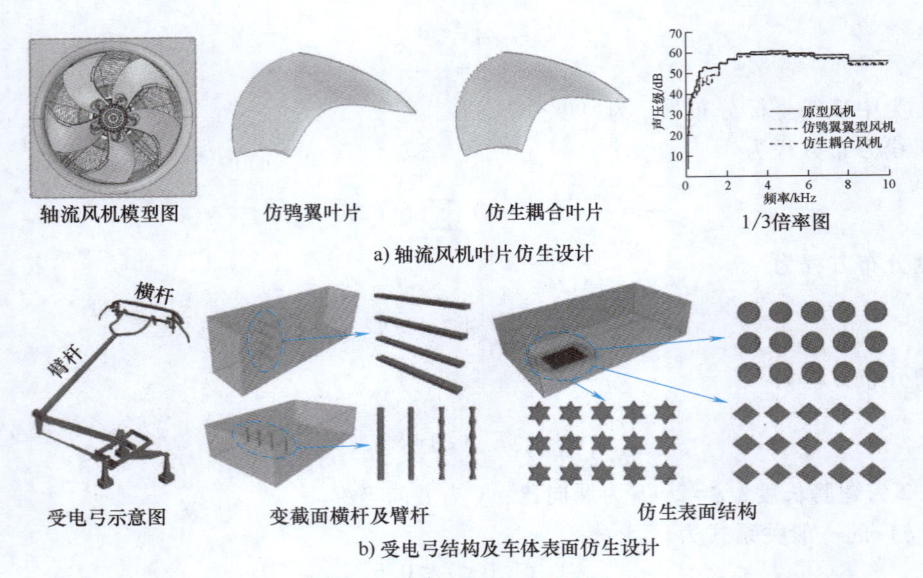

a) 轴流风机叶片仿生设计

b) 受电弓结构及车体表面仿生设计

图 7-8　降噪样件的仿生设计

在风洞中评价降噪材料的性能是通用的评价方法。图 7-9a 所示为一种低速小型风洞，可以获得升力和阻力随攻角的变化，以及噪声频谱。图 7-9a 中的曲线图显示了一种仿生降噪材料的声压测试结果，结果表明，在较宽的频率范围内，有凸起结构（结节）的仿生降噪材料的声压更低。

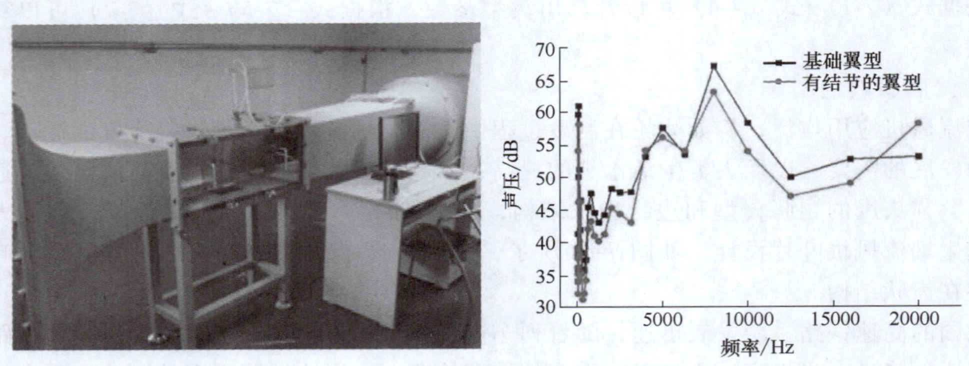

a) 低速风洞试验及升力系数测量

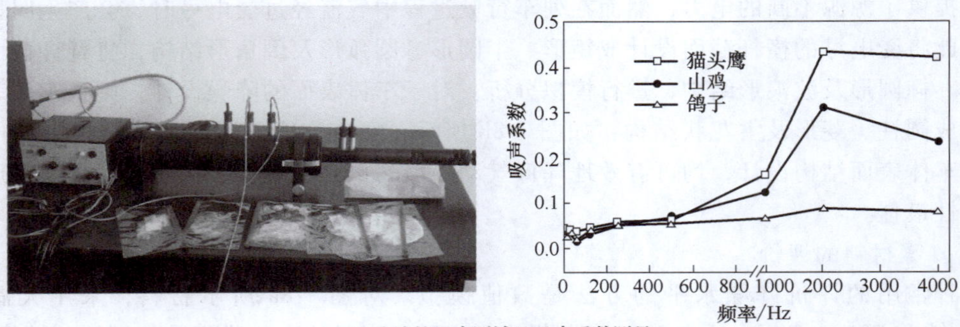

b) 驻波管吸声测试及吸声系数测量

图 7-9　降噪材料评价方法

驻波管是一种测量吸声材料的垂直方向入射吸声系数的设备，亦是评价降噪材料的一种方法。如图 7-9b 所示为科研人员在驻波管中测试猫头鹰皮肤样本的吸声性能，发现在 2000Hz 以上，猫头鹰的吸声系数显著优于山鸡和鸽子。

6. 降噪材料的应用

飞机起飞时的主要噪声源之一是发动机喷射噪声。由于射流中的流动结构取决于喷嘴出口几何形状的细节，并且对射流中的噪声源有很大影响，因此引入仿生锯齿形或 V 形喷嘴（图 7-10a），这种技术称为 Noise-Reducing Chevrons，可有效地降低噪声，这种技术已经在波音 737MAX、747-8 及 787 机型上得到了应用。

a) 飞机发动机锯齿形结构

b) 风力发电机叶片的仿生结构

图 7-10 降噪材料的应用

风力发电机的叶片受风旋转时，产生的气动噪声主要包括湍流噪声和叶片自噪声，有数据显示兆瓦级的风电机组，其工作时噪声可达 105dB，这种噪声在 300m 外的距离才能衰减到国家规定的居住标准噪声。近年来，风力发电机噪声扰民的报告频繁出现。荷兰国家航空航天实验室的研究人员设计的锯齿状结构风力发电机叶片（图 7-10b），经过测量可以获得降低 3.2dB 的降噪效果，有望大规模应用。

7.3 仿生耐磨材料设计及应用

在日常生活和工业生产中，磨损无处不在，是困扰人类发展的一大难题。一些生物在长期的进化过程中，为了适应恶劣的环境，进化出了减少侵蚀和磨损的表面，为我们解决耐磨问题提供了绝佳的解决方案。

1. 耐磨模本的选取

根据相似性原则，具有耐磨性能的生物模本表面通常可分为非光滑表面、梯度材料表面、自润滑表面等。

非光滑表面生物包括沙漠蜥蜴、鲨鱼、柽柳、沙漠蝎、蜣螂、贝壳等，如图 7-11 所示。蛇类没有脚，在地上爬行时，要忍受地面和腹部的磨损，因此进化出了耐磨的鳞片。一些测试表明，仿蛇皮肤的磨损程度明显低于光滑的皮肤。此外，蛇的耐磨特性与其几何形状、材料和力学之间的相互作用密不可分。这些生物的耐磨特性主要有以下机理：①沿壁面的湍流增强，颗粒的移动被干扰；②生物非光滑表面降低了颗粒撞击表面的概率；③仿生表面可以防止颗粒沿表面的滑动和滚动。

a) 沙漠蜥蜴　b) 贝壳　c) 蜣螂　d) 柽柳

图 7-11　仿生原型生物

梯度材料表面生物包括乌贼喙、蜘蛛、沙虫颚、树蛙趾垫等，它们的表面为高硬度的耐磨材料，向内组织间逐渐软化，这种梯度结构可以避免表面力学与界面完整性之间的冲突，提高材料与基底间的机械相容性，从而提升强度和耐磨性。

自然界中有一些生物表面存在着黏液，如水生植物莼菜分泌黏液避免被食草动物吃掉，这种黏液是由厚度约 75nm 的多糖凝胶纳米片组成的，吸附在玻璃表面时摩擦系数仅为 0.005。在哺乳动物体内，滑膜关节是一个优秀的润滑系统，从而确保身体关节的正常工作，一些研究表明，体内关节的摩擦系数为 0.001~0.03，从而拥有卓越的耐摩擦性能。

2. 耐磨信息的获取

对于非光滑表面生物，可以通过扫描电镜获取其表面微观结构。图 7-12 所示为加利福尼亚王蛇腹部扫描电镜照片，其表面覆盖着无数个规则的齿状微观结构，它是向尾端取向

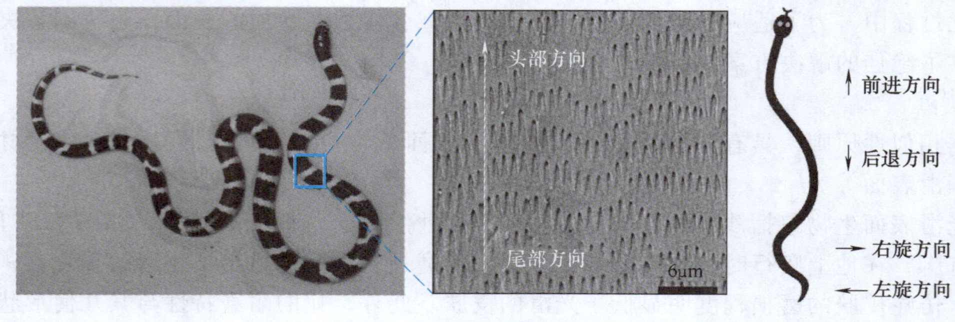

图 7-12　加利福尼亚王蛇腹部扫描电镜照片

的，与蛇的身体轴线平行。

制备的三种蛇皮样品，分别为完整皮肤样品、软缓冲蜕皮样品、硬缓冲蜕皮样品。其中软缓冲蜕皮样品是将蜕皮固定在聚乙烯硅氧烷（PSV）表面，硬缓冲蜕皮样品通过胶水固定在玻璃表面，从而提供软缓冲和硬缓冲。弹性模量是一种表示固体材料抵抗形变能力的物理量，对于蛇鳞片的弹性模量研究，可以采用压痕法，通过赫兹模型计算弹性模量。表 7-1 是在 0.8mN 压力下不同样品的弹性模量和压痕深度，可以发现蛇的皮肤弹性模量处在 $1.42\times10^5\sim4.13\times10^8$ Pa。

表 7-1　在 0.8 mN 压力下不同样品的弹性模量和压痕深度

样品	弹性模量/Pa	压痕深度/μm
完整皮肤	1.42×10^5	31.585
软缓冲蜕皮样品	7.23×10^6	2.296
硬缓冲蜕皮样品	4.13×10^8	0.156

3. 耐磨信息的处理

对于上述获取的耐磨信息，由于数据为直接数据，不需要进行额外的处理，因此这一步骤可以省略或者与耐磨信息的获取合并。

4. 耐磨材料的制备

根据在耐磨信息的获取中获得的加利福尼亚王蛇的仿生信息，采用与蛇皮弹性模量接近的环氧树脂（弹性模量为 3.8×10^6Pa）作为基体材料，采用两步成形技术，即图 7-3 所介绍的脱模法，经固化脱模便可获得仿蛇皮耐磨材料，如图 7-13 所示。

根据仿生材料的不同，往往采用不同的制备方法，也可以采用化学合成的方法来制备耐磨材料，例如透明质酸（Hyaluronic Acid，HA）是膝关节滑液的主要成分，为滑液提供黏弹性，当发生关节炎时，滑液失去黏弹性和润滑特性，因此在膝关节中注射透明质酸可以恢复滑液的黏弹性，恢复润滑能力。研究人员通过温和条件下的巯基迈克尔加成反应，制备了一种透明质酸（HA-VS/SH-2-PEG）凝胶，具有制备简单的特点和抗降解性能，可用于轻到中度关节炎的治疗。

a) 扫描电镜照片

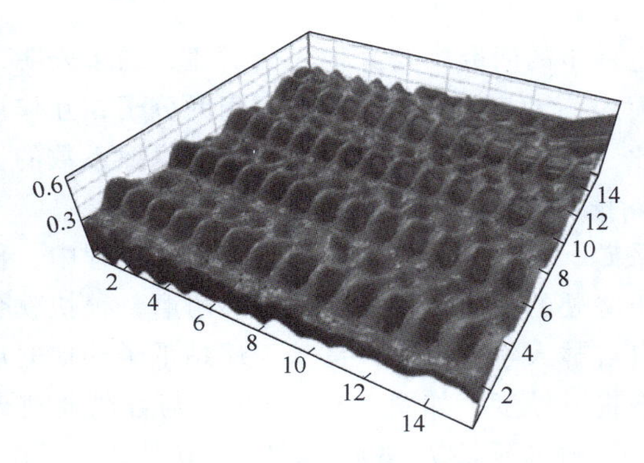

b) 3D图像（单位：μm）

图 7-13　仿蛇皮耐磨材料

5. 耐磨材料的评价

对材料耐磨性能的评价，可以使用摩擦磨损试验机，从而获得摩擦系数，也可以使用砂纸、砂轮等摩擦法，在砂纸、砂轮等表面负载一定重量的载荷，通过往复磨损，最终通过表面元素、形貌、粗糙度、接触角、体积、重量等的变化来评估耐摩擦、磨损性能。耐磨材料的评价标准较多，如对于皮革、橡胶等材料有 TABER 耐磨法、马丁代尔耐磨法、STROLL 耐磨法等。

这里举一个具体的实例，对于图 7-13 所示的仿蛇皮耐磨材料，采用 Basalt Must 摩擦磨损试验机测试，施加 0.6mN 的法向力，每次测量以 50μm/s 的滑动速度在 500μm 的距离上进行。选择直径为 1mm 的玻璃球（表面粗糙度值 $Ra=0.006$ μm）作为接触物，用胶水将其固定在力传感器上。为了表征软缓冲蜕皮样品和硬缓冲蜕皮样品的摩擦特性，在四个不同方向上进行了测量，分别对应蛇前进、后退、左旋、右旋，如图 7-14 所示。测量结果表明，硬缓冲蜕皮样品具有各向异性摩擦特性，摩擦系数在前进方向上最小，在后退方向上最大。对于软缓冲蜕皮样品，摩擦系数在后退方向上最大，在其他方向上没有显著差异，但与硬缓冲蛇皮样品相比，软缓冲蛇皮样品获得的前进方向和右旋、左旋摩擦系数值分别降低了 38% 和 47%。

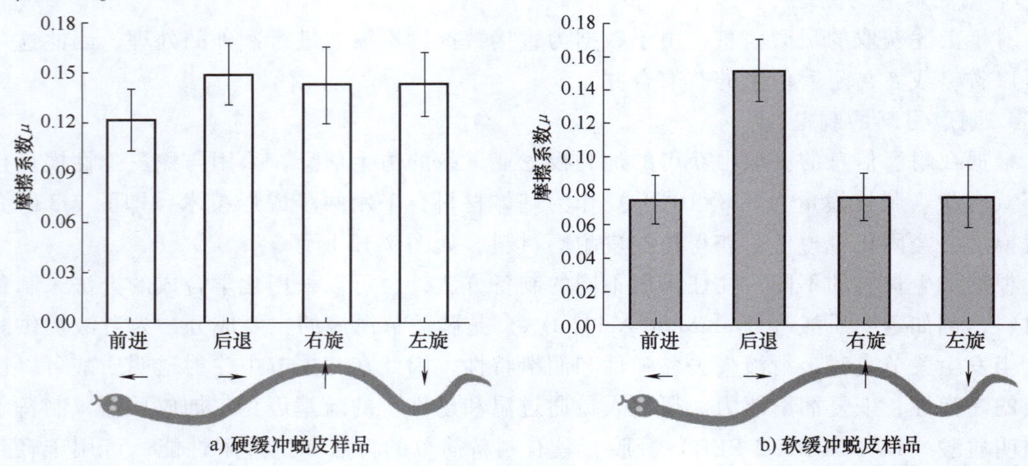

图 7-14　蜕皮样品摩擦系数测试

在进一步的研究中与其他表面对比，结果表明，影响摩擦的两种效应之间存在共同的相互作用模式：①依赖于实际接触面积的分子相互作用；②两个接触面的机械联锁。与光滑的表面相比，在仿蛇皮耐磨材料上观察到摩擦系数的显著降低。

6. 耐磨材料的应用

在采矿、石油和天然气的开采及运输过程中，侵蚀磨损造成的影响极其广泛。例如，钻探时由于坚硬的地质，钻头往往不够耐磨，很快就会失效，这大大影响了工作效率和钻探深度。来自吉林大学的研究人员基于蝼蛄爪子挖地的启发，设计了仿生钻头，并在钻头表面镶嵌金刚石提升硬度，如图 7-15a 所示。与普通金刚石钻头相比，获得的仿生钻头机械钻速提高 42.7%，寿命延长 73.8%。2018 年 6 月 2 日，由吉林大学设计的“地壳一号”万米钻机完成“首秀”：以钻进深度 7018m 创亚洲国家大陆科学钻井新纪录，标志着我国成为继俄罗斯和德国之后，世界上第三个拥有实施万米大陆钻探计划专用装备和相关技术的国家，如图

7-15b 所示。此外，研究人员还根据穿山甲鳞片的特性，研制了仿生耐磨轧辊；根据蚯蚓表面微观耐磨结构，开发了仿生耐磨活塞缸套，这些产品都在各自的领域得到了应用。

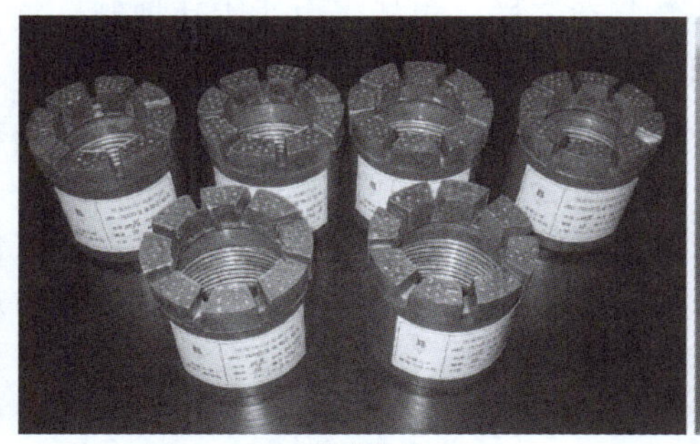

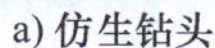

a) 仿生钻头

b) 我国自主研制的“地壳一号”万米钻机

图 7-15　仿生钻头及应用

7.4　仿生防污材料设计及应用

细菌、藻类、贝类等污损生物附着在装备表面的现象称为海洋生物污损，生物污损会造成表面粗糙度的增加，从而增加航行阻力和燃料消耗，带来巨大的经济损失。这种现象不仅发生在海洋中，在河水中、陆地环境中，一些微生物，特别是细菌也会在多种表面附着和生长。

1. 防污模本的选取

如何解决上述问题，自然界给出了答案，自然界中的许多生物为了更好地生存，进化出了多种防污策略（图 7-16），这些策略主要有以下六种：

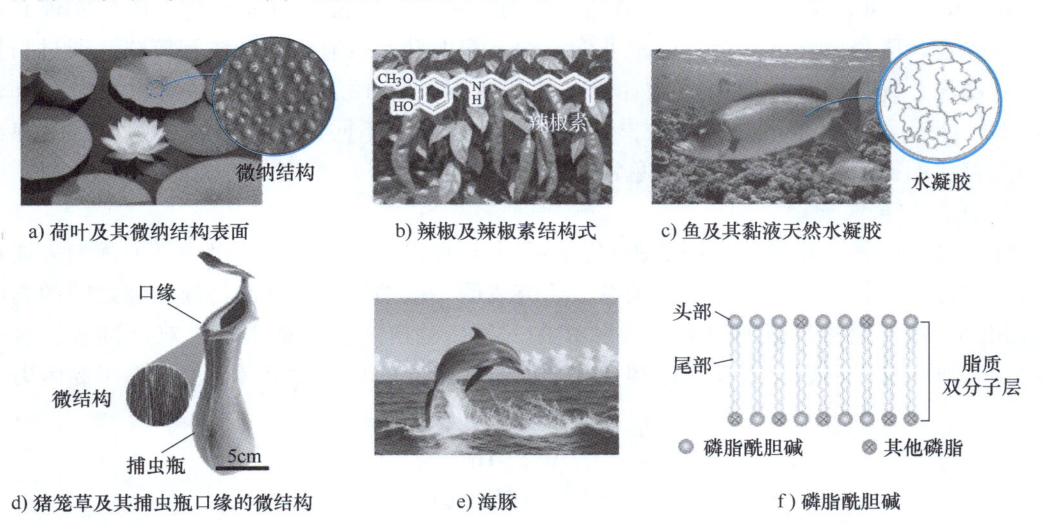

a) 荷叶及其微纳结构表面　b) 辣椒及辣椒素结构式　c) 鱼及其黏液天然水凝胶

d) 猪笼草及其捕虫瓶口缘的微结构　e) 海豚　f) 磷脂酰胆碱

图 7-16　防污模本

（1）微纳结构表面　荷叶表面存在着微纳米结构，同时覆盖着蜡质，从而实现超疏水的性能，这种自清洁效应使得污损生物难以立足。鲨鱼虽然没有超疏水表面，但其表面存在的微米结构，可以减少污损生物在其表面的附着。

(2) 天然防污剂　一些动物、植物（如珊瑚、海绵、辣椒等）会分泌一些天然防污剂来实现防污性能，这些天然防污剂的防污机理非常复杂多样，包括蛋白质表达抑制、氧化应激诱导、神经传递阻滞、位点阻断、生物膜抑制、蛋白水解和致死等效应。

(3) 天然水凝胶　鱼类和两栖类生物可以分泌黏液来减少污损生物的附着，这些黏液的主要成分是一种被称为黏蛋白的天然水凝胶。与人工合成的水凝胶类似，黏蛋白具有亲水性，在水中形成凝胶。水凝胶含有交联的三维聚合物网络，可以吸收大量的水，并且它们是亲水的。在亲水性表面上容易形成氢键或静电诱导水化层，这一水化层形成了一个物理屏障，阻止污损生物的附着。

(4) 超光滑表面　一个典型的实例是猪笼草，其捕虫瓶口缘上存在着微米结构，但这种结构不同于荷叶，因为这种结构表面还覆盖着一层润滑液，这种微结构和润滑液的组合使得其表面非常光滑，以致虫子在口缘无法立足，极易滑落瓶中，最终被猪笼草消化吸收。

(5) 动态表面　一类生物（如藻类）可以脱落上皮细胞来更新皮肤的表面，就像人类脱掉脏衣服一样，把表面的污损生物脱掉；另一类是具有柔软皮肤的生物，如海豚和软珊瑚，其表皮在湍流作用下会发生形变，使得污损生物易从表面脱离。

(6) 两性离子聚合物　脂质双分子层是由两层脂质分子组成的生物膜，脂质分子类型主要为磷脂酰胆碱，占总膜的50%。磷脂酰胆碱头部基团是由相等数量的两种带相反电荷的离子组成的两性离子，表现出电中性。此外，两性离子由于其极性而具有亲水性。研究发现其可以防止污损生物的黏附，有能量垫垒、防止离子偶联吸附、空间排斥效应等观点来解释两性离子聚合物的防污机理。

2. 防污信息的获取

对于表面有微纳结构的生物模本，常用的手段是采用扫描电镜获得其表面微观形貌。图7-17a所示为红树林及其叶片，红树林生活在海边，是一种潮间带的植物，研究发现其树枝易受污损生物附着，然而其叶片通常非常干净，表明叶片具有优秀的防污策略。通过扫描电镜可以发现，红树林叶片表面覆盖着脊状微观结构，这种结构的高度和间距约为5μm，如图7-17b~d所示。对于不同的生物模本信息，可以采取不同的获取方式，例如对于辣椒素等活性物质的提取，可以采用液相色谱-质谱联用（LC-MS）等技术获取。

3. 防污信息的处理

基于对红树林叶片微纳结构的研究，科研人员提出了一种基于接触力学的模型来揭示表面微纳结构和污损生物黏附之间的关系。研究表明，微纳结构尺度和污损生物之间的黏附力高度相关。污损生物与微纳表面的接触存在三种接触模式：单点接触、双点接触、多点接触。为了研究这个问题，首先考虑圆柱和平面基底之间的分离力 F（数值上等于黏附力）：

$$F_{\mathrm{pf}}^{\mathrm{Flat}}=3\left(\frac{\pi E^{*}W^{2}R_{\mathrm{T}}}{16}\right)^{1/3} \tag{7-8}$$

$$1/E^{*}=\left[(1-v_{\mathrm{T}}^{2})/E_{\mathrm{T}}+(1-v_{\mathrm{S}}^{2})/E_{\mathrm{S}}\right] \tag{7-9}$$

式中，E_{T} 和 E_{S} 分别为圆柱和基底的弹性模量；v_{T} 和 v_{S} 分别为圆柱和基底的泊松比；R_{T} 为圆柱的半径；W 为圆柱和基底的黏附功。

将微纳表面描述为一个函数 $y=-A\cos(2\pi x/\lambda)$，其中 λ 和 A 分别为微纳结构的波长和波幅。对于单点接触（图7-18a），圆柱和平面基底之间的分离力 F 为

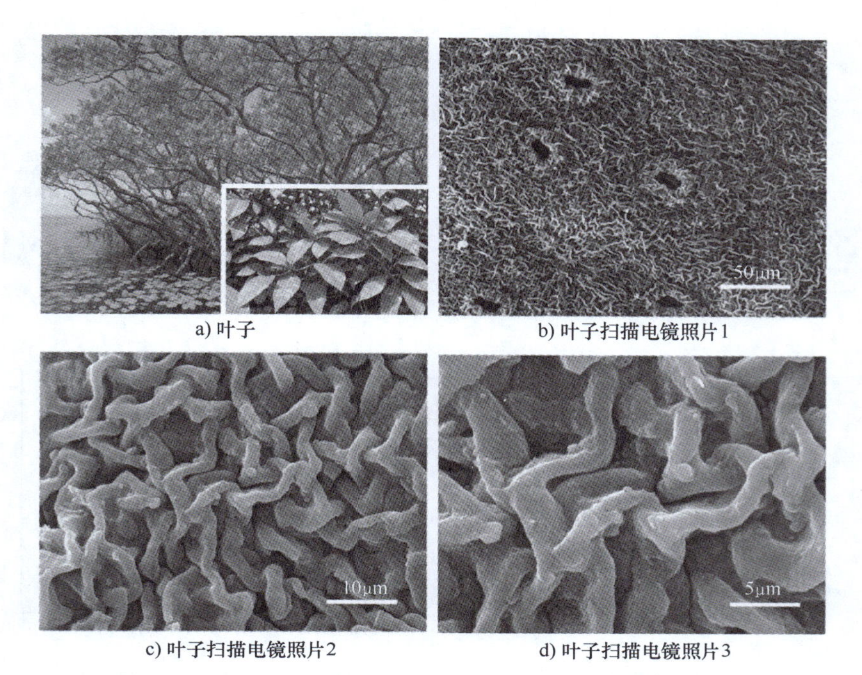

a) 叶子　b) 叶子扫描电镜照片1
c) 叶子扫描电镜照片2　d) 叶子扫描电镜照片3

图 7-17　红树林

$$F_{pf}^{S}=\left(\frac{R_S}{R_S+R_T}\right)^{1/3}F_{pf}^{Flat} \tag{7-10}$$

式中，R_S 为接触点的曲率半径。

对于双点接触（图 7-18b），分离力 F 有如下公式：

$$F_{pf}^{D}=2\cos\theta\left(\frac{R_S}{R_S+R_T}\right)^{1/3}F_{pf}^{Flat} \tag{7-11}$$

式中，R_S 为接触点的曲率半径；θ 为接触角。

对于多点接触（图 7-18c），分离力 F 有如下公式：

$$F_{pf}^{M}=\left(\frac{2}{\pi}\right)^{10/9}\left(\frac{W}{2\pi E^{*}R_T}\right)^{4/9}\left(\frac{A}{\lambda}\right)^{5/9}\left(\frac{\lambda}{R_T}\right)^{-7/9}F_{pf}^{Flat} \tag{7-12}$$

式（7-10）~式（7-12）分别描述了三种接触模式下的分离力。在 A/λ 分别取 0.125、0.5 和 2 的情况下进行分离力分析（图 7-18d），可以发现，较高的微纳结构分离力较小，因此可以设计较高的微纳结构来减少污损生物的附着。同时，该物理模型也经过了试验验证，具有一定的可信度。

4. 防污材料的制备

防污材料种类繁多，制备技术各有不同，这里举几个典型的实例。

珊瑚是由多个珊瑚虫组成的一种动物，花环肉质软珊瑚表面有很多柔软的珊瑚虫，这使得它们能够在水流中摆动。研究发现，珊瑚虫的摆动在珊瑚外形成一个不稳定的表面，从而使得污损生物难以停留。基于该防污策略，以低弹性模量的硅橡胶为基材制备防污涂层，并在硅橡胶中加入石墨烯纳米片，提高其强度，如图 7-19 所示。通过测量珊瑚虫的三维尺寸，采用 3D 打印负模，将硅橡胶/石墨烯复合材料浇筑到负模中固化成型，脱模后获得仿生防

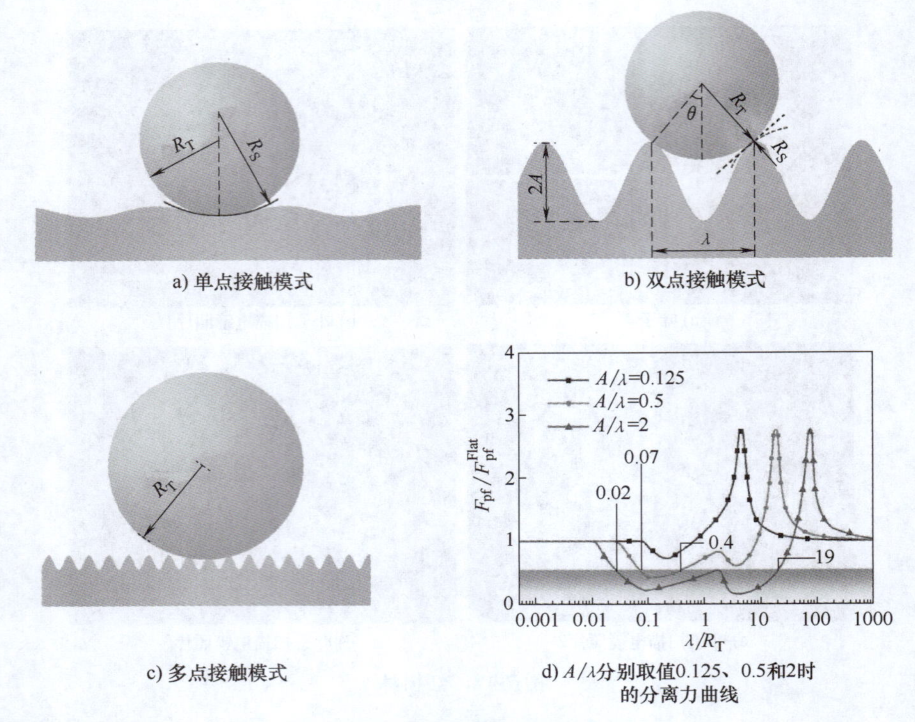

a) 单点接触模式　　b) 双点接触模式

c) 多点接触模式　　d) A/λ分别取值0.125、0.5和2时的分离力曲线

图 7-18　圆柱与基底的接触模式及分离力

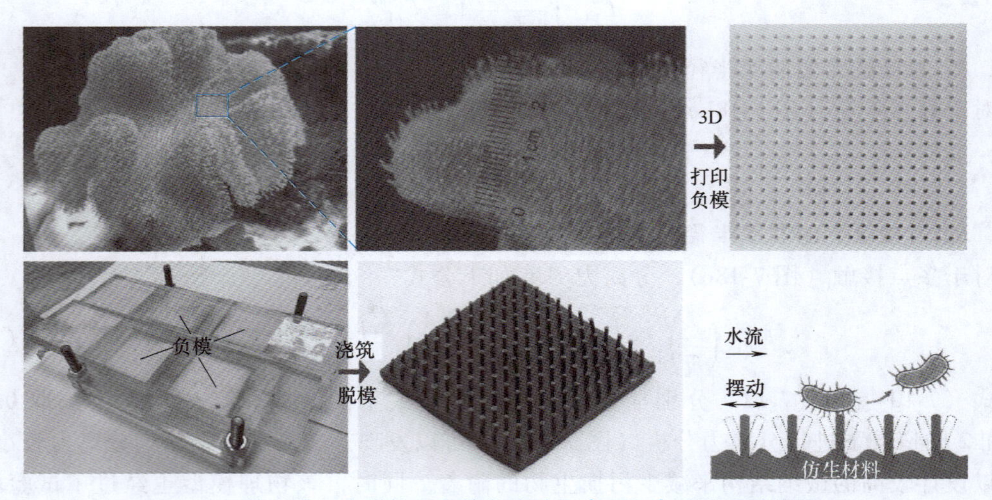

图 7-19　基于花环肉质软珊瑚的仿生防污表面制备流程及防污原理

污材料。

流体环境光学探测在海洋开发、内窥镜手术、芯片开发等领域应用广泛，然而传统的材料不能承受油污、有机溶液等的污染，最终导致光学性能下降。一些水生生物具有超疏油性和自清洁能力，如鱼鳞、蛤壳、海藻等，模仿这些生物自清洁特性便可获得仿生自清洁材料。最近有研究人员利用飞秒激光微加工技术，通过飞秒激光诱导化学各向同性蚀刻和选择性直接激光烧蚀（DLA）工艺在玻璃基板上制备新型微透镜阵列，实现超疏油功能，如图7-20 所示。

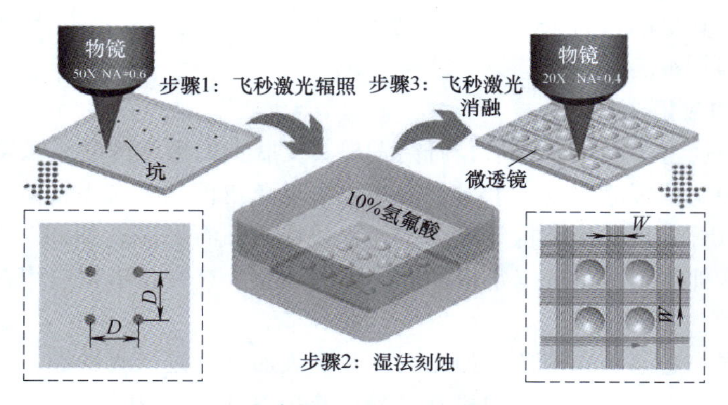

图 7-20　飞秒激光制备仿生材料制备流程

在医疗领域，细菌感染可能引起严重的后果。一些用品，如绷带和伤口贴以棉织物为主，然而棉纤维素中丰富的羟基使织物表面具有高度的亲水性，从而增加了染色的可能，也为微生物的生长和繁殖传播提供了温床。有研究人员在棉织物表面首先沉积壳聚糖，然后沉积氧化锌（ZnO），可以在棉织物表面获得微纳米结构，使棉织物获得防污能力。

5. 防污材料的评价

防污材料的评价方法较多，表 7-2 总结了一些常用的评价方法，可以根据实际情况进行选择，选择原则是可以充分地反映材料的防污能力。

表 7-2　防污材料常用的评价方法

评价方法	常用种类	表征方法
细菌附着测试	泛养副球菌、枯草芽孢杆菌、金黄色葡萄球菌、大肠杆菌等	扫描电镜、荧光显微镜、涂布平板、分光光度计等
藻类附着测试	小球藻、底栖硅藻等	扫描电镜、超景深显微镜、血球计数板、叶绿素含量测试等
实海挂板(片)测试	在不同海域实海测试	GB/T 6822—2014《船体防污防锈漆体系》、GB/T 5370—2007《防污漆样板浅海浸泡试验方法》、GB/T 7789—2007《船舶防污漆防污性能动态试验方法》等
蛋白质附着测试	牛血清蛋白(BSA)、免疫球蛋白 G(IgG)	石英微晶天平(QCM)、表面等离子体共振仪(SPR)
亲疏水(油)性测试	水、油等探针液体	接触角测量仪、表面张力测试仪等
易污染液体附着测试	果汁、牛奶、墨汁、血液等	肉眼观察表面污损情况

针对图 7-19 所示的仿生防污材料，进行细菌和藻类附着试验，发现含 0.36%（质量分数）的材料弹性模量最低，并且防污性能最好。与杀菌剂的防污机制不同，这些材料通过机械过程抑制污损生物的附着，更加的环保和耐久。理论上，任何一种弹性材料都有可能用于制造这种仿生防污材料。此外，这些材料和制造工艺易于实现且价格低廉，具有广阔的应用前景。

图 7-20 所示的材料，经亲疏水（油）性能测试，发现其在水下可实现 $(158.6\pm0.5)^\circ$ 的油接触角，滚动角为 1°，表明其具有优秀的超疏油性能。

一种棉织物，其接触角为154.4°，滚动角为8°，试验表明其具有优异的自清洁性能和抗血渍性，是医用纺织品的理想选择。

6. 防污材料的应用

鲨鱼在海洋中通常皮肤干净整洁，研究发现其皮肤上的微结构除了减阻功能外，也具有防污能力，受这种防污策略启发，世界上第一个仿鲨鱼皮防污材料 Sharklet 被成功研发，这种材料表面由数以百万计的微结构组成，排列成独特的钻石图案，如图 7-21a 所示。这种图案的结构本身就能抑制细菌附着、定植和形成生物被膜。这种技术被应用在船舶防污、医疗抗菌等领域。

自然界中存在一些超亲水现象，如泥炭藓叶子表面具有超亲水特性，水滴能够在其表面快速铺展，有利于其光合作用效率的提升。NSG 集团基于这些现象开发了自清洁玻璃技术，这种玻璃的表面具有光催化和亲水的特性，如图 7-21b 所示。当有光照射时，光催化作用可以分解有机物；下雨时，水不是形成水滴，而是均匀地在玻璃表面扩散，形成一层薄膜，从而洗去表面的污染物，减少条纹的产生，增加玻璃的通透性。

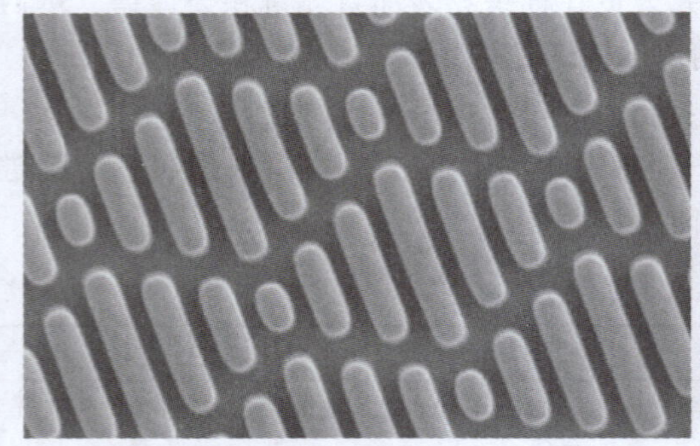

a) Sharklet防污技术材料表面微结构

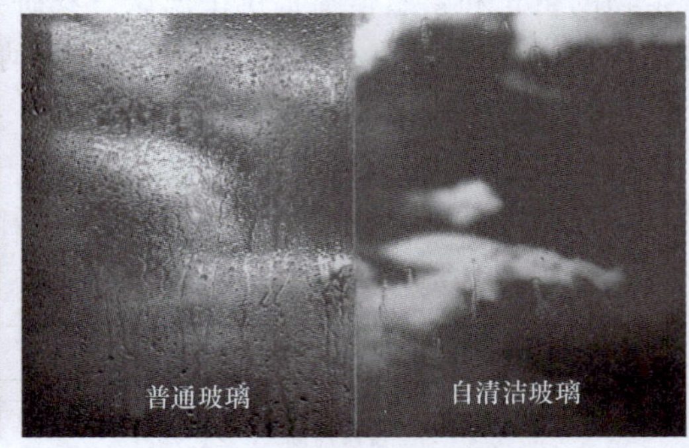

b) 普通玻璃与自清洁玻璃对比

图 7-21　防污材料的应用

7.5　仿生抗反射材料设计及应用

反射是自然界中的一种现象，由于反射现象，我们能看到这个五彩斑斓的世界，然而光线照射到比较平滑的表面时，由于镜面的强烈反射，人们通常会受到眩光的困扰，如镜面的显示屏、建筑外墙的玻璃等造成的眩光干扰人们的正常工作和生活。为了解决反射问题，研究人员将目光转向了大自然。

1. 抗反射模本的选取

根据相似性原则，寻找自然界中的具有抗反射特性的生物。研究发现，自然界中的一些昆虫，如蝉、蜻蜓、蝴蝶、飞蛾等都进化出了抗反射特性，为我们提供了优秀的仿生模本。

飞蛾的眼睛由多个复眼组成，当飞蛾在夜间飞行时，其眼睛进化出了优秀的抗反射能力，用于解决下面两个问题：①对微弱的光敏感，更易发现猎物；②不能反射，避免被猎物发现。

人们常用“薄如蝉翼”来形容极薄的透明物，研究发现蝉翼表面存在纳米锥状结构，这种结构像蛾眼一样，可以减少折射，这一点也被试验证实，通过改变蝉翼的突出高度，成功地改变了蝉翼的透光特性。

蝴蝶翅膀表面的微纳米结构使其呈现绚烂色彩，与常见彩色翅膀不同，许多种类的蝴蝶具有透明的翅膀，可以让光线通过，这种进化可能是为了伪装从而避免被天敌发现。例如透翅蝶，翅膀表面具有不规则排列的纳米柱，且高度随机分布，表现出全向抗反射特性。

2. 抗反射信息的获取

通过扫描电镜、透射电镜、原子力显微镜等观察发现飞蛾的眼睛表面覆盖着大量角膜乳头，这些纳米乳头以六角形形状排列，乳头距离变化很小，在 180~240nm 之间，乳头高度变化在 0~230nm 之间，由于乳头的距离小于光的波长，在空气和小面透镜材料之间形成了一个具有梯度折射率的表面，从而减小折射，如图 7-22a 所示。

对蝉翼的研究发现，其表面存在纳米结构，直径为 77~148nm，间距为 44~117nm，高度为 159~481nm，高度上的差异与蛾眼类似，如图 7-22b 所示。

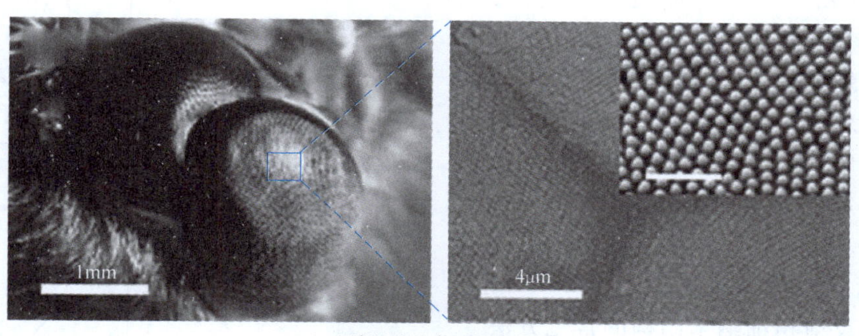

a) 蛾眼及其表面纳米结构

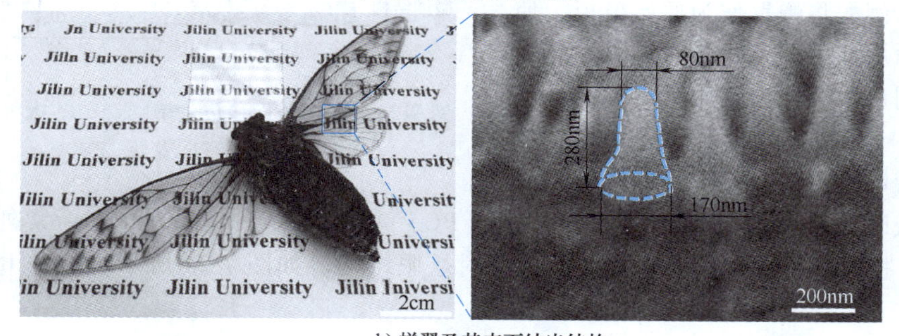

b) 蝉翼及其表面纳米结构

图 7-22 表面纳米结构

3. 抗反射信息的处理

这里以图 7-22b 所示蝉翼信息的处理为例，来建立模型阐述其抗反射的机理。表面结构可以看作是折射率连续变化薄膜的叠加，依据有效介质理论即

$$\frac{n^2-n_1^2}{n^2+2n_1^2}=(1-f_1)\frac{n_2^2-n_1^2}{n_2^2+2n_1^2} \tag{7-13}$$

式中，n 为相邻介质层的有效折射率；n_1 和 n_2 为不同材料的折射率；f_1 为混合介质中空气的比例。根据 Bruggeman 介电常数近似理论（EMA），有效介质是两个组成层的均匀混合物，则有

$$f_1\frac{(n_1^2-n^2)}{(n_1^2+2n^2)}+f_2\frac{(n_2^2-n^2)}{(n_2^2+2n^2)}=0 \tag{7-14}$$

由于蝉翼表面的纳米结构是连续的，可以看作连续变化折射率薄膜的叠加，则 EMA 公式为

$$\sum_{i=1}^{n}f_i\frac{(n_i-n^2)}{n_i^2+2n^2}=0 \tag{7-15}$$

蝉翼与空气混合介质的等效折射率 n_{eff} 可写作为

$$n_{\text{eff}}=\sqrt{n_{\text{a}}^2f+n_{\text{s}}^2(1-f)} \tag{7-16}$$

式中，f 为空气与基底材料在不同位置的比例；n_{a} 为空气的折射率；n_{s} 为基底的折射率。

平面结构和仿生微纳结构的折射率曲线如图 7-23 所示，当平面被光照射时，由于基材与空气的折射率不同，会发生菲涅耳反射。蝉翼表面的纳米结构可以近似地看作一组从空气到基底具有梯度结构的多层有效介质。因此，折射率的变化是由纳米结构引起的，从而抑制菲涅耳反射，实现抗反射功能。

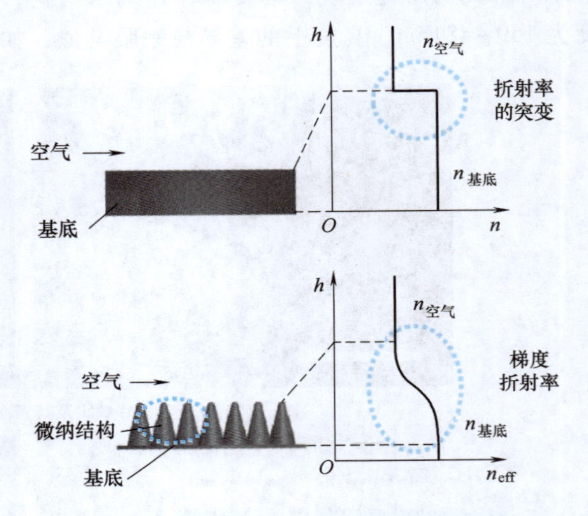

图 7-23　平面结构和仿生微纳结构的折射率曲线

4. 抗反射材料的制备

复制抗反射精细纳米结构的常见方法是模板法，例如将蝉翼作为原始模板，使用聚甲基丙烯酸甲酯（PMMA）采用蒸发溶液法得到负模，然后使用聚二甲基硅氧烷（PDMS）在制备好的 PMMA 中固化成型，脱模后即可得到 PDMS 仿蝉翼结构材料。

基于蛾眼的特性，使用透明聚碳酸酯（PC）基材，采用滚板（R2P）紫外纳米压印（UV-NIL）技术，采用镍模制备亚波长抗反射蛾眼结构，如图 7-24 所示。这种 R2P 方法特

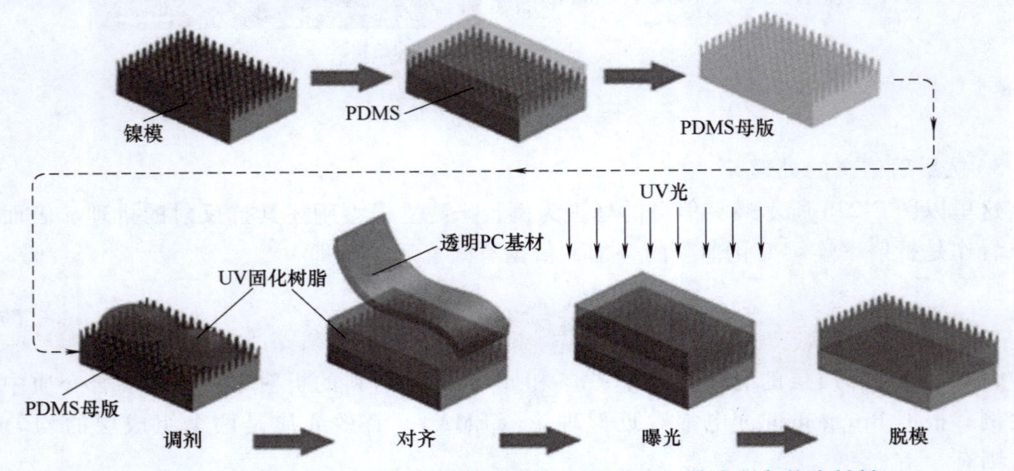

图 7-24　采用滚板（R2P）紫外纳米压印（UV-NIL）技术制备仿生材料

别适用于大面积的产品制备，可应用于显示屏、太阳能电池或发光二极管等光学器件。

除了上述方法外，还有很多先进制造技术被用于制备微纳表面，如溶胶-凝胶法（Sol-gel）、物理气相沉积法（PVD）、化学气相沉积法（CVD）、刻蚀和真空烧结法等，随着技术的进步，相信越来越多的方法会被应用到微纳表面的制造过程中。

5. 抗反射材料的评价

测量材料抗反射性能常用的一种方法是采用分光光度计测量其反射率，在实际应用中还会考虑其透光率。用 PDMS 制备的仿蝉翼结构材料的反射率和透过率的测量结果，在 500~900nm 范围内，仿蝉翼结构材料的反射率约为 3.5%，而纯 PDMS 材料的反射率约为 9%，玻璃片的透过率约为 86%。仿蝉翼结构材料的透过率提高到 90%，如图 7-25a、b 所示。另一种方法是采用肉眼观察法，如图 7-25c 所示，可以发现有仿生结构的表面更不容易产生反射。

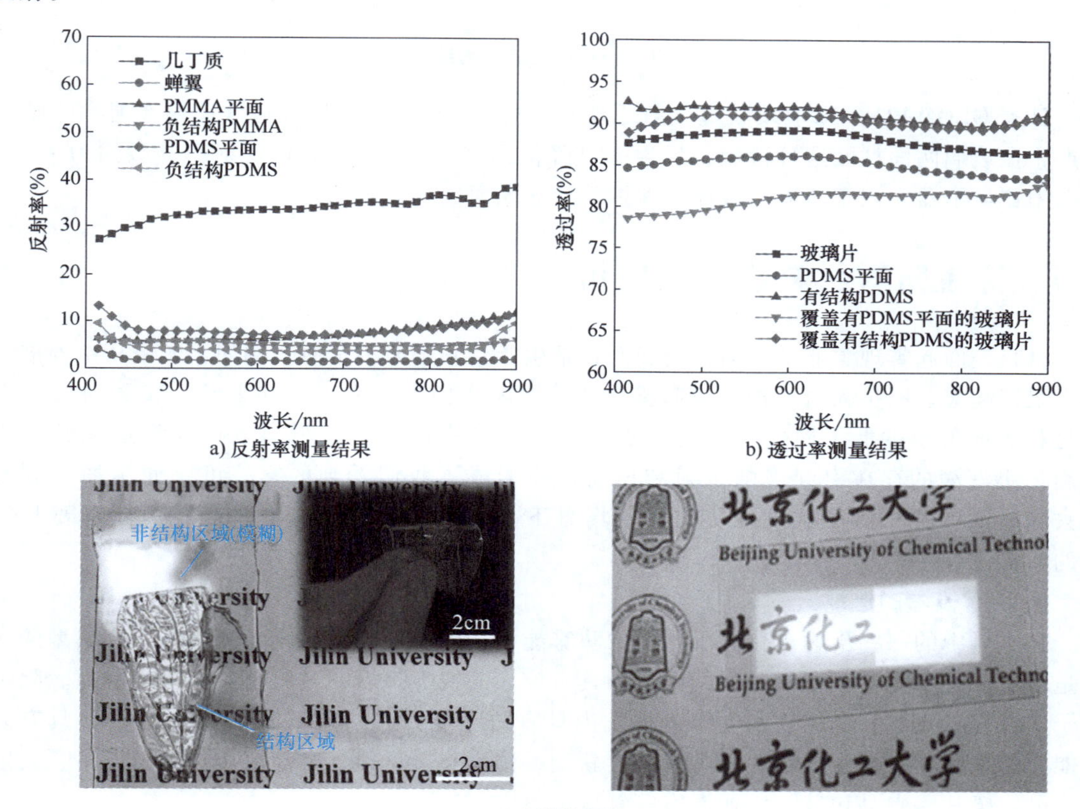

a) 反射率测量结果

b) 透过率测量结果

c) 肉眼观察法

图 7-25　抗反射材料的性能评价

6. 抗反射材料的应用

在玻璃镜片的发展过程中，如何降低光线在镜片上的反射，从而提升透过率一直是一个难以克服的难题，这个问题曾经给民用相机和医疗成像设备带来了巨大的困扰。受蛾眼的抗反射特性启发，多个镜片生产厂商相继开发了仿蛾眼镀膜材料。一个典型的实例是日本著名相机厂商佳能开发的亚波长结构镀膜（SWC），这种镀膜在镜头表面形成小于可见光波长的纳米级楔形微结构，如图 7-26 所示，随着与玻璃镜片表面的距离缩小，B、C、D 部分楔形结构密度增大，构造密度的变化使光线折射率产生梯度变化，从而抑制光线反射，提高透过率，这种技术能够将反射光产生的概率减小到0.05%，已经应用到佳能的高端镜头中。日本尼康也有开发类似的抗反射技术，并命名为纳米结晶涂层（Nano Crystal Coat），也已应用到自家品牌镜头产品中。

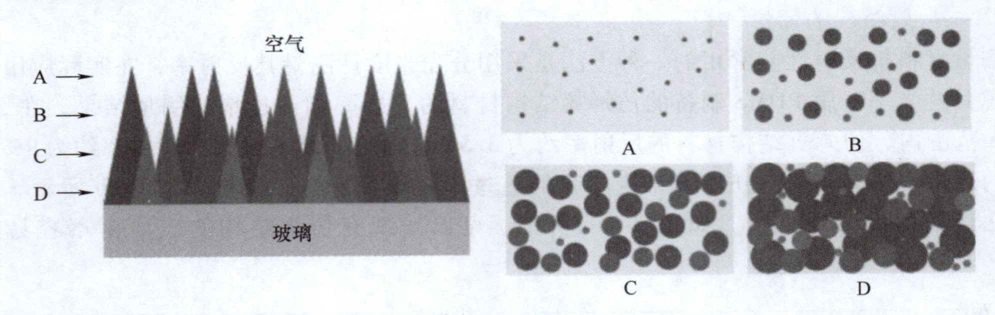

图 7-26 佳能 SWC 镀膜微纳结构示意图

日本 GEOMATEC 基于蛾眼抗反射原理开发的 G. Moth 薄膜具有超低反射性能和防眩光特点，在玻璃两面粘贴这种薄膜，反射率可降低到0.5%（普通玻璃反射率一般约为4%），可以用在显示器、汽车玻璃、摄像头保护玻璃等表面。

7.6 仿生防雾材料设计及应用

材料表面起雾现象非常普遍，给我们日常生活带来了诸多不便。例如，冬季从室外进入室内眼镜起雾、医护人员的护目镜起雾，严重影响人们的正常工作和生活。起雾的根源在于材料表面的温度低于周围空气的露点温度，空气中的水分在材料表面凝结成无数个小液滴，小液滴的存在引起光的折射和反射，便形成了我们看到的雾。可以使用加热等方法去除表面的雾，然而这种方法在某些场景下是不适合的，且成本较高，因此需要开发新的防雾材料。

1. 防雾模本的选取

自然界中的一些生物进化出了优秀的防雾能力，以更好地适应自然环境。一个典型的实例是蚊子，蚊子在雾蒙蒙和潮湿的环境中具有惊人的视力，表明其眼睛具有防雾能力。除了蚊子，苍蝇、飞蛾、蝴蝶、水黾等也被发现具有防雾能力，如图7-27所示。以这些具有防雾能力的生物作为仿生模本，便可以开发新型的仿生防雾材料，有望应用在显示设备、太阳能产品、镜片、食品包装、农业温室等领域。

2. 防雾信息的获取

生物的防雾特性与表面性质有关，可以通过先进技术手段获取生物表面的相关信息，这些信息包括表面形貌、化学成分、润湿性、波长、反射率等。表面形貌是一个比较重要的信息，通常使用显微镜获取。例如，研究人员对蓝色大闪蝶的翅膀防雾信息进行了研究，发现其雄性的翼展约为14cm，翅膀表面覆盖微型鳞片，具有均匀的蓝色光泽，利用3D立体显微镜，可以观察到表面鳞片排列整齐。翅膀鳞片由两种类型的鳞片构成：表面透明鳞片和底层蓝色鳞片，这两种鳞片的组合让蝴蝶呈现鲜艳的色彩，鳞片表面不是光滑的，而是呈现一定的粗糙度，高度差达82.98μm，如图7-28所示。

a) 蚊子　b) 苍蝇　c) 蝴蝶　d) 水黾

图 7-27　常见的防雾模本

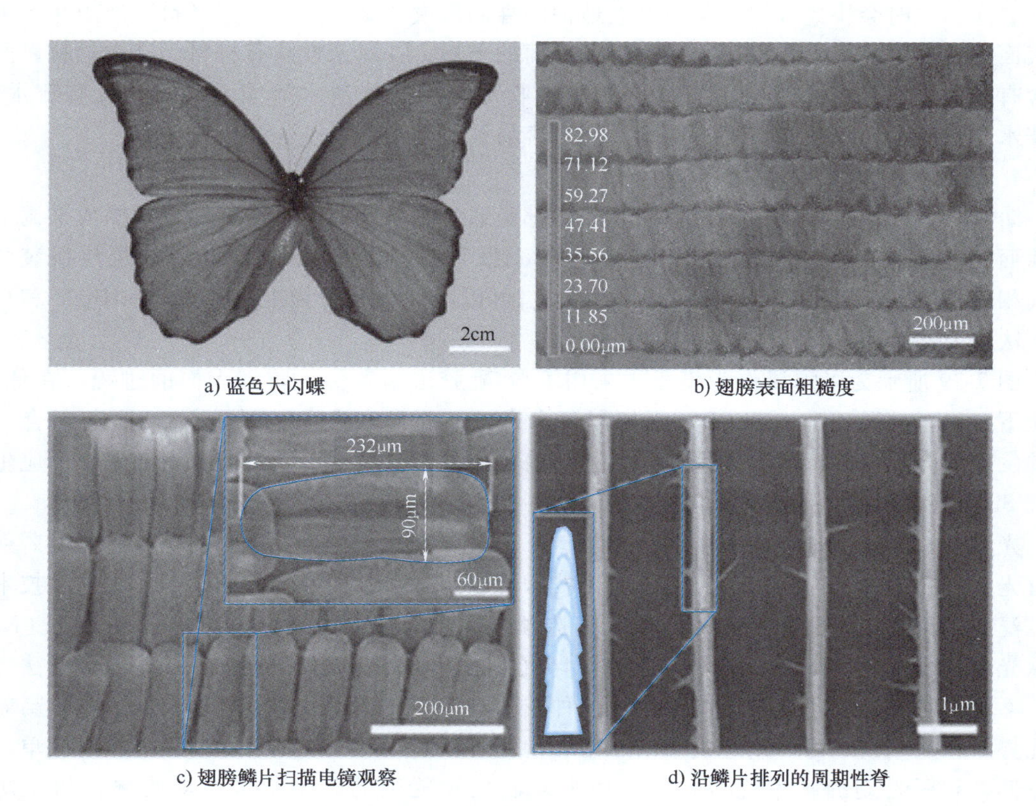

a) 蓝色大闪蝶　b) 翅膀表面粗糙度　c) 翅膀鳞片扫描电镜观察　d) 沿鳞片排列的周期性脊

图 7-28　蓝色大闪蝶防雾信息的获取研究

对防雾信息的获取，可以按实际需要应用多种技术。例如，在对水黾腿防雾的研究中，研究人员使用了扫描电镜观察水黾腿的微观结构，使用高速摄像机获取了液滴沿水黾腿的自行去除过程。这个过程包括液滴沿表面迁移并在纹理内部生长，由于液滴对刚性阵列的弹性变形，液滴突然从刚毛排出，最后凝结液滴在水黾腿表面聚集并快速地运动，从而去除表面的液滴。

3. 防雾信息的处理

当前，防雾信息的处理的主要理论都是基于润湿性理论，固体表面的润湿性是由材料表面的化学和形貌结构共同决定的，可以使用杨氏方程来描述润湿性：

$$\gamma_S-\gamma_{SL}-\gamma_L\cos\theta_e=0 \tag{7-17}$$

式中，γ_S、γ_{SL}、γ_L 分别为固气、固液、液气的表面张力；θ_e 为接触角。

根据接触角的值，可以将固体表面分为超亲水性（$\theta_e \leqslant 10°$）、亲水性（$10°<\theta_e \leqslant 90°$）、疏水性（$90°<\theta_e \leqslant 150°$）和超疏水性（$\theta_e>150°$）。由于杨氏方程针对的是理想表面，即固体表面绝对光滑、化学材质绝对均匀，这在实际中是不存在的，因此后续又出现了 Wenzel 和 Cassie-Baxter 模型。在 Wenzel 状态下，液滴与表面的附着力很高，表面倾斜时，液滴不容易从表面掉落；在 Cassie-Baxter 状态下，液滴与表面的附着力较低，很容易从表面滚落。这些状态在日常生活中也常见到，例如，液滴在玫瑰花瓣表面的附着力很高，不易滚落，处于 Wenzel 状态；荷叶表面的水滴易滚动，是 Cassie-Baxter 状态。因此，获得的润湿性信息是研究防雾信息的关键，通常不需要进一步处理。

按照润湿性的不同，可以将仿生防雾材料分为四类：①超亲水防雾材料，当液滴在这类材料表面形成时会快速铺展，从而有效地抑制雾的形成；②超疏水防雾材料，液滴在此类材料表面不易黏附，很容易滚落，从而保持表面的干燥；③双亲性防雾材料，这类材料表面同时含有亲水片段和疏水片段，它具有快速吸收水分子并分散水的能力，同时具有疏水性；④亲水疏油表面，不仅具有防雾能力，还不容易被污染物污染。

4. 防雾材料的制备

防雾材料的制备方法多样，但基本原理都是通过制备表面微纳结构和化学构成来调节材料表面的润湿性。常用的方法有光刻、化学刻蚀、溶胶-凝胶、浸涂、旋涂、层层组装、化学气相沉积（CVD）和磁控溅射等，这些方法可以归纳为自下而上法（Bottom-Up）和自上而下法（Top-Down）。

图 7-29 所示为以蝉翼作为模板，采用溶胶-凝胶法制备仿生防雾表面的过程。在低 pH 环境下，对正硅酸乙酯（TEOS）水解制备水合二氧化硅和乙醇。同时，TEOS 与水合二氧化硅发生缩合反应，形成胶体混合物，称为前驱体溶液。然后，通过低聚物的聚合反应生成三维 SiO_2 网络，最终形成仿生防雾表面。

光刻（Lithography）是一种常见的自上而下的制备法，其工作原理是光通过掩模照射到涂有光刻胶的待加工材料表面。由于光刻技术可以制造出各种形状的微纳表面，这种技术已经广泛应用到集成电路和微芯片的加工制造领域。光刻技术通常分为纳米压印光刻（NIL）和软光刻技术（Soft Lithography）。纳米压印光刻技术是一种简单的微纳图案转移方法，可以在不同的基底上制备微纳结构图案。这种技术具有高分辨率、高重复性及低成本、高效率的优势。软光刻技术可以制造复杂的三维结构，可以应用到不规则表面，工艺相对简单，成本较低。利用光刻的技术优势，可以用来复制生物复杂的微纳结构，从而制备仿生防雾表面。

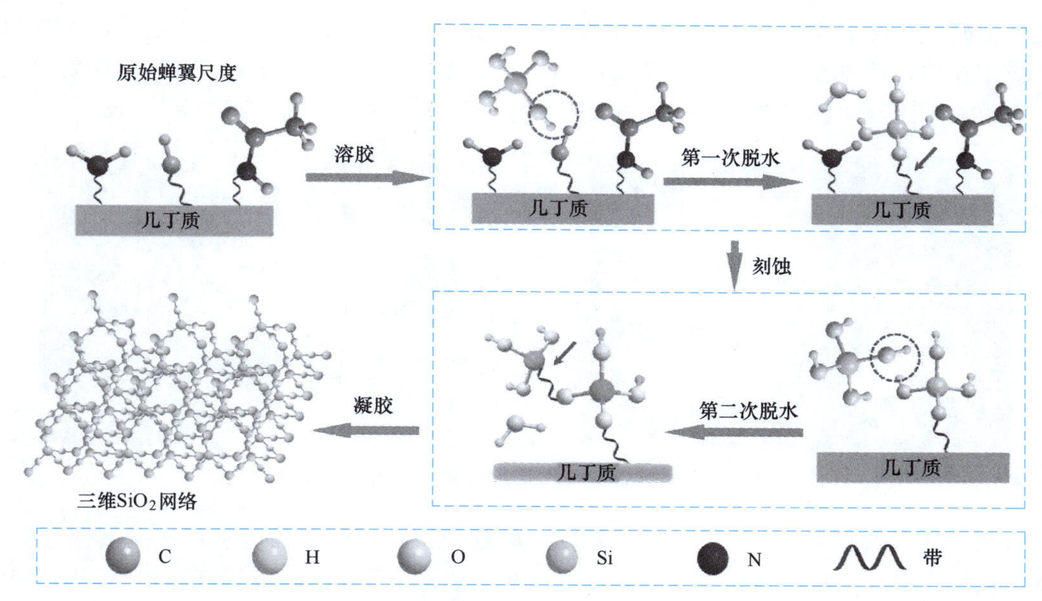

图 7-29 以蝉翼作为模板，溶胶-凝胶法制备仿生防雾表面的过程

5. 防雾材料的评价

由于防雾材料的性能与表面润湿性有关，因此测量其接触角是常用的测量方法，通过接触角的数值可以确定其表面的润湿状态。防雾材料最重要的测试是其防雾性能，这种测试通常是使用超声波加湿器作为雾的来源，产生的雾气在表面凝结后，通过肉眼定性观察防雾性能，通过光谱仪、分光光度计等定量测量材料的透过率。对图 7-29 所示的防雾材料进行测量，可以发现在喷雾后，防雾材料的透过率随着时间的变化趋势（见图 7-30），测量的结果也可以看出防雾材料对不同波长的透过率。通过对比对照样件和防雾材料的透过率，便可以获得防雾材料的防雾性能。

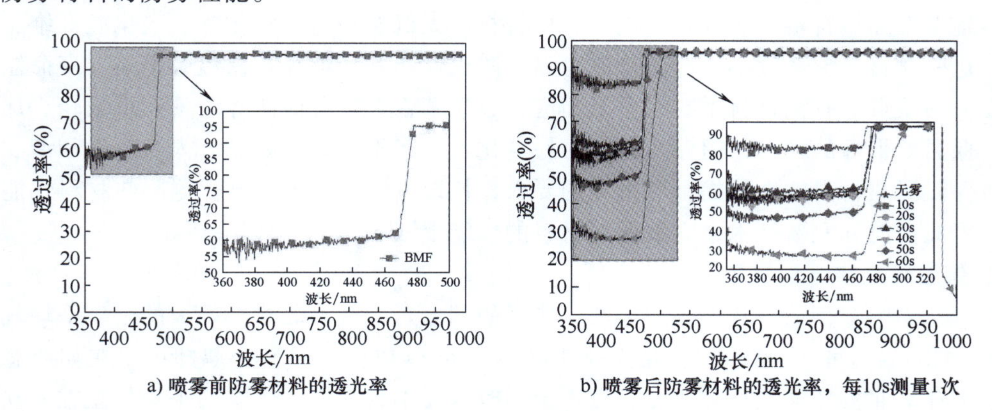

a) 喷雾前防雾材料的透光率　b) 喷雾后防雾材料的透光率，每10s测量1次

图 7-30 防雾材料的性能评价

6. 防雾材料的应用

在容易起雾的表面，都可以应用防雾材料来减少或避免表面的起雾现象，这些表面包括护目镜、潜望镜、浴室玻璃、汽车玻璃和相机镜头等表面。

例如，医护人员发现长期佩戴护目镜工作时，护目镜起雾严重，严重影响正常工作。吉林大学的研究人员受水生植物叶脉快速吸水而无露珠驻留的现象启发，研发了仿生防雾涂层，应用在护目镜表面，保障了医务人员的正常工作，如图 7-31 所示。该仿生防雾涂层技术，在吉大一院、北医三院、山东临沂市疾控中心等多家医疗单位获得应用。

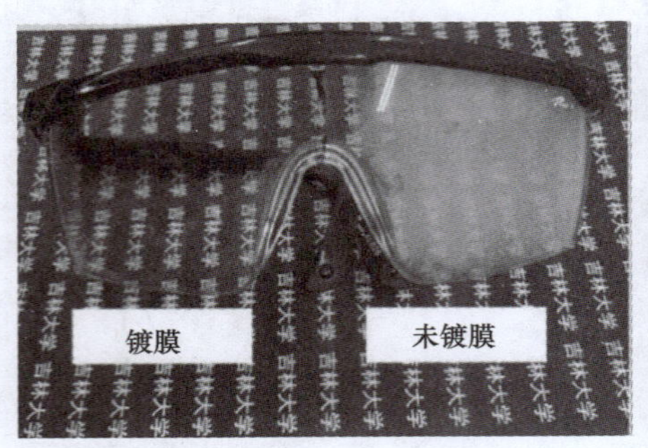

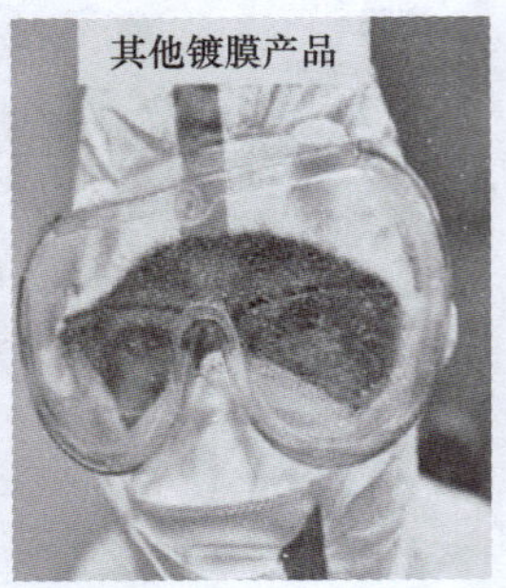

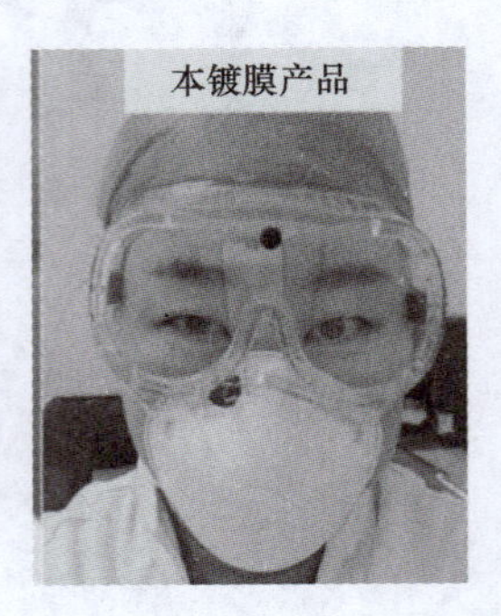

图 7-31　使用防雾镀膜与未使用防雾镀膜的起雾情况对比

汽车玻璃表面起雾时，会严重影响驾驶人的视线，常用的方法是利用空调制冷除湿法，或者向玻璃吹热风，减小玻璃内外温差，但这些方法相对复杂，需要消耗一定的能源。基于各种仿生技术开发的防雾喷雾产品，只需要轻轻一喷，就能获得持久长效的防雾效果，具有高效、低成本的优势。

7.7　仿生保温隔热材料设计及应用

保温材料一般是指导热系数不大于 0.12 的材料，隔热材料在日常生活中随处可见，如我们每天穿的衣服、保温杯、建筑等。特别是在建筑领域，使用较好的保温隔热材料可以节约能源、改善居住环境，提升人类的生活水平。在航空航天领域，飞行器与大气的摩擦产生高温的隔热，以及极寒条件下的保温都需要保温隔热材料。

传统保温隔热材料一般分为无机、有机材料。无机材料包括氧化铝、碳化硅纤维、玻璃棉等，这些材料变形系数小，抗老化能力强，防火性能好，但存在保温效果差、寿命短、施工难度大的缺点。有机材料主要有聚氨酯泡沫、聚苯板、酚醛泡沫等，具有重量轻、加工性能好、保温效果好的优点，但存在易燃、易老化、生产不环保等缺点。人与自然和谐发展的要求对保温隔热材料的性能提出了更高的要求，传统方法进一步提升保温隔热材料性能较为困难，因此需要开发新技术来突破保温材料的性能上限。

1. 保温隔热模本的选取

在自然界中，存在一些极寒的区域，典型的例子是南极和北极。南极的全年平均气温为 -25℃，极端低温可达-89.2℃，最大风速可达 75 m/s 以上，然而企鹅却可以在如此恶劣的环境中生存。北极冬季漫长且寒冷，有近半年时间看不到太阳，冬季的平均气温在-40~0℃之间，极端低温可达-70℃，北极熊却可以在如此寒冷的环境中生存。研究发现，这些生物的皮毛在保温方面起着重要的作用。根据生物模本选取的相似性原则、代表性原则，便可以选取企鹅和北极熊作为保温隔热材料仿生模本，如图 7-32 所示。

2. 保温隔热信息的获取

企鹅的羽毛结构复杂，不同种类的企鹅具有不同的羽毛结构，且随着身体部位的不同而

a) 企鹅

b) 北极熊

图 7-32　保温隔热材料仿生模本

存在差异。与其他的鸟类一样，企鹅的羽毛也存在层级结构，羽毛主干上有很多分支结构，如企鹅的腹部羽毛表面具有附羽，正羽通过羽干与附羽相连，羽干上连接的羽枝称为倒钩，羽枝上的分枝称为次级羽枝，如图 7-33a 所示。此外，通过扫描电镜测量发现羽干外层由角蛋白组成，中间是多孔结构，平均内部孔径为（11±4）μm。

北极熊的发毛也具有分层结构，由角质层、皮层和髓质组成。髓质的直径约为 20～30μm，约占毛发直径的 1/3。由图 7-33b 所示扫描电镜图可以看到，这种毛发为核壳结构，中间为多孔结构，这种高孔隙率的空芯能够有效地截留空气，提供优异的保温性能，致密的外壳提供了有效的保护（抗拉强度和应变分别为 300MPa 和 35%）。

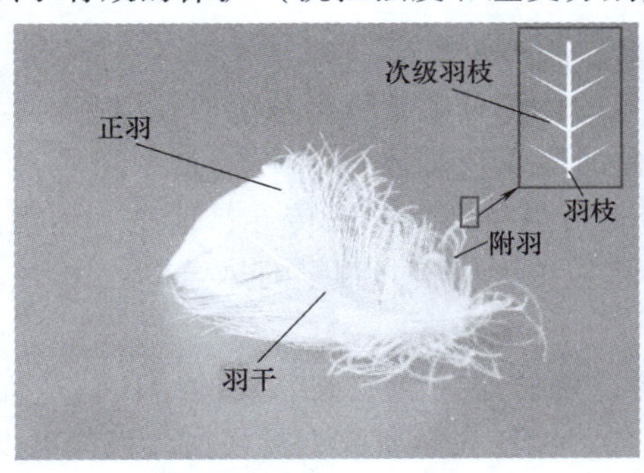

a) 企鹅腹部羽毛结构示意图

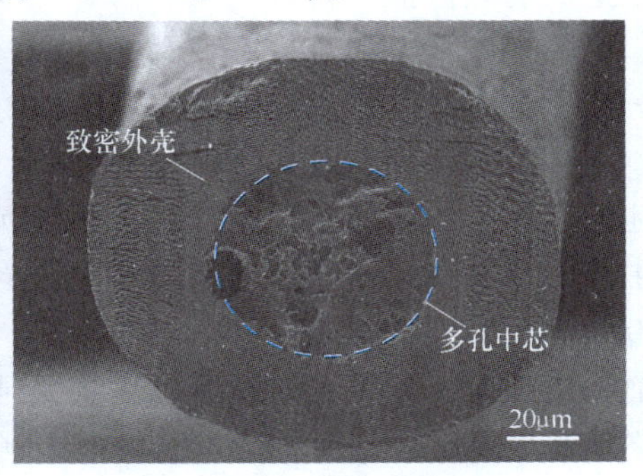

b) 北极熊毛发的多孔结构

图 7-33　保温隔热信息的获取

3. 保温隔热信息的处理

根据获取的仿生信息，可以进行一些理论计算和建模，从而为仿生材料的制备和应用提供理论支持。研究人员采用扫描电镜对巴布亚企鹅的羽毛标本进行了研究，根据获得的信息进行了企鹅羽毛隔热模型的建立。

在建立模型前，需要做一些假设：

1）附羽完全负责企鹅的隔热，正羽主要作为挡风和防水的外层。

2）交错次级羽枝的总体作用是在水平方向形成绝缘空气层。

3）次级羽枝分布均匀，次级羽枝分布在羽枝周围。

4）羽枝的长度为 24 mm，次级羽枝与周围的 6 个次级羽枝相互作用。

热量有三种交换方式：对流、辐射和传导。当空气流体开始运动时，便形成了对流。假定空气气流无法进入柔软的附羽。因此，只有当瑞利数 Ra>1700 时，自然对流才会发生。

Ra 是无量纲流体的普朗特数 Pr 与格拉斯霍夫数 Gr 的乘积。对于干燥的空气，在企鹅遇到的温度范围内，Pr 值为 0.7，对于 Gr 有

$$Gr=\frac{\rho^2 g\beta\Delta t l^3}{\mu^2}, \tag{7-18}$$

式中，ρ 为流体的密度；g 为重力加速度；β 为体积热膨胀系数；Δt 为温度差；l 为特征长度；μ 为流体的动态黏度。特征长度 l 是次级羽枝的间距，约为 1mm。可以计算出 Ra 约为 0.2，远低于自然对流发生的 Ra。因此，企鹅羽毛层不会发生自然对流。

如果在两个有温差的表面之间放置一层薄层材料，这层材料就会从较热的表面吸收辐射，并向各个方向重新发射这种辐射，这也造成了一半的辐射会重新辐射向原来的高温表面，因此，薄层材料减少了一半的辐射损失即

$$q_r=\frac{\sigma(T_1^4-T_2^4)}{n+1\left(\dfrac{2}{\varepsilon}-1\right)}, \tag{7-19}$$

式中，q_r 为辐射传热；σ 为 Stefan-Boltzman 常数；T_1 和 T_2 分别为表面和空气温度；n 为辐射层数；ε 为角蛋白的发射率。次级羽枝的作用是屏蔽辐射，可以计算出，辐射损耗为 $3.1\mathrm{W \cdot m^{-2}}$，若没有次级羽枝，则辐射损耗为 $78\mathrm{W \cdot m^{-2}}$。因此，次级羽枝的排列显著减少了由于辐射造成的热量损失。

传导造成的热量损失为

$$k_{total}=(1-\varepsilon)k_{keratin}+\varepsilon k_{air} \tag{7-20}$$

式中，ε 为系统的孔隙率，可以根据羽毛中空气的体积分数计算出系统的孔隙率

$$\varepsilon=(\text{总体积}-\text{角蛋白的体积})/\text{总体积} \tag{7-21}$$

上述模型预测的热传导是假设羽毛中的所有角蛋白都参与了传导，这是一种理想状态，在现实中并不存在。因此，该模型预测的热导率应该大于实际测量的热导率。

4. 保温隔热材料的制备

当前，仿生保温隔热材料的制备主要是通过模仿这些羽毛或毛发的结构，从而制备纤维，最终编织成具有一定面积的保温材料。例如，浙江大学研究人员模仿北极熊毛发，研制的具有隔热机制的封装气凝胶纤维，采用两步制造方法来模拟核壳结构，如图 7-34 所示。首先，通过冷冻纺丝技术获得气凝胶纤维，通过控制挤出速度和冷源温度，调节气凝胶纤维内部的孔隙结构。之后将收集到的冷冻纤维进行冷冻干燥，以保留纤维内部的多孔结构。最后，使用 TPU 溶液包覆气凝胶纤维，用包覆干燥设备进行干燥，得到具有仿生核壳结构的包覆气凝胶纤维。通过这种简单的方法，可以大批量制备不同壳厚和孔径的各种纤维，具有较好的应用前景。

5. 保温隔热材料的评价

对于制备的纤维材料，通常需要考虑其力学性能（如抗拉强度、抗压强度），因此采用拉力机等测试其力学性能，是重要的测试流程。对于图 7-34 所示的纤维材料，通过调控其制备参数，发现其抗拉强度可以从 2.3MPa 提升到 12.7MPa，拉伸伸长从 24% 增加到 1600%，同时直径为 500μm 的纤维可以拉起 500g 的重物，如图 7-35 所示。在日常穿戴中，纤维要承受循环拉伸和径向压缩，经过测试，这种纤维在 100%应变下进行 1 万次的拉伸循环后，外部温度也能稳定到 2.7℃，表明这种材料可以抵抗日常磨损。

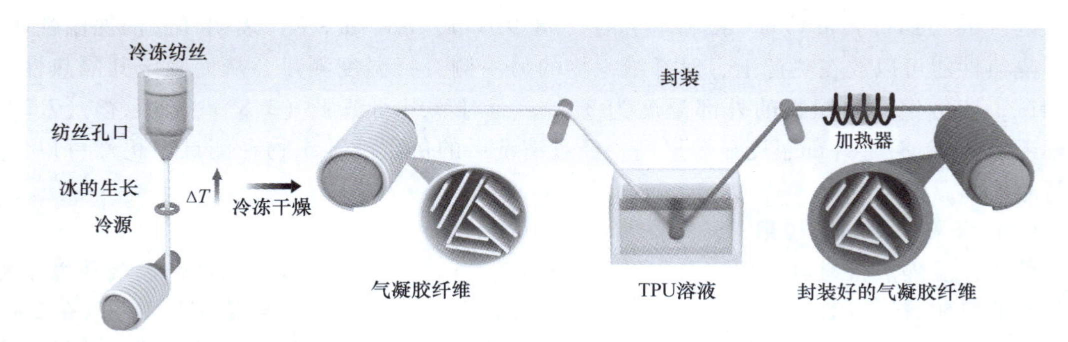

a) 仿生气凝胶纤维制备过程

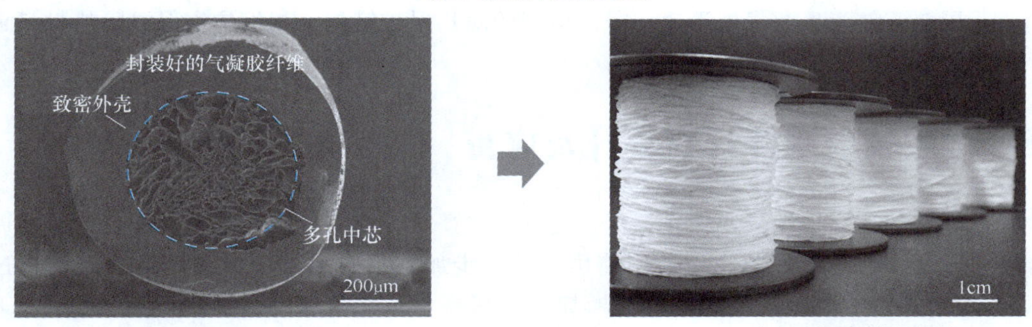

b) 气凝胶纤维截面扫描电镜图　　c) 气凝胶纤维制作的线材

图 7-34　保温隔热材料的制备

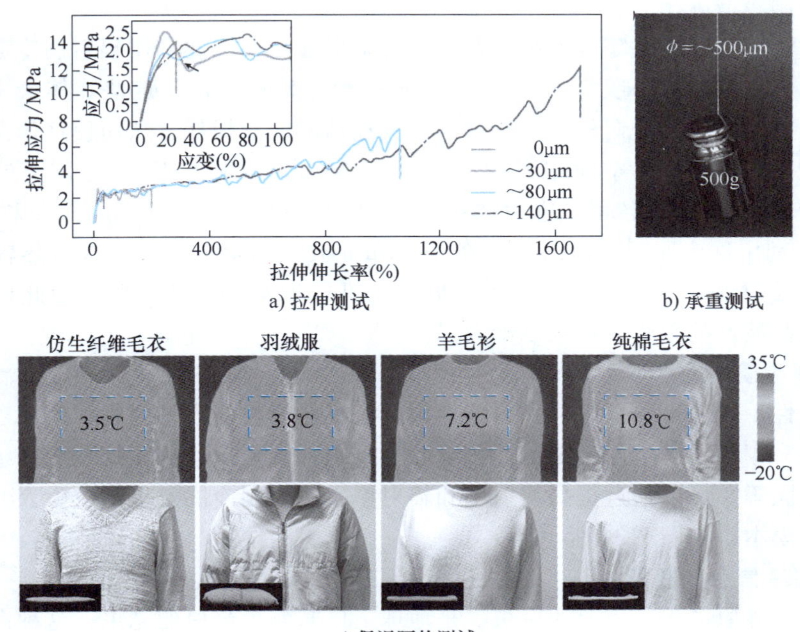

a) 拉伸测试　　b) 承重测试

c) 保温隔热测试

图 7-35　保温隔热材料性能测试

保温隔热材料最重要的性能是保温隔热性能。保温性能可以通过导热系数测量，图 7-34 所示的样品导热系数为（26.9±1.8）mW/m・K，远低于尼龙的（91.2±1.6）mW/m・K、

PET 的（98.3±1.9）mW/m·K 和羊毛的（38.9±1.1）mW/m·K，表明样品的保温性能优异。隔热性能可以放在热源上，对纤维织物的另一侧进行温度测量，从而确定其隔热性能，经测试，该仿生纤维织物的外部温度为 3.5°，而对照组羽绒服（3.8°）、羊毛衫（7.2°）、纯棉毛衣（10.8°）外部温度显著提高，经过清洗后的仿生纤维织物在测试中仍然可以保持 3.3°的外部温度。

6. 保温隔热材料的应用

仿生保温隔热材料可应用在航空航天、建筑、管道、食品冷藏、运动、极端环境科考、水下作业等领域。例如，安徽三宝棉纺针织投资有限公司研发的高保暖仿生绒可以在 200℃ 环境下，保持颜色、尺寸的状态。该产品已经成功应用在冬奥会和南极科考的保温设备中。当前，我国航空航天事业发展迅速，需要新型的隔热保护措施，相信仿生保温隔热材料也将在该领域大放光彩。

7.8 仿生辐射制冷材料设计及应用

我们生存的环境极端气候频发，气候问题日趋严峻，温室效应是影响人类可持续发展的重大障碍。空调、冰箱等制冷设备的使用，进一步加剧了温室效应，有统计表明，在过去 30 年间，制冷产生的二氧化碳排放量增加了一倍多，达到近 10 亿吨。此外，随着人工智能、机械工业的高速发展，这些设施的冷却降温也呈现出大量的需求。传统的降温方式通常使用热传导和热对流的方式进行，但这些降温措施需要消耗大量能源，迫切需要开发零污染、零能耗的制冷措施。

由于任何温度高于绝对零度的物体都会向外辐射能量，因此利用辐射制冷成为一种可行性方案。地球表面的温度一般为 300K 左右，根据维恩位移定律，这些物体会发出 8~13μm 波长的电磁波，这些电磁波向外太空辐射，形成地球的能量损耗，从而使地球温度维持在一个合适的温度。因此将宇宙空间作为一个冷源（平均温度约为 3K），地球上的物体通过热辐射，将热量辐射向宇宙空间。这种选择性透过的波段，即 8~13μm 波段称为热辐射的“大气窗口”。利用这个原理，提高材料在 8~13μm 波段的辐射率，可以将热辐射效率最大化。同时由于太阳辐射中 95% 以上的能量集中在可见光及近红外波段，因此可以通过改变材料降低对这些波段的吸收率达到制冷效果。

1. 辐射制冷模本的选取

根据相似性、代表性原则，寻找自然界中具有光热调控能力的生物，便可以作为仿生模本。研究发现，蝴蝶翅膀鳞片、蚕茧、苎麻叶、棉花纤维、撒哈拉银蚁、天牛绒毛、人体皮肤、变色龙皮肤等，可以通过提高反射率和辐射率来达到制冷的效果，成为人们开发辐射制冷材料的仿生模本，如图 7-36 所示。

2. 辐射制冷信息的获取

白金龟是一种原产于东南亚的甲虫，是地球上已知颜色最白的昆虫，这种白色可以反射大部分太阳光，这种白色在森林环境中可以作为伪装，避免被捕食者发现，如图 7-37a 所示。在使用扫描电镜观察后，可以发现非常小的泪滴状鳞片覆盖在皮肤的白色区域，鳞片的密度大约为 15000 片/cm^2，厚度约为 6 μm，鳞片由几丁质随机网络组成，填充率约为 60%，典型直径为（0.25±0.05）μm，如图 7-37b、c 所示。光谱表征显示，鳞片覆盖骨架的反射

a) 植物叶片上的结露

b) 撒哈拉银蚁

图 7-36　辐射制冷模本

率大于 60%，无鳞片覆盖的骨架的反射率仅为 32%。在可见光范围（波长为 0.38～0.75μm）内，鳞片覆盖对反射率的贡献超过 40%，故白金龟呈现亮白色。

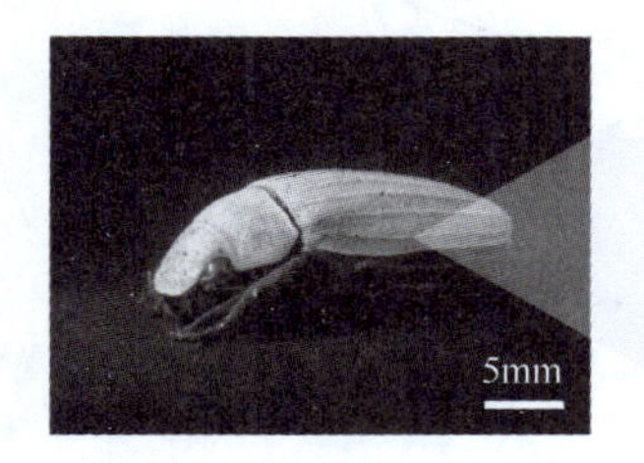

a) 白金龟照片

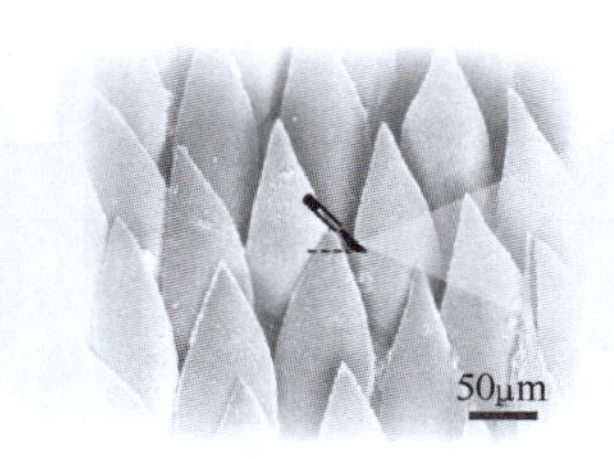

b) 体表鳞片扫描电镜照片

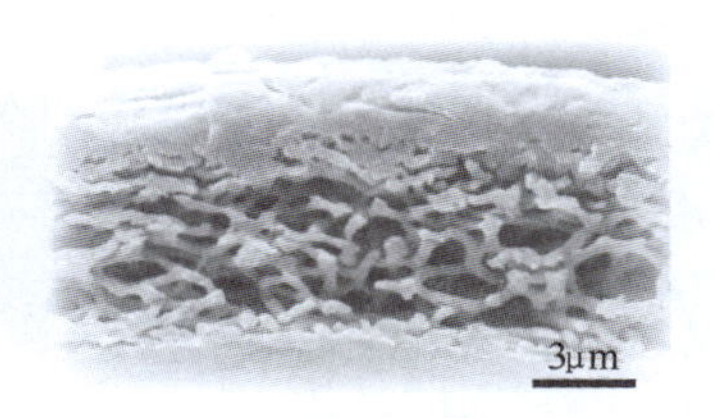

c) 鳞片横切面扫描电镜照片

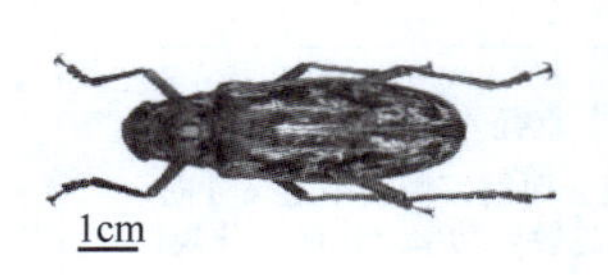

d) 巨瘤角天牛照片

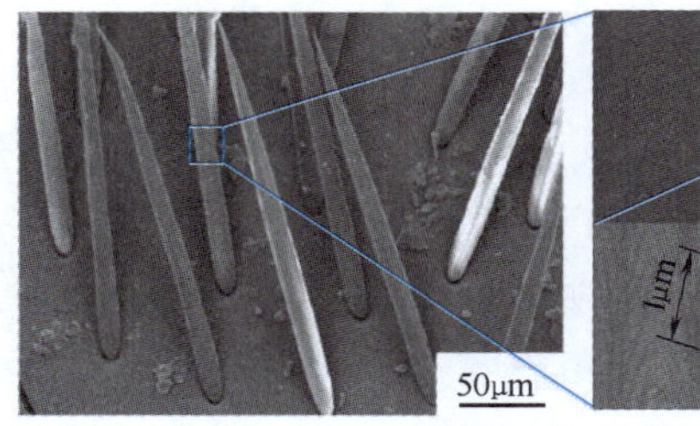

e) 天牛表面绒毛扫描电镜照片

图 7-37　辐射制冷信息的获取

其他种类的昆虫，如巨瘤角天牛表面也存在微结构，如图 7-37d 所示。研究人员利用扫描电镜对这些微结构信息进行了研究，如图 7-37e 所示。研究发现，其绒毛之间的距离较大，一般在 50μm 以上，绒毛的宽度为 10～20μm，绒毛呈现上尖下宽的半圆锥结构，绒毛表面存在条纹状的结构，横向宽度约为 1.5～2μm，在条纹状结构上还存在更小的纳米结构，纳米结构的宽度约为 300nm，长度约为 1μm。

3. 辐射制冷信息的处理

对于获取的白金龟仿生信息，使用麦克斯韦方程模拟几丁质的米氏散射（Mie Scattering）行为，如图 7-38a 所示。以折射率为 1.56 来模拟几丁质，计算四个入射波长下的向后散射强度，这些入射波长覆盖了紫外到近红外范围。对于一个被偏振光照射的粒子，在空间 φ 和 θ 方向上的散射场 $\overrightarrow{E}_S$ 存在如下关系：

$$|\vec{E}_S(\varphi,\theta)|^2=|\vec{E}_\theta|^2+|\vec{E}_\varphi|^2\propto\sin^2\varphi\cdot S_1^2(\cos\theta)+\cos^2\varphi\cdot S_2^2(\cos\theta) \tag{7-22}$$

式中，$\vec{E}_\theta$（散射平面和垂直于传播方向）和 $\vec{E}_\varphi$（垂直于散射平面）为两个垂直的分量；S_1 和 S_2 散射振幅为 $\cos\theta$ 的函数。

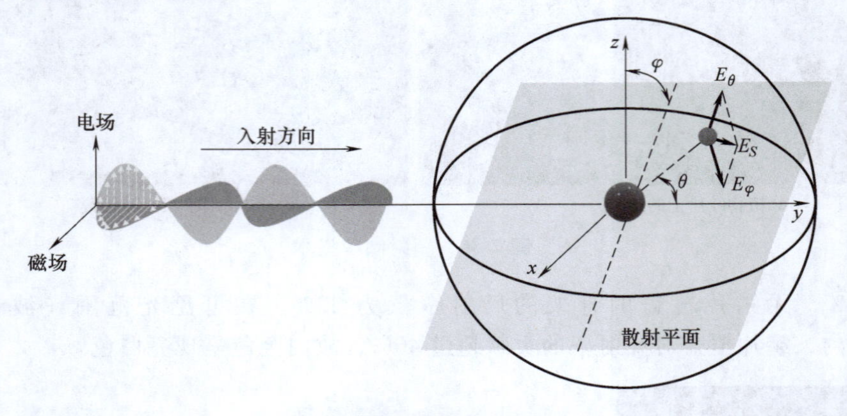

a) 入射光与球体相互作用时的米氏散射示意图

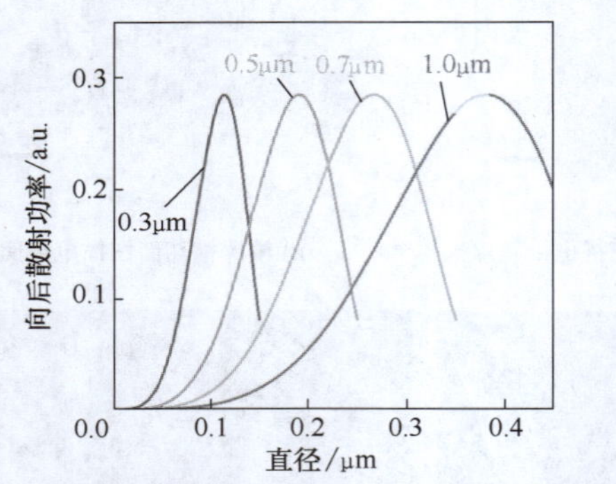

b) 模拟四种波长(0.3μm、0.5μm、0.7μm和1.0μm)入射光的后向散射功率与几丁质直径的关系

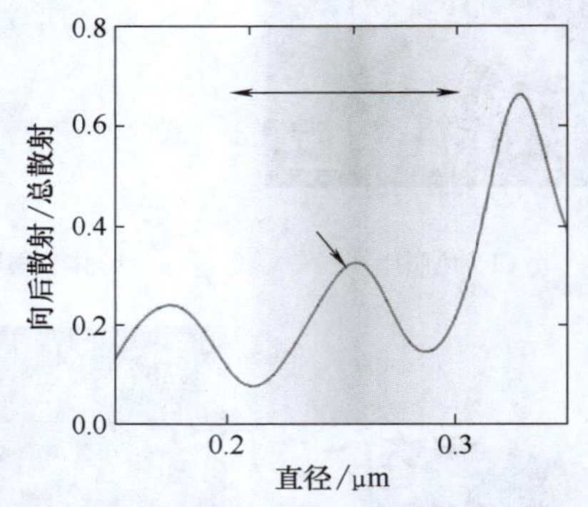

c) 0.5μm入射光照射下散射中心尺寸向后散射功率与总散射功率之比的变化规律

图 7-38　辐射制冷信息的处理

由于被动幅射制冷材料的典型应用场景是在自然光照条件下，自然的太阳光不是偏振光，$\vec{E}_S$ 不受 φ 影响，因此式（7-22）可以简化为

$$|\vec{E}_S(\theta)|^2\propto S_1^2(\cos\theta)+S_2^2(\cos\theta) \tag{7-23}$$

这里，$S_1^2(\cos\theta)+S_2^2(\cos\theta)$ 定义为在 θ 方向的散射效率，图 7-38b、c 所示的后向散热功率是对 90°~270°范围内的散射效率进行积分获得的。在图 7-38b、c 中，散射中心可以近似看作一个折射率为 1.56 的球形粒子，周围的空气介质折射率为 1。根据这些参数，可以分析几丁质直径和散射效率的关系。结果表明，直径为 0.3 μm 的几丁质对蓝色波长的光有较强的散射效率，随着几丁质尺寸的增大，散射强度的峰值向红色波长偏移。由于大多数几丁质的尺寸在 0.2~0.3 μm 之间，因此白金龟鳞片对波长在 0.5~0.7 μm 之间的光散射效率最高。以 0.5 μm 波长的入射光照射，发现这种甲虫的几丁质尺寸与位于 0.25 μm 处的一个向后散射峰明显耦合（图 7-38c），证实几丁质的尺寸是为了最大程度的散射可见光，从而获得高亮白度的皮肤。

4. 辐射制冷材料的制备

在上述白金龟仿生信息分析的基础上，采用图 7-39 所示的制备流程制备仿生陶瓷。首先将氧化铝粉末和聚醚砜（PES）在干燥箱中干燥一夜去除水分。将 PES 溶解于 N-methyl-2-pyrrolidone（NMP）中，采用磁力搅拌器搅拌，得到均匀透明的溶胶。将 α-铝粉末加入上述溶胶中，用机械搅拌器搅拌均匀，然后缓慢搅拌将悬浮液脱泡。将制备好的悬浮液浇铸在基底上，然后在乙醇中浸泡 24h，完成相转化过程。将固化后的陶瓷前驱体在室温下干燥 24h。在烧结前把前驱体切成所需的形状。烧结过程在炉内进行，以 5℃/min 的升温速度从室温稳步上升到 1000℃以上，然后在高温下保持 3h，然后冷却至室温。炉膛送风速度控制在 200 mL/min，以保证 PES 在烧结过程中完全燃尽，烧结后得到白色冷却陶瓷。这种大规模生产的陶瓷具有成本低的优势，可以实现与商用瓷砖相当的成本。

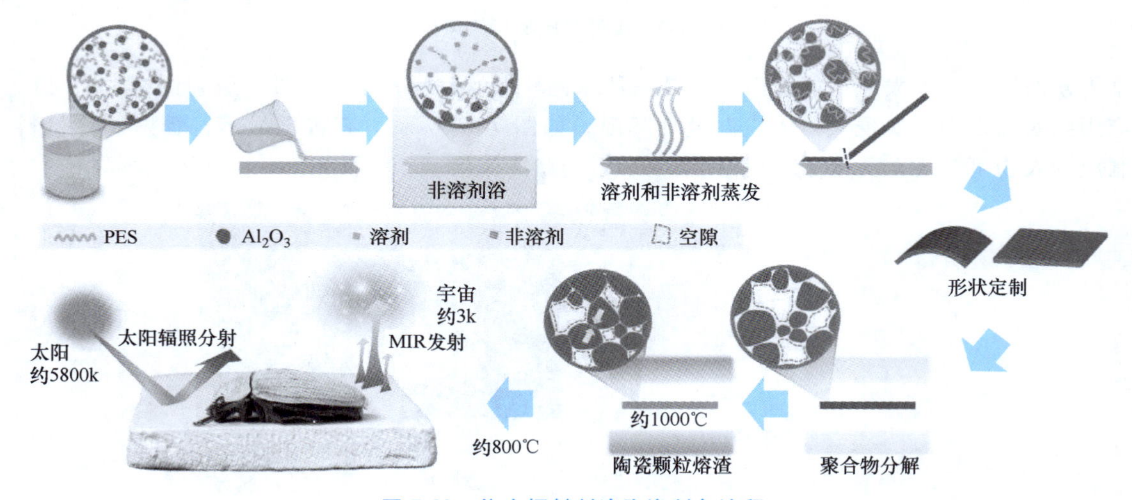

图 7-39　仿生辐射制冷陶瓷制备流程

5. 辐射制冷材料的评价

对辐射制冷材料的评价最直观的一种方法是测量在太阳光下的降温温度，因此将太阳光谱反射率和大气窗口吸收率这两项指标作为测量参数。为了实现这些测量可以利用紫外-可见光光度计测量太阳光谱反射率，利用红外光谱仪测量大气窗口吸收率。图 7-40 所示为仿巨瘤角天牛仿生材料的太阳反射率曲线和大气窗口吸收率曲线，其中有结构的即仿生材料，无结构的为对照组，可以看出仿生材料的反射率更低，但是其大气窗口吸收率显著高于无结构对照组，表明表面结构对大气窗口波段吸收起到增强作用。

另一种方法是在实际环境中测试其表面温度和对照组的差异，如图 7-39 所示制备的仿生材料在香港地区进行测试，在中午时间段，仿生陶瓷比环境温度低 4.3℃，比普通的瓷砖温度低 8℃。冷却功率测量中，仿生陶瓷产生的平均冷却功率为 142W/m^2 和 125W/m^2，而普通瓷砖的冷却功率为 128W/m^2 和 117.3W/m^2。考虑到香港是沿海城市，空气湿度较大，该仿生陶瓷亦在美国黄石国家公园、费城、波士顿、北京进行了测试，结果表明其在不同环境中冷却性能稳定。

6. 辐射制冷材料的应用

辐射制冷材料的一个重要应用是建筑降温，将辐射制冷材料覆盖在建筑表面，可以实现

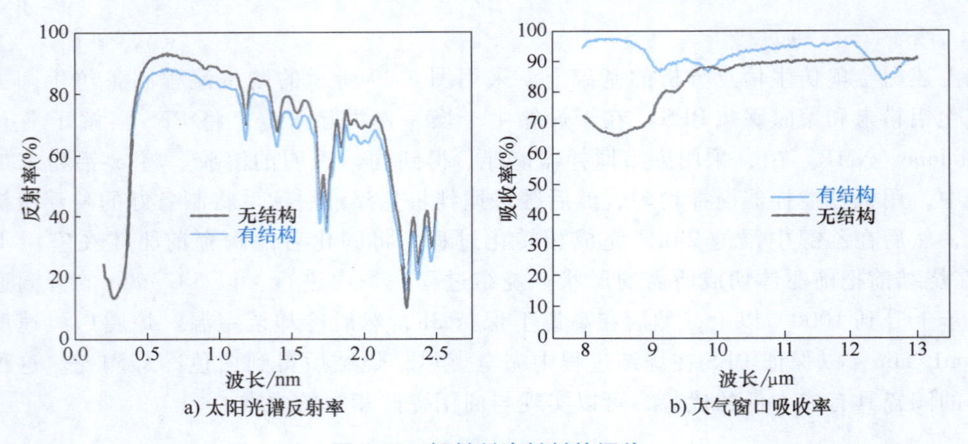

图 7-40 辐射制冷材料的评价

全天候的制冷，大大节约能源消耗，是一种绿色环保的解决方案。此外，辐射制冷材料可以应用到衣物表面，实现人体体表温度的降温，如图 7-41 所示。有数据显示，辐射制冷材料制成的衣物可实现全天低于环境温度 2~10℃ 的制冷效果。

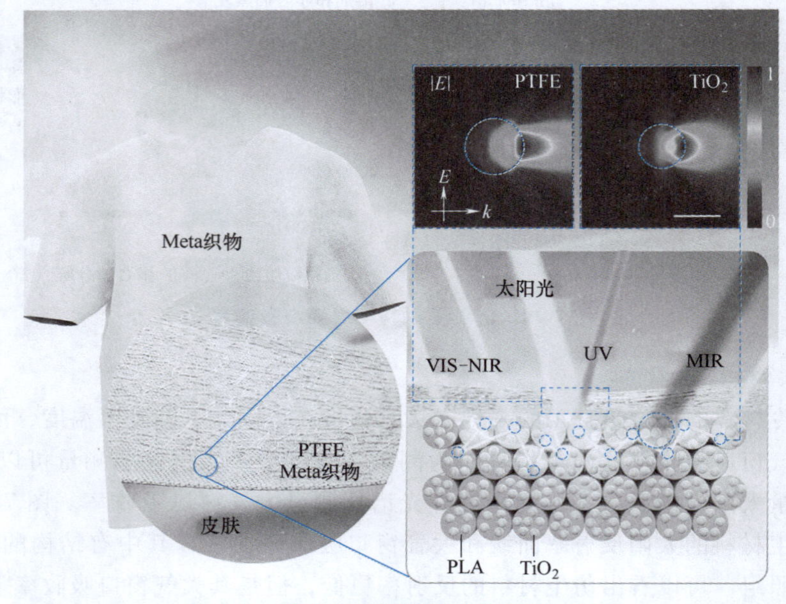

图 7-41 辐射制冷材料制成的衣物示意图

7.9 仿生强韧材料设计及应用

高强、高韧材料在航空航天、深海探测、国防工程等领域意义重大。通常情况下，一种材料很难同时具有高强和高韧的特性。解决材料同时具有高强和高韧特性的难题，具有迫切的需求。

1. 强韧模本的选取

在海洋中，许多软体动物依靠坚硬的外壳来避免被捕食者捕食，一个典型的实例是贝类

(如鲍鱼、牡蛎等),如图 7-42a 所示,它们的外壳兼具高强度和高韧性。研究发现,这些贝类的珍珠层(也称为珍珠母)是由脆性无机材料(95%质量分数的文石)和软性有机材料(5%质量分数的蛋白质和多糖)组装而成的,这两种材料通过有机聚合物黏合在一起形成独特的“泥-砖”结构,如图 7-42b 所示。这种软、硬相结合的组合方式可以在保证有效承载的同时兼具优秀的裂纹抗偏转特性。

a) 贝壳内部照片

5μm

b) 珍珠层断裂面的扫描电镜图像

图 7-42 强韧模本选取

螳螂虾具有一对适合近距离战斗的胸部附足,附足的形状分为两类:一类是矛状结构用以刺穿猎物;另一类是高度矿化的螯棒用于击碎猎物,锤状螯棒在撞击猎物时,加速度可达 10400g,产生的速度可达 23m/s,产生的撞击力高达 1500N,这种力量对于猎物是致命的,然而螳螂虾的锤状螯棒却可以承受数千次这样的打击。

除了海洋生物,空中飞行的蜻蜓也被发现具有强韧的翅膀。研究表明,在蜻蜓的翅膀结构中,刚性的神经充当骨骼,可以提供一定的刚度,而神经周围的膜则提供一定的形变从而耗散能量,这两种材料排列成 3D 网络,保障蜻蜓在飞行时其翅膀不会被风撕裂和损坏。

2. 强韧信息的获取

采用扫描电镜、透射电镜等可以直接获取贝壳、螳螂虾等的微观信息。

研究人员通过扫描电镜对贝壳进行研究发现,珍珠层硬质相片间存在“矿物桥”结构,且这种结构对珍珠层的力学性能提升巨大。这种“矿物桥”结构是由几丁质夹层在酸性蛋白之间构成。进一步研究发现,碳酸钙“砖块”表面覆盖有一层 3~5nm 的无定形碳酸钙涂层。可以采取万能拉力试验机测试其压缩强度、剪切强度、结合强度等。

通过扫描电镜对螳螂虾观察,发现其前螯由外表皮层(Ⅰ)、内表皮层(Ⅱ)和内层构成(Ⅲ),如图 7-43a、b 所示,从上到下分别为抗冲击面层、冲击层和周期区域。抗冲击面层厚度约为 70~100μm,内部为棱柱状纤维,如图 7-43c 所示。在冲击层存在正弦波状的长条纤维,平均波长约为 40μm,如图 7-43d 所示。周期区域内相邻薄片以特定的小角度围绕垂直于平面的轴旋转,形成螺旋结构,周期约为 180°,如图 7-43e 所示。对于不同区域的化学成分,则可以使用能量色散 X 射线谱仪(EDS)、傅里叶变换红外光谱仪(FTIR)等测量确定。

3. 强韧信息的处理

对于硬脆文石和有机层组成的“泥-砖”结构,分析其高强度和抗裂纹扩展的能力。对

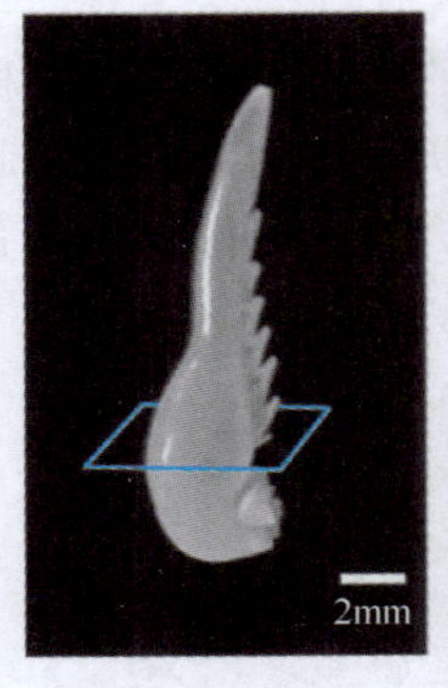

a) 螳螂虾前螯照片

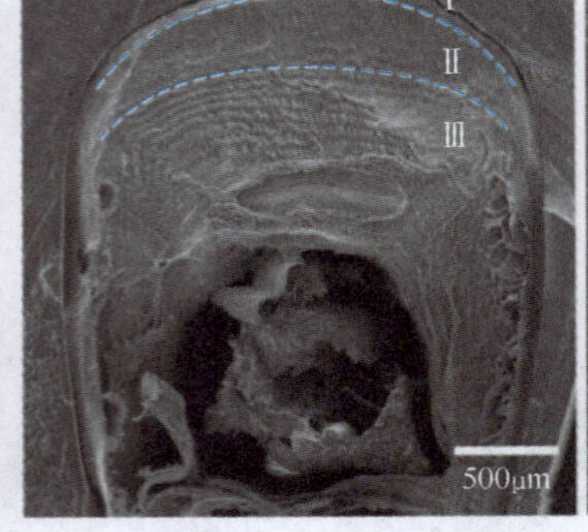

b) 前螯扫描电镜图

c) 区域Ⅰ的局部放大图

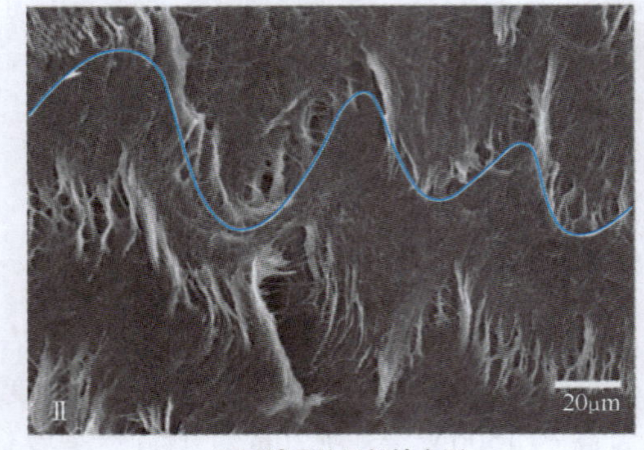

d) 区域Ⅱ的局部放大图

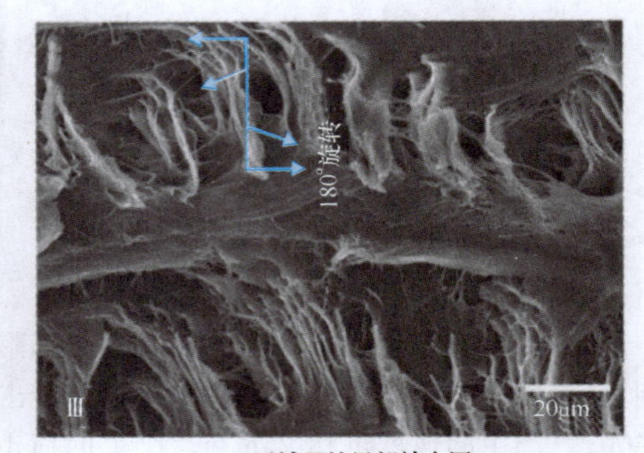

e) 区域Ⅲ的局部放大图

图 7-43　螳螂虾强韧信息的获取

于此类的复合材料弹性模量，上边界采用 Voigt 模型估算，该模型假定两种材料承受相同的应变。设 Φ 为硬质物的体积分数，E_m 和 E_p 分别是硬质物和有机质的弹性模量，则复合材料的弹性模量可表示为

$$E_c = \Phi E_m + (1-\Phi) E_p \tag{7-24}$$

下边界由 Reuss 模型估算，这个模型假定两种材料承受相同的压力，复合材料的弹性模量为

$$\frac{1}{E_c} = \frac{\Phi}{E_m} + \frac{(1-\Phi)}{E_p} \tag{7-25}$$

将拉伸-剪切模型用于生物复合材料，则弹性模量为

$$\frac{1}{E_c} = \frac{4(1-\Phi)}{G_p \Phi^2 k^2} + \frac{1}{\Phi E_m} \tag{7-26}$$

式中，G_p 为有机层的剪切模量；k 为片层长径比。有机质的剪切模量明显低于硬质物，因此需要一个高的长径比才能避免有机层对复合材料弹性模量产生影响。

对珍珠层“泥-砖”结构增韧机理的研究有很多，当前有以下观点：

1）在贝壳的拉伸过程中，片层拔出是贝壳发生破坏的主要因素，不容易发生断裂。

2）珍珠层受力变形时，有机质的形变克服了相邻硬质片层间的拉力，从而阻碍了拔出的进行。

3）硬质片表面的波浪形结构可以分散应力，阻碍硬质片的滑移，起到增韧的作用。

4）在对大凤螺螺壳的研究中发现，裂纹的多发及偏转可以提高断裂韧性。

5）硬质片在受力后，产生塑性变形，不仅吸收机械能也释放应力。

4. 强韧材料的制备

强韧材料的制备方法有热压法、3D 打印、化学合成、层层组装和电泳沉积等。受螳螂虾螯棒启发，研究人员采用热压法进行了强韧材料的制备。如图 7-44 所示，采用玄武岩纤维平纹布，将其铺成一定的层间转角，形成单层。每层厚度为 0.2 mm，堆叠 18 层，总厚度为 3.6 mm，然后使用热压机固化，获得仿生结构。改变纤维层铺放的转角，即可得到不是层间转角的试样。制备完成后，使用砂轮沿不同方向切割即可得到试样。

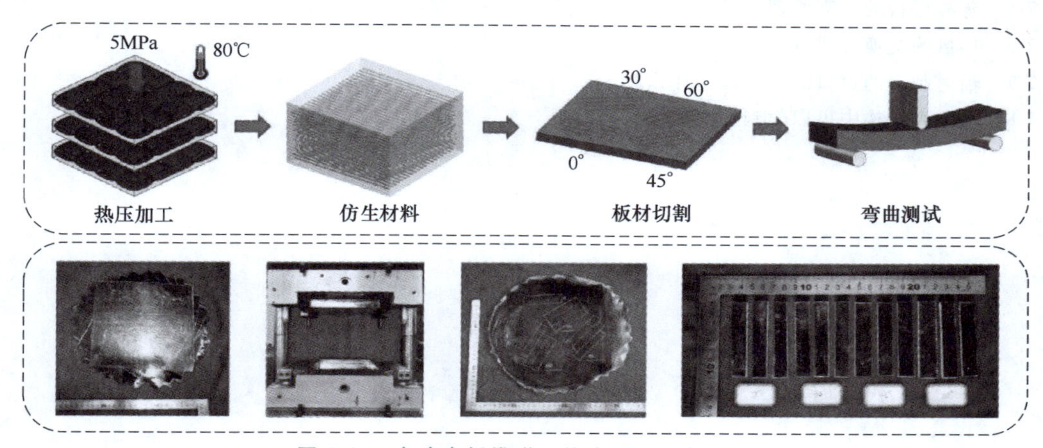

图 7-44　玄武岩纤维增强仿生材料制备过程

5. 强韧材料的评价

强韧材料的评价主要关注其力学性能，因此可以采用拉力机测试其拉伸性能、剪切性能等，采用硬度测试方法，测量其硬度。如图 7-45 所示，在测试中，18°层间转角的试样弯曲强度和模量的均值最高，破坏应变最低，在所有样品中表现最好。

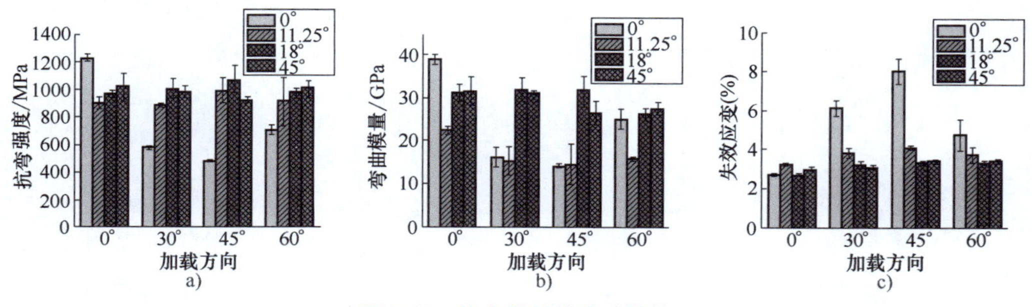

图 7-45　仿生材料的力学性能

6. 强韧材料的应用

随着科技的不断发展，强韧材料的应用越来越广。典型的应用领域包括航空航天、汽车、建筑、能源等。在航空航天领域，强韧材料可以提供更好的力学性能，保障飞行的安全和平稳；在汽车领域，更轻、更强的强韧材料可以为汽车减重的同时，提供超强的强度，保障汽车的安全性；在建筑领域，强韧材料可以为摩天大楼等巨型建筑的建造提供支撑，从而增强建筑的耐久性和安全性；在能源领域，强韧材料可以应用到风力、火力、核能发电设备中，提供安全性上的保障。

习　题

7-1　在2008年北京奥运会上，美国游泳健将菲尔普斯获得8枚金牌，打破4项世界纪录，有人认为这些成绩的一半应归功于其身穿的仿鲨鱼皮泳衣。请简述仿鲨鱼皮泳衣减阻的原理。

7-2　举例说明我们日常生活中应用猫头鹰降噪特性开发的产品。

7-3　哪种表面具有自清洁效应？

7-4　蛾眼降低光线反射的机理是什么？

7-5　防雾材料的防雾原理有哪些？

7-6　热量的交换方式有哪三种？

7-7　辐射制冷的窗口波段范围是什么？

7-8　从贝壳结构中可以学到什么仿生原理？

参考文献

［1］ 任露泉. 仿生学导论［M］. 北京：科学出版社，2016.

［2］ STEELE J. How do we get there? bionics symposium：living prototypes：the key to new technology［R］. WADD Technical Report，1960.

［3］ BENYUS J M. Biomimicry：innovation inspired by nature［M］. New York：Harper Perennial，2002.

［4］ 田丽梅. 仿生设计学概论［M］. 北京：科学出版社，2020.

［5］ 徐伯初，陆冀宁. 仿生设计概论［M］. 成都：西南交通大学出版社，2016.

［6］ 李云凯，王优强，訾光霄，等. 仿生猪笼草结构的水润滑轴承摩擦学性能有限元分析研究［J］. 摩擦学学报，2021，41（3）：344-356.

［7］ 黄钜斌. 食肉植物猪笼草的减摩机理研究及仿生制备［D］. 长春：吉林大学，2018.

［8］ 王立新，吴树静，李山山. 工程仿生领域猪笼草叶笼研究现状及发展趋势［J］. Journal of Hebei University of Science & Technology，2018，39（3）：221-231.

［9］ YUNKAI L I，YOUQIANG W，GUANGXIAO J，et al. Finite element analysis of tribological properties of bionic water-lubricated bearings with nepenthes alata structures［J］. Tribology，2021，41（3）：344-356.

［10］ 杜浩然，聂璐，任毅如，等. 圆弧曲边六边形蜂窝结构吸能特性研究［J］. 力学与实践，2023，45（1）：75-82.

［11］ 张文萍，孔祥清，张惠玲，等. 斜向冲击荷载作用下仿生蜂窝夹层梁动态响应数值模拟研究［J］. 复合材料科学与工程，2023（10）：17-22.

［12］ 王帅，刘志东，曲映红，等. 贝壳利用研究进展［J］. 渔业信息与战略，2018，33（1）：30-35.

［13］ 司黎明，董琳，徐浩阳，等. 2020 生物超材料热点回眸［J］. 科技导报，2021，39（1）：185-191.

［14］ 江雷. 具有特殊浸润性的仿生智能纳米界面材料［J］. 科学观察，2007，2（5）：38.

［15］ 梁秀兵，崔辛，胡振峰，等. 新型仿生智能材料研究进展［J］. 科技导报，2018，36（22）：131-144.

［16］ 侯旭，江雷. 仿生智能单纳米通道的研究进展［J］. 物理，2011，40（5）：304-310.

［17］ 郭健，潘彬彬，崔维成，等. 基于智能材料的深海执行器及海洋仿生机器人研究综述［J］. 船舶力学，2022，26（2）：301-313.

［18］ SUN J，WANG Y，LI N，et al. Tribological and anticorrosion behavior of self-Healing coating containing nanocapsules［J］. Tribology International，2019，136：332-341.

［19］ 乔立民，单树森，陈建军. 仿生非光滑表面减粘降阻研究综述［J］. 现代物业：新建设，2010（3）：34.

［20］ 倪伟新. 仿生非光滑表面柴油机螺旋进气道流通特性研究［D］. 长春：吉林大学，2013.

［21］ 康芷铭. 犬舌仿生表面液膜流动及蒸发传热性能研究［D］. 长春：吉林大学，2014.

［22］ LI Z，WANG Y，WANG H，et al. Enhancing the thermal cyclic reliability of salt-based shape-stabilized phase change materials by in-situ SiO_2-C interconnectivity in rice husk carbon［J］. Journal of Cleaner Production，2024，466：142864.

［23］ LI Z，TIAN L，SHANG Z，et al. Preparation and performance improvement of phase change materials with skinflesh structure inspired by loofah［J］. Applied Thermal Engineering，2023，231：120973.

［24］ ZHOU Z，WANG S，YAN Z，et al. Low air drag surface via multilayer hierarchical riblets［J］. ACS Applied Materials & Interfaces，2021，13（44）：53155-53161.

[25] 田丽梅，王养俊，崔维成，等. 仿生功能表面内流减阻测试系统的研制［J］. 吉林大学学报（工学版），2017，47（4）：1179-1184.

[26] TIAN L，WANG Y，LI Z，et al. Drag reduction performance and mechanism of a thermally conductive elastic wall in internal flow［J］. Applied Thermal Engineering，2017，123：1152-1157.

[27] 乔增，王神龙，李凯，等. 气动双稳态装置驱动的仿喷水推进乌贼结构软体机器人［J］. 机器人，2023，45（3）：287-301.

[28] 朱鹏，章永年，何春霞，等. 水田土壤上典型步态及其参数对足式机器人能耗的影响［J］. 中国机械工程，2018，29（12）：1485-1491.

[29] 何彦虎，韩佃雷，李国玉，等. 自适应低振动步行轮仿生设计与性能分析［J］. 农业机械学报，2018，49（3）：418-426.

[30] 任露泉，佟金，李建桥，等. 生物脱附与机械仿生：多学科交叉新技术领域［J］. 中国机械工程，1999，10（9）：984-986.

[31] 黄小珊，王增辉，姜鑫铭，等. 指夹式排种器振动模拟与试验分析［J］. 农机化研究，2019（4）：149-153.

[32] 付君. 小麦机械脱粒降损增效机理及其关键部件仿生研究［D］. 长春：吉林大学，2016.

[33] 闻邦椿. 机械设计手册：第7卷［M］. 北京：机械工业出版社，2017.

[34] ABBAS A，BUGEDA G，FERRER E，et al. Drag reduction via turbulent boundary layer flow control［J］. Science China Technological Sciences，2017，60：1281-1290.

[35] WU X，WANG Y，XU J，et al. Study on surface fabrication and drag reduction performance of the bionic fishscale composite structure［C］. Journal of Physics：Conference Series：Vol. 2499. IOP Publishing，2023：12005.

[36] BABENKO V V. Experimental hydrodynamics of fast-floating aquatic animals［M］. Pittsburgh：Academic Press，2020.

[37] ZHANG W，WANG D，SUN Z，et al. Robust superhydrophobicity：mechanisms and strategies［J］. Chemical Society Reviews，2021，50（6）：4031-4061.

[38] MIYAZAKI M，HIRAI Y，MORIYA H，et al. Biomimetic riblets inspired by sharkskin denticles：digitizing，modeling and flow simulation［J］. Journal of Bionic Engineering，2018，15：999-1011.

[39] PAVLOV G A，YUN L，BLIAULT A，et al. Air lubricated and air cavity ships［M］. Berlin：Springer，2020.

[40] LANG A W，JONES E M，AFROZ F. Separation control over a grooved surface inspired by dolphin skin［J］. Bioinspiration & Biomimetics，2017，12（2）：26005.

[41] SELIM M S，EL-SAFTY S A，SHENASHEN M A，et al. Progress in biomimetic leverages for marine antifouling using nanocomposite coatings［J］. Journal of Materials Chemistry B，2020，8（17）：3701-3732.

[42] WANG L，LIU X，LI D. Noise reduction mechanism of airfoils with leading-edge serrations and surface ridges inspired by owl wings［J］. Physics of Fluids，2021，33（1）.

[43] WAGNER H，WEGER M，KLAAS M，et al. Features of owl wings that promote silent flight［J］. Interface Focus，2017，7（1）：20160078.

[44] NEW D T，NG B F. Flow control through bio-inspired leading-edge tubercles［J］. Springer Nature Switzerland AG. Part of Springer Nature，University of Edinburgh，Springer，Cham，DOI，2020，10：973-978.

[45] LIU Y，MOEVIUS L，XU X，et al. Pancake bouncing on superhydrophobic surfaces［J］. Nature Physics，2014，10（7）：515-519.

[46] CAI Y，BING W，CHEN C，et al. Gaseous plastron on natural and biomimetic surfaces for resisting marine

biofouling [J]. Molecules, 2021, 26 (9): 2592.

[47] QIN L, HAFEZI M, YANG H, et al. Constructing a dual-function surface by microcasting and nanospraying for efficient drag reduction and potential antifouling capabilities [J]. Micromachines, 2019, 10 (7): 490.

[48] WEI D, WANG J, LI S, et al. Novel corrosion-resistant behavior and mechanism of a biomimetic surface with switchable wettability on mg alloy [J]. Chemical Engineering Journal, 2021, 425: 130450.

[49] CAI Y, BING W, XU X, et al. Topographical nanostructures for physical sterilization [J]. Drug Delivery and Translational Research, 2021, 11: 1376-1389.

[50] JIN E, LV Z, ZHU Y, et al. Nature-inspired micro/nano-structured antibacterial surfaces [J]. Molecules, 2024, 29 (9): 1906.

[51] BANDARA C D, SINGH S, AFARA I O, et al. Bactericidal effects of natural nanotopography of dragonfly wing on escherichia coli [J]. ACS Applied Materials & Interfaces, 2017, 9 (8): 6746-6760.

[52] HASAN J, RAJ S, YADAV L, et al. Engineering a nanostructured "super surface" with superhydrophobic and superkilling properties [J]. RSC Advances, 2015, 5 (56): 44953-44959.

[53] SUN F, XU H. A review of biomimetic research for erosion wear resistance [J]. Bio-Design and Manufacturing, 2020, 3 (4): 331-347.

[54] JUNG S, YANG E, JUNG W, et al. Anti-erosive mechanism of a grooved surface against impact of particleladen flow [J]. Wear, 2018, 406: 166-172.

[55] HAN Z, ZHU B, YANG M, et al. The effect of the micro-structures on the scorpion surface for improving the anti-erosion performance [J]. Surface and Coatings Technology, 2017, 313: 143-150.

[56] QIAN C, LUQUAN R, BINGCONG C, et al. Using characteristics of burrowing animals to reduce soil-tool adhesion [J]. Transactions of the ASAE, 1999, 42 (6): 1549-1556.

[57] EL S A, ZHANG G, WANG H, et al. The effect of integrating a bio-inspired convex structure with a low-surface energy polymer on soil adhesion and friction [J]. Journal of Terramechanics, 2023, 109: 93-100.

[58] MAYSER M J, BARTHLOTT W. Layers of air in the water beneath the floating fern salvinia are exposed to fluctuations in pressure [J]. Integrative and Comparative Biology, 2014, 54 (6): 1001-1007.

[59] WANGPRASEURT D, SUN Y, YOU S, et al. Bioprinted living coral microenvironments mimicking coral-algal symbiosis [J]. Advanced Functional Materials, 2022, 32 (35): 2202273.

[60] TIAN G, FAN D, FENG X, et al. Thriving artificial underwater drag-reduction materials inspired from aquatic animals: progresses and challenges [J]. RSC Advances, 2021, 11 (6): 3399-3428.

[61] WANG J, HU D, ZHANG Z, et al. Anti-impact performance of bionic tortoiseshell-like composites [J]. Composite Structures, 2023, 303: 116315.

[62] STEWART R J, WANG C S, SHAO H. Complex coacervates as a foundation for synthetic underwater adhesives [J]. Advances in Colloid and Interface Science, 2011, 167 (1-2): 85-93.

[63] BABAN N S, OROZALIEV A, KIRCHHOF S, et al. Biomimetic fracture model of lizard tail autotomy [J]. Science, 2022, 375 (6582): 770-774.

[64] ZOU M, ZHAO X, ZHANG X, et al. Bio-inspired multiple composite film with anisotropic surface wettability and adhesion for tissue repair [J]. Chemical Engineering Journal, 2020, 398: 125563.

[65] ZHANG Z, WANG X, TONG J, et al. Innovative design and performance evaluation of bionic imprinting toothed wheel [J]. Applied Bionics and Biomechanics, 2018 (1): 9806287.

[66] MÜHLBERGER M, ROHN M, DANZBERGER J, et al. UV-NIL fabricated bio-inspired inlays for injection molding to influence the friction behavior of ceramic surfaces [J]. Microelectronic Engineering, 2015, 141: 140-144.

[67] WEI H, ZHANG Y, ZHANG T, et al. Review on bioinspired planetary regolith-burrowing robots [J]. Space Science Reviews, 2021, 217: 1-39.

[68] WU M, SHAO Z, ZHAO N, et al. Biomimetic, knittable aerogel fiber for thermal insulation textile [J]. Science, 2023, 382 (6677): 1379-1383.

[69] WU X, WU Z, LIANG L, et al. Bio-inspired design and performance evaluation of a novel morphing nose cone for aerospace vehicles [J]. Aerospace Science and Technology, 2023, 137: 108274.

[70] FU Y, WU L, AI S, et al. Bionic collection system for fog-dew harvesting inspired from desert beetle [J]. Nano Today, 2023, 52: 101979.

[71] YANG J L, SONG Y Y, ZHANG X, et al. Research progress of bionic fog collection surfaces based on special structures from natural organisms [J]. RSC Advances, 2023, 13 (40): 27839-27864.

[72] LU Q, GUAN Y, FU S. Self-driven super water vapor-absorbing calcium alginate-based bionic leaf for vis-NIR spectral simulation [J]. Carbohydrate Polymers, 2022, 296: 119932.

[73] CAO Y, JANA S, BOWEN L, et al. Hierarchical rose petal surfaces delay the early-stage bacterial biofilm growth [J]. Langmuir, 2019, 35 (45): 14670-14680.

[74] ZHOU X, MCCALLUM N C, HU Z, et al. Artificial allomelanin nanoparticles [J]. ACS Nano, 2019, 13 (10): 10980-10990.

[75] XU Z, QI J, WANG S, et al. Algal cell bionics as a step towards photosynthesis-independent hydrogen production [J]. Nature Communications, 2023, 14 (1): 1872.

[76] MIAO J, ZHANG T, LI G, et al. Flagellar/ciliary intrinsic driven mechanism inspired all-in-one tubular robotic actuator [J]. Engineering, 2023, 23: 170-180.

[77] 李岳，王南天，钱彦岭．原核细胞仿生自修复电路设计 [J]．国防科技大学学报，2012，34 (3)：154-157.

[78] ZHAO L, SONG X, OUYANG X, et al. Bioinspired virus-like Fe_3O_4/Au@ C nanovector for programmable drug delivery via hierarchical targeting [J]. ACS Applied Materials & Interfaces, 2021, 13 (42): 49631-49641.

[79] ZHANG F, GUO Z. Bioinspired materials for water-harvesting: focusing on microstructure designs and the improvement of sustainability [J]. Materials Advances, 2020, 1 (8): 2592-2613.

[80] ZHOU, Y, YANG H, WANG X, et al. A mosquito mouthpart-like bionic neural probe [J]. Microsystems & Nanoengineering, 2023, 9 (1): 88.

[81] DUAN H, XU X. Create machine vision inspired by eagle eye [J]. Research, 2022: 9891728.

[82] AHMED R, JI X, ATTA R M H, et al. Morpho butterfly-inspired optical diffraction, diffusion, and biochemical sensing [J]. RSC Advances, 2018, 8 (48): 27111-27118.

[83] SHI Z, TAN D, LIU Q, et al. Tree frog-inspired nanopillar arrays for enhancement of adhesion and friction [J]. Biointerphases, 2021, 16 (2).

[84] ZHANG L, CHEN H, GUO Y, et al. Micro-nano hierarchical structure enhanced strong wet friction surface inspired by tree frogs [J]. Advanced Science, 2020, 7 (20): 2001125.

[85] UMEYOR C E, SHELKE V, POL A, et al. Biomimetic microneedles: exploring the recent advances on a microfabricated system for precision delivery of drugs, peptides, and proteins [J]. Future Journal of Pharmaceutical Sciences, 2023, 9 (1): 103.

[86] MAKVANDI P, MALEKI A, SHABANI M, et al. Bioinspired microneedle patches: biomimetic designs, fabrication, and biomedical applications [J]. Matter, 2022, 5 (2): 390-429.

[87] CHA J, SHIN H, KIM P. Crack/fold hybrid structure-based fluidic networks inspired by the epidermis of desert lizards [J]. ACS Applied Materials & Interfaces, 2016, 8 (42): 28418-28423.

[88] TIAN L, LI Z, JIN E, et al. Improved flow performance of a centrifugal compressor based on pit formation on the notum of the whirligig beetle (gyrinidae latreille) [J]. Advances in Mechanical Engineering, 2015, 7 (7): 1-10.

[89] CHEN Y, YANG D, MA Y, et al. Experimental investigation on the mechanical behavior of bovine bone using digital image correlation technique [J]. Applied bionics and biomechanics, 2015: 609132.

[90] BURTON H E, FREIJ J M, ESPINO D M. Dynamic viscoelasticity and surface properties of porcine left anterior descending coronary arteries [J]. Cardiovascular Engineering and Technology, 2017, 8: 41-56.

[91] 余英俊. 基于粒子图像测速技术的草鱼幼鱼摆尾力学特征研究 [D]. 宜昌：三峡大学，2019.

[92] WU J, LEWIS A H, GRANDL J. Touch, tension, and transduction-the function and regulation of piezo ion channels [J]. Trends in Biochemical Sciences, 2017, 42 (1): 57-71.

[93] CHOWDHURY H, ISLAM R, HUSSEIN M, et al. Design of an energy efficient car by biomimicry of a boxfish [J]. Energy Procedia, 2019, 160: 40-44.

[94] BING W, TIAN L, WANG Y, et al. Bio-inspired non-bactericidal coating used for antibiofouling [J]. Advanced Materials Technologies, 2019, 4 (2): 1-9.

[95] TIAN L, JIN E, YU B, et al. Novel anti-fouling strategies of live and dead soft corals (sarcophyton trocheliophorum): combined physical and chemical mechanisms [J]. Journal of Bionic Engineering, 2020, 17 (4): 677-685.

[96] 柏芳，王泽华，王国伟，等. 防海生物污损材料研究现状 [J]. 腐蚀与防护，2014，35 (5)：420-424+429.

[97] CHEN H, ZHANG X, CHE D, et al. Synthetic effect of vivid shark skin and polymer additive on drag reduction reinforcement [J]. Advances in Mechanical Engineering, 2014, 6: 425701.

[98] HUA M, WU S, MA Y, et al. Strong tough hydrogels via the synergy of freeze-casting and salting out [J]. Nature, 2021, 590 (7847): 594-599.

[99] XU X, CHEN Z, WAN X, et al. Colonial sandcastle-inspired low-carbon building materials [J]. Matter, 2023, 6 (11): 3864-3876.

[100] 杨春燕，蔡文，涂序彦. 可拓学的研究、应用与发展 [J]. 系统科学与数学，2016，36 (9)：1507-1512.

[101] REN Z, HU W, DONG X, et al. Multi-functional soft-bodied jellyfish-like swimming [J]. Nature Communications, 2019, 10 (1): 2703.

[102] LUKSYS G, FASTENRATH M, COYNEL D, et al. Computational dissection of human episodic memory reveals mental process-specific genetic profiles [J]. Proceedings of the National Academy of Sciences, 2015, 112 (35): E4939-E4948.

[103] 周秋生，刘丹丹，梁欣. 拓扑学及在 GIS 中的应用 [M]. 哈尔滨：哈尔滨工程大学出版社，2014.

[104] 马超. 座椅（仿生螳螂）：CN201930294591. 1 [P]. 2019-11-19.

[105] WANG H, LI Z, SHANG Z, et al. Preparation of porous SiC ceramics skeleton with low-cost and controllable gradient based on liquid crystal display 3D printing [J]. Journal of the European Ceramic Society, 2022, 42 (13): 5432-5437.

[106] 曹帅帅，周苗. 三维打印颌骨支架的研究进展 [J]. 生物医学工程学杂志，2017，34 (6)：963-966.

[107] LIU Y, PEI R, HUANG Z, et al. Green immobilization of CdS-Pt nanoparticles on recombinant escherichia coli boosted by overexpressing cysteine desulfurase for photocatalysis application [J]. Bioresource Technology Reports, 2021, 16: 100823.

[108] YU Q, SASAKI K, HIRAJIMA T. Bio-templated synthesis of lithium manganese oxide microtubes and

their application in Li+ recovery [J]. Journal of Hazardous Materials, 2013, 262: 38-47.

[109] TIAN X, HE W, CUI J, et al. Mesoporous zirconium phosphate from yeast biotemplate [J]. Journal of Colloid and Interface Science, 2010, 343 (1): 344-349.

[110] ROTHENSTEIN D, FACEY S J, PLOSS M, et al. Mineralization of gold nanoparticles using tailored M13 phages [J]. Bioinspired, Biomimetic and Nanobiomaterials, 2013, 2 (4): 173-185.

[111] KHAN A A, FOX E K, GÓRZNY M Ł, et al. pH Control of the electrostatic binding of gold and iron oxide nanoparticles to tobacco mosaic virus [J]. Langmuir, 2013, 29 (7): 2094-2098.

[112] 刘向雷，徐巧，宣益民．一种生物形态碳化硅陶瓷高温光热储存材料：CN112521153A [P]. 2022-02-22.

[113] RAYMUNDO-PIÑERO E, CADEK M, BÉGUIN F. Tuning carbon materials for supercapacitors by direct pyrolysis of seaweeds [J]. Advanced Functional Materials, 2009, 19 (7): 1032-1039.

[114] KANG D, LIU Q, GU J, et al. "Egg-box"-assisted fabrication of porous carbon with small mesopores for high-rate electric double layer capacitors [J]. ACS Nano, 2015, 9 (11): 11225-11233.

[115] ZHAN G, ZENG H C. Integrated nanocatalysts with mesoporous silica/silicate and microporous MOF materials [J]. Coordination Chemistry Reviews, 2016, 320: 181-192.

[116] YANG X Y, CHEN L H, LI Y, et al. Hierarchically porous materials: synthesis strategies and structure design [J]. Chemical Society Reviews, 2017, 46 (2): 481-558.

[117] ZHOU H, FAN T, ZHANG D. Biotemplated materials for sustainable energy and environment: current status and challenges [J]. ChemSusChem, 2011, 4 (10): 1344-1387.

[118] ZAN G, WU Q. Biomimetic and bioinspired synthesis of nanomaterials/nanostructures [J]. Advanced Materials, 2016, 28 (11): 2099-2147.

[119] ZHAO J, GE S, LIU L, et al. Microwave solvothermal fabrication of zirconia hollow microspheres with different morphologies using pollen templates and their dye adsorption removal [J]. Industrial & Engineering Chemistry Research, 2018, 57 (1): 231-241.

[120] 李华鑫，陈俊勇，肖洲，等．纳米材料形貌和性能调控的仿生自组装研究进展 [J]. 无机材料学报，2021，36 (7)：695-710.

[121] SUN H, LUO Q, HOU C, et al. Nanostructures based on protein self-assembly: from hierarchical construction to bioinspired materials [J]. Nano Today, 2017, 14: 16-41.

[122] SHAO Y, JIA H, CAO T, et al. Supramolecular hydrogels based on DNA self-assembly [J]. Accounts of Chemical Research, 2017, 50 (4): 659-668.

[123] GRESCHNER A A, BUJOLD K E, SLEIMAN H F. Intercalators as molecular chaperones in DNA self-assembly [J]. Journal of the American Chemical Society, 2013, 135 (30): 11283-11288.

[124] WALT D R. Top-to-bottom functional design [J]. Nature Materials, 2002, 1 (1): 17-18.

[125] MAI W, ZUO Y, ZHANG X, et al. A versatile bottom-up interface self-assembly strategy to hairy nanoparticle-based 2D monolayered composite and functional nanosheets [J]. Chemical Communications, 2019, 55 (69): 10241-10244.

[126] TRIFONOV A, STEMMER A, TEL-VERED R. Power generation by selective self-assembly of biocatalysts [J]. ACS Nano, 2019, 13 (8): 8630-8638.

[127] DONG B, ZHOU T, ZHANG H, et al. Directed self-assembly of nanoparticles for nanomotors [J]. ACS Nano, 2013, 7 (6): 5192-5198.

[128] ZHANG S. Fabrication of novel biomaterials through molecular self-assembly [J]. Nature Biotechnology, 2003, 21 (10): 1171-1178.

[129] CHENG J Y, SANDERS D P, TRUONG H D, et al. Simple and versatile methods to integrate directed

self-assembly with optical lithography using a polarity-switched photoresist [J]. ACS Nano, 2010, 4 (8): 4815-4823.

[130] CHEN X, WANG Q, PENG J, et al. Self-assembly of large DNA origami with custom-designed scaffolds [J]. ACS Applied Materials & Interfaces, 2018, 10 (29): 24344-24348.

[131] YANG W, LI B. Facile fabrication of hollow silica nanospheres and their hierarchical self-assembles as drug delivery carriers through a new single-micelle-template approach [J]. Journal of Materials Chemistry B, 2013, 1 (19): 2525-2532.

[132] XIANG J, MASUDA Y, KOUMOTO K. Fabrication of super-site-selective TiO_2 micropattern on a flexible polymer substrate using a barrier-effect self-assembly process [J]. Advanced Materials, 2004, 16 (16): 1461-1464.

[133] BÖKER A, HE J, EMRICK T, et al. Self-assembly of nanoparticles at interfaces [J]. Soft Matter, 2007, 3 (10): 1231-1248.

[134] TIWARI K, SARKAR P, MODAK S, et al. Large area self-assembled ultrathin polyimine nanofilms formed at the liquid-liquid interface used for molecular separation [J]. Advanced Materials, 2020, 32 (8): 1905621.

[135] XING L, XIANG J, ZHANG F, et al. Free-standing array of multi-walled carbon nanotubes on silicon (111) by a field-inducing self-assembly process [J]. Journal of Nanoscience and Nanotechnology, 2010, 10 (10): 6376-6382.

[136] MA Y, ZHAO W, SHE P, et al. Electric field induced molecular assemblies showing different nanostructures and distinct emission colors [J]. Small Methods, 2019, 3 (7): 1900142.

[137] LUO Z, EVANS B A, CHANG C H. Magnetically actuated dynamic iridescence inspired by the neon tetra [J]. ACS Nano, 2019, 13 (4): 4657-4666.

[138] ESTROFF L A. Introduction: biomineralization [J]. Chemical Reviews, 2008: 4329-4331.

[139] WEISS I M, TUROSS N, ADDADI L I A, et al. Mollusc larval shell formation: amorphous calcium carbonate is a precursor phase for aragonite [J]. Journal of Experimental Zoology, 2002, 293 (5): 478-491.

[140] XU B, CAO J, HANSEN J, et al. Black soot and the survival of tibetan glaciers [J]. Proceedings of the National Academy of Sciences, 2009, 106 (52): 22114-22118.

[141] NUDELMAN F, LAUSCH A J, SOMMERDIJK N A J M, et al. In vitro models of collagen biomineralization [J]. Journal of Structural Biology, 2013, 183 (2): 258-269.

[142] SIMKISS K. Cellular aspects of calcification [J]. The Mechanisms of Mineralization in the Invertebrates and Plants, 1976, 5: 1-31.

[143] SIMKISS K. The processes of biomineralization in lower plants and animals—an overview: biomineralization in lower plants [M]. Oxford: Clarendon Press, 1986.

[144] HAUSCHKA P V, LIAN J B, COLE D E, et al. Osteocalcin and matrix Gla protein: vitamin K-dependent proteins in bone [J]. Physiological Reviews, 1989, 69 (3): 990-1047.

[145] HOANG Q Q, SICHERI F, HOWARD A J, et al. Bone recognition mechanism of porcine osteocalcin from crystal structure [J]. Nature, 2003, 425 (6961): 977-980.

[146] OMELON S J, GRYNPAS M D. Relationships between polyphosphate chemistry, biochemistry and apatite biomineralization [J]. Chemical Reviews, 2008, 108 (11): 4694-4715.

[147] UEBE R, SCHULER D. Magnetosome biogenesis in magnetotactic bacteria [J]. Nature Reviews Microbiology, 2016, 14 (10): 621-637.

[148] WEINER S, DOVE P M. An overview of biomineralization processes and the problem of the vital effect

[J]. Reviews in Mineralogy and Geochemistry, 2003, 54 (1): 1-29.

[149] MAGNE D, BLUTEAU G, FAUCHEUX C, et al. Phosphate is a specific signal for ATDC5 chondrocyte maturation and apoptosis-associated mineralization: possible implication of apoptosis in the regulation of endochondral ossification [J]. Journal of Bone and Mineral Research, 2003, 18 (8): 1430-1442.

[150] MAHAMID J, SHARIR A, GUR D, et al. Bone mineralization proceeds through intracellular calcium phosphate loaded vesicles: a cryo-electron microscopy study [J]. Journal of Structural Biology, 2011, 174 (3): 527-535.

[151] MA X, CHEN H, YANG L, et al. Construction and potential applications of a functionalized cell with an intracellular mineral scaffold [J]. Angewandte Chemie International Edition, 2011, 50 (32): 7414-7417.

[152] MA X, LIU P, TIAN Y, et al. A mineralized cell-based functional platform: construction of yeast cells with biogenetic intracellular hydroxyapatite nanoscaffolds [J]. Nanoscale, 2018, 10 (7): 3489-3496.

[153] ARAKAKI A, GOTO M, MARUYAMA M, et al. Restoration and modification of magnetosome biosynthesis by internal gene acquisition in a magnetotactic bacterium [J]. Biotechnology Journal, 2020, 15 (12): 2000278.

[154] ZHAO R, WANG B, YANG X, et al. A drug-free tumor therapy strategy: cancer-cell-targeting calcification [J]. Angewandte Chemie International Edition, 2016, 55 (17): 5225-5229.

[155] ZHANG Y, HU Y, XU B, et al. Robust underwater air layer retention and restoration on salvinia-inspired self-grown heterogeneous architectures [J]. ACS Nano, 2022, 16 (2): 2730-2740.

[156] 赵阳. 驻波管中隔声量测试方法的改进研究 [D]. 贵阳: 贵州大学, 2016.

[157] 刘德杰. 表面织构处理对聚合物: 金属配副摩擦学特性影响的实验研究 [D]. 秦皇岛: 燕山大学, 2016.

[158] JIN H, TIAN L, BING W, et al. Bioinspired marine antifouling coatings: status, prospects, and future [J]. Progress in Materials Science, 2022, 124.

[159] BING W, CAI Y, JIN H, et al. An antiadhesion and antibacterial platform based on parylene F coatings [J]. Progress in Organic Coatings, 2021, 151: 106021.

[160] JIN H, BING W, JIN E, et al. Bioinspired PDMS-phosphor-silicone rubber sandwich-structure coatings for combating biofouling [J]. Advanced Materials Interfaces, 2020, 7 (4): 1901577.

[161] HAN Z, MU Z, LI B, et al. Active antifogging property of monolayer SiO_2 film with bioinspired multiscale hierarchical pagoda structures [J]. ACS Nano, 2016, 10 (9): 8591-8602.

[162] PALACIOS A, CONG L, NAVARRO M E, et al. Thermal conductivity measurement techniques for characterizing thermal energy storage materials-a review [J]. Renewable and Sustainable Energy Reviews, 2019, 108: 32-52.

[163] WILBURN B, JOSHI N, VAISH V, et al. High-speed videography using a dense camera array [C]. Proceedings of the 2004 IEEE Computer Society Conference on Computer Vision and Pattern Recognition, 2004.

[164] 方艳, 贾晓慧, 雷剑波, 等. 激光熔化沉积 60wt%不同粒径 WC 复合 NiCu 合金耐磨性及电化学腐蚀性能 [J]. Acta Materiae Compositae Sinica, 2022, 39 (7).

[165] 葛宜元, 矫洪成, 刘东旭, 等. 基于 EDEM 的秸秆: 土壤颗粒翻埋运动仿真及试验 [J]. 中国农机化学报, 2023, 44 (7): 229-235.

[166] 史慧芳, 郭进勇, 胡翔, 等. 基于 Rocky/Ansys Workbench 的发射药自动称量包装过程仿真 [J]. Ordnance Industry Automation, 2021, 8 (40): 56-60.

[167] GAO M, ZHAO J, WANG G, et al. High adhesive and mechanically stable SR/PU IPNs coating with du-

alfunctional antifouling/anticorrosive performances [J]. Progress in Organic Coatings, 2023, 176: 107385.

[168] LIU G, YUAN Z, QIU Z, et al. A brief review of bio-inspired surface technology and application toward underwater drag reduction [J]. Ocean Engineering, 2020, 199: 106962.

[169] FU Y F, YUAN C Q, BAI X Q. Marine drag reduction of shark skin inspired riblet surfaces [J]. Biosurface and Biotribology, 2017, 3 (1): 11-24.

[170] LUO Y, ZHANG D, LIU Y, et al. Chemical, mechanical and hydrodynamic properties research on composite drag reduction surface based on biological sharkskin morphology and mucus nanolong chain [J]. Journal of Mechanics in Medicine and Biology, 2015, 15 (5): 1550084.

[171] WU T, CHEN W, ZHAO A, et al. A comprehensive investigation on micro-structured surfaces for underwater drag reduction [J]. Ocean Engineering, 2020, 218: 107902.

[172] DAI W, ALKAHTANI M, HEMMER P R, et al. Drag-reduction of 3D printed shark-skin-like surfaces [J]. Friction, 2019, 7: 603-612.

[173] JO W, KANG H S, CHOI J, et al. Light-designed shark skin-mimetic surfaces [J]. Nano Letters, 2021, 21 (13): 5500-5507.

[174] ZHANG D, LI Y, HAN X, et al. High-precision bio-replication of synthetic drag reduction shark skin [J]. Chinese Science Bulletin, 2011, 56: 938-944.

[175] 孔德义，梁爱萍，褚金奎，等. 猫头鹰的静音飞行机理研究 [J]. 应用物理，2015，11：137-146.

[176] WANG Y, ZHAO K, LU X Y, et al. Bio-inspired aerodynamic noise control: a bibliographic review [J]. Applied Sciences, 2019, 9 (11): 2224.

[177] 司大滨. 轴流风机仿生耦合叶片降噪机理研究 [J]. 设备管理与维修，2022，6：46-47.

[178] 刘海涛，王文宇，周新，等. 高速列车受电弓气动噪声研究综述 [J]. 交通运输工程学报，2023，23 (3)：1-22.

[179] WANG Z, WANG K, HUANG H, et al. Bioinspired wear-resistant and ultradurable functional gradient coatings [J]. Small, 2018, 14 (41): 1802717.

[180] ADIBNIA V, MIRBAGHERI M, FAIVRE J, et al. Bioinspired polymers for lubrication and wear resistance [J]. Progress in Polymer Science, 2020, 110: 101298.

[181] BAUM M J, HEEPE L, FADEEVA E, et al. Dry friction of microstructured polymer surfaces inspired by snake skin [J]. Beilstein Journal of Nanotechnology, 2014, 5 (1): 1091-1103.

[182] CAI Z, ZHANG H, WEI Y, et al. Shear-thinning hyaluronan-based fluid hydrogels to modulate viscoelastic properties of osteoarthritis synovial fluids [J]. Biomaterials Science, 2019, 7 (8): 3143-3157.

[183] BENZ M J, KOVALEV A E, GORB S N. Anisotropic frictional properties in snakes [C]. Bioinspiration, biomimetics, and bioreplication 2012: 8339. SPIE, 2012: 256-261.

[184] FU J, ZHANG H, GUO Z, et al. Combat biofouling with microscopic ridge-like surface morphology: a bioinspired study [J]. Journal of The Royal Society Interface, 2018, 15 (140): 20170823.

[185] TIAN L, YIN Y, JIN H, et al. Novel marine antifouling coatings inspired by corals [J]. Materials Today Chemistry, 2020, 17: 100294.

[186] BIAN H, LIANG J, LI M, et al. Bioinspired underwater superoleophobic microlens array with remarkable oil-repellent and self-cleaning ability [J]. Frontiers in Chemistry, 2020, 8: 687.

[187] SURYAPRABHA T, HA H, HWANG B, et al. Self-cleaning, superhydrophobic, and antibacterial cotton fabrics with chitosan-based composite coatings [J]. International Journal of Biological Macromolecules, 2023, 250: 126217.

[188] HAN Z W, WANG Z, FENG X M, et al. Antireflective surface inspired from biology: a review [J].

Biosurface and Biotribology，2016，2（4）：137-150.
[189] POMERANTZ A F，SIDDIQUE R H，CASH E I，et al. Developmental，cellular and biochemical basis of transparency in clearwing butterflies［J］. Journal of Experimental Biology，2021，224（10）：jeb237917.
[190] STAVENGA D G，FOLETTI S，PALASANTZAS G，et al. Light on the moth-eye corneal nipple array of butterflies［J］. Proceedings of the Royal Society B：Biological Sciences，2006，273（1587）：661-667.
[191] SUN J，WANG X，WU J，et al. Biomimetic moth-eye nanofabrication：enhanced antireflection with superior self-cleaning characteristic［J］. Scientific Reports，2018，8（1）：1-10.
[192] WANG Z，LI B，FENG X，et al. Rapid fabrication of bio-inspired antireflection film replicating from cicada wings［J］. Journal of Bionic Engineering，2020，17：34-44.
[193] KIM W，AMAUGER J，HA J，et al. Two different jumping mechanisms of water striders are determined by body size［J］. Proceedings of the National Academy of Sciences，2023，120（30）：e2219972120.
[194] WANG Q，YAO X，LIU H，et al. Self-removal of condensed water on the legs of water striders［J］. Proceedings of the National Academy of Sciences，2015，112（30）：9247-9252.
[195] DAWSON C，VINCENT J F V，JERONIMIDIS G，et al. Heat transfer through penguin feathers［J］. Journal of Theoretical Biology，1999，199（3）：291-295.
[196] MOLET M，MAICHER V，PEETERS C. Bigger helpers in the ant Cataglyphis bombycina：increased worker polymorphism or novel soldier caste?［J］. PLoS One，2014，9（1）：e84929.
[197] LIN K，CHEN S，ZENG Y，et al. Hierarchically structured passive radiative cooling ceramic with high solar reflectivity［J］. Science，2023，382（6671）：691-697.
[198] 任首龙，陆庭中，唐波，等. 辐射冷却材料研究进展［J］. 化工进展，2022，41（4）：1982-1993.
[199] ZENG S，PIAN S，SU M，et al. Hierarchical-morphology metafabric for scalable passive daytime radiative cooling［J］. Science，2021，373（6555）：692-696.